DE LA

FORTIFICATION

PERMANENTE.

On trouve, à la même adresse, du même auteur :

Mémorial pour les travaux de guerre. 1 vol. in-8. *fig.*

GENÈVE, DE L'IMPRIMERIE DE J. J. PASCHOUD.

DE LA
FORTIFICATION
PERMANENTE.

PAR

G. H. DUFOUR,

LIEUTENANT-COLONEL DU GÉNIE, MEMBRE DE LA LÉGION D'HONNEUR.

> Les places fortes sont essentiellement conservatrices, et seules sous ce rapport, parmi les grands instrumens de guerre, elles semblent être justifiées aux yeux de l'humanité.
>
> CARNOT.

GENÈVE,

CHEZ J. J. PASCHOUD, IMPRIMEUR-LIBRAIRE.

PARIS,

MÊME MAISON DE COMMERCE,

RUE DE SEINE, N.° 48.

1822.

AVERTISSEMENT.

J'ai eu principalement en vue, en composant ce nouveau Traité de fortification, d'analyser les progrès de l'art depuis Vauban jusqu'à nos jours, et de développer en détail tous les moyens de l'Ingénieur, dans leur emploi aux grandes places de guerre, aussi-bien qu'aux forts détachés, soit dans le voisinage des forteresses, soit dans les régions sauvages et désertes des pays montagneux. Mais, en même temps, j'ai fait entrer dans le corps de l'ouvrage plusieurs choses qui ne se trouvent pas dans les auteurs qui m'ont précédé ; et c'est là toute mon excuse auprès de ceux qui ne m'approuveraient pas d'avoir fait paraître un nouveau livre sur un sujet si bien traité par les Darçon, les Saint-Paul, les Bousmard, les Carnot, et plusieurs officiers sortis comme moi de l'Ecole polytechnique. Je sens ma faiblesse, et je suis loin de prétendre atteindre à la hauteur de ces militaires distingués; j'ai seulement cherché à glaner sur le champ qu'ils ont amplement moissonné, et à contribuer, pour ma faible part, aux progrès d'un art auquel je me suis voué.

Il est important, dans un ouvrage de la nature de celui-ci, que les planches qui l'accompagnent soient faites avec exactitude ; aussi ai-je mis tous mes soins à ce que mes dessins fussent fidèlement rendus, et n'ai-je rien négligé pour que le lecteur pût trouver, soit par les échelles, soit par les cotes écrites, toutes les dimensions que la description aurait laissées incertaines.

Pour éviter les longueurs et arriver plus promptement aux procédés de la fortification moderne, je n'ai pas craint de m'appuyer sur des connaissances déjà acquises, et je suppose qu'on a lu le *Mémorial pour les travaux de guerre*, ou tout autre Traité de fortification de campagne, que l'on connaît par conséquent les propriétés du front bastionné ; je suppose encore que l'on n'est point étranger aux dispositions générales de l'attaque et de la défense des places, non plus qu'aux principes de la tactique.

Je renferme donc, dans un seul chapitre, la description des *systèmes simples*, c'est-à-dire des systèmes composés uniquement d'un front bastionné, précédé d'une demi-lune et d'un chemin-couvert, sans aucun retranchement intérieur ; me réservant de parler ailleurs des ouvrages additionnels et des retranchemens intérieurs.

Dans le second chapitre, je me hasarde à présenter quelques idées qui me sont propres, sur les moyens de perfectionner encore le système moderne : peut-être ne les recevra-t-on que comme des rêveries ; mais elles auront toujours, pour ceux qui ne craignent pas d'approfondir un sujet, l'avantage de provoquer les discussions d'où naissent les lumières.

Le troisième chapitre est consacré à faire connaître les moyens d'augmenter la force des places de guerre. Il comprend les retranchemens intérieurs de toute espèce, ainsi que les ouvrages extérieurs et avancés.

Il m'a paru qu'il fallait traiter séparément des camps retranchés, quoique, à la rigueur, cet objet pût être rangé parmi les précédens. Mais il est si important de ne pas confondre les camps retranchés avec les simples ouvrages avancés; ils jouent un rôle si brillant dans la défense, qu'il était convenable de leur réserver une place particulière.

On en doit dire autant des manœuvres d'eau et des mines, qui sont le plus puissant moyen connu de prolonger la défense rapprochée; mais qui, ne pouvant pas s'appliquer indistinctement à toutes les forteresses, comme les ouvrages additionnels et les retranchemens intérieurs, devaient être développés à part.

Le chapitre sixième traite de la fortification pliée au terrain, du défilement et du relief; c'est le seul qui présente des difficultés réelles.

Quelques détails indispensables à la rédaction des projets de fortification, et qui n'avaient pas trouvé place dans les chapitres précédens, ont été réunis dans le sep-

viij

tième : tels sont les calculs des revêtemens et des voûtes,
la construction des batteries casematées et blindées, celle
des pont-levis, des portes de ville, etc.

Les forts en pays de montagnes viennent ensuite. Ils
offrent un caractère de fortification qui leur est propre,
où l'on retrouve un mélange de tous les moyens de défense indiqués dans les chapitres précédens, et qui suppose en particulier la connaissance des détails renfermés
dans le septième.

Je rentre dans le domaine de la grande fortification,
en donnant la description de quelques systèmes existans,
pour lesquels les retranchemens intérieurs sont une partie
constituante, et que j'appelle *systèmes composés*, par opposition aux systèmes simples, dans lesquels les retranchemens ne se font ordinairement qu'au moment du siége.

Je récapitule enfin dans le dixième et dernier chapitre, les mesures de défense indiquées dans le courant
de l'ouvrage, comme susceptibles d'être appliquées à toute
espèce de forteresse, quels que soient les principes d'après
lesquels elle ait été construite.

Tel est le plan de mon ouvrage : puisse-t-il recevoir
l'approbation des militaires éclairés ; puissent ceux-ci
glisser légèrement sur les imperfections qu'il renferme,
et me savoir quelque gré du petit nombre d'idées nouvelles que je soumets à leur méditation.

INTRODUCTION.

LA manière actuelle de faire la guerre a changé les rapports qui existaient autrefois entre les forteresses et les armées actives. Des corps considérables redoutent peu les faibles garnisons disséminées dans les places; ils se contentent de les faire observer par des détachemens même inférieurs, et ils poursuivent leurs opérations offensives.

Autrefois les armées moins nombreuses ne pouvaient pas, sans se compromettre, pénétrer entre des places dont les garnisons, proportionnellement assez fortes, agissaient au dehors; elles se trouvaient donc dans la nécessité de faire des siéges, et de s'emparer de toutes les forteresses, grandes ou petites, qui se trouvaient dans leurs lignes d'opération.

Aujourd'hui il n'y a que les places du premier ordre, capables de renfermer dans leur sein des corps d'armée, qui puissent en imposer à un ennemi supérieur, et le forcer à s'arrêter. C'est donc sur les grandes places, seulement, qu'il faut compter pour organiser une défense régulière; les grandes places peuvent seules mettre à couvert le matériel immense que nécessitent les besoins des armées; elles seules donnent une base solide aux opérations et présentent des retranchemens assez redoutables, pour qu'après des revers, une armée puisse se retirer sous leur canon. C'est dire assez que les forteresses, qui méritent ce nom, ne peuvent pas être bien nombreuses.

Les places, telles qu'elles sont distribuées sur une frontière célèbre, qui se présente toujours à l'esprit quand on parle de la guerre défensive, ne sont pas assez éloignées les unes des autres pour être toutes des points stratégiques, et avoir, abstraction faite de leur valeur individuelle, la même importance militaire. Il résulte de cette accumulation de places dans une zône étroite, que l'ennemi peut en menacer plusieurs à la fois ; on se trouve ainsi dans la nécessité d'affaiblir outre mesure l'armée active, pour fournir à toutes les garnisons. Le général chargé de la défense des frontières est gêné dans ses combinaisons si, pour conserver l'appui des forteresses, il se renferme dans un espace trop circonscrit, et règle ses mouvemens sur un dispositif trop minutieusement compassé. Il ne peut se livrer à ces marches rapides qui, opérées à de grandes distances, amènent les plus brillans résultats ; placé avec l'ennemi sur un même terrain, il ne peut faire aucun mouvement qui ne soit éludé ; les différens corps se heurtent, se poussent et se repoussent ; les pertes se multiplient ; la guerre n'a point de fin. Pour sortir d'une aussi fausse position, un général entreprenant renonce à l'appui des forteresses ; il s'en éloigne ; il prend du champ pour fondre sur son adversaire. Mais en brisant ses entraves, il abandonne à elle-même une ligne que l'ennemi peut franchir en peu de temps.

Il est donc possible que telle disposition de places fortes soit plutôt nuisible qu'utile à la défense d'un État ; et la fortification qui, bien employée, fournit au faible de puissans moyens de résistance, manque son but quand on en abuse.

On a long-temps apprécié les avantages des places de guerre par les coups de main de leurs garnisons, et c'est ce qui a engagé à les multiplier si fort sur certaines frontières. Maintenant, on ne doit regarder que comme de bien faibles accessoires, les sorties que peuvent entreprendre les troupes auxquelles la garde des places est confiée ; ce sont de trop petites diversions, pour les faire entrer en ligne de compte dans une grande guerre. Mais pour cela, il ne faut pas, comme beaucoup de gens, conclure à l'inutilité des places fortes : elles ont d'autres avantages, tout-à-fait indépendans des temps et de l'organisation des armées, qu'il est impossible de leur contester.

Ce sont les forteresses bien établies qui barrent les défilés, coupent les canaux et les routes, qui assurent le matériel et la subsistance des armées, appuyent ses opérations, et lui promettent un refuge dans des circonstances malheureuses. C'est à la faveur des forteresses, que le défenseur peut rester maître des barrières naturelles qu'offrent les grands fleuves ; que, suivant les circonstances, il s'en tient couvert ou les franchit à son gré ; qu'il passe avec facilité d'une rive à l'autre pour éviter un ennemi qui le cherche, et conserve toujours devant soi un rempart tutélaire. Quels plus puissans auxiliaires soutiendront jamais les efforts du faible ? Quels moyens plus efficaces trouvera-t-on de rétablir l'équilibre momentanément rompu par une forte agression ?

Jetons les yeux sur la défense de l'Espagne, et nous verrons les places fortes y jouer le plus beau rôle : les armées envahissantes, bien loin de les mépriser, se livraient aux travaux les plus rudes pour s'en emparer ; les conquêtes n'étaient qu'éphémères, quand elles n'étaient pas accompagnées de la prise des forteresses. Ailleurs, les places de Gênes et de Mantoue ; plus récemment encore, Dantzick, Anvers, Riga et d'autres, ont arrêté pendant des mois entiers des armées victorieuses et puissantes. Et qui peut dire ce qui serait arrivé, si, dans la mémorable campagne de 1814, où le génie prolongea en vain une lutte trop inégale, la ville de Soissons eut été mieux fortifiée ? L'armée de Silésie, poursuivie, coupée de sa ligne de retraite, acculée à l'Aisne, eut peut-être été anéantie, et l'équilibre se fut rétabli ; mais la faiblesse d'un gouverneur, autorisée de l'impossibilité apparente de défendre une ville presque ouverte, livre les ponts à l'imprudent général qui regardait déjà sa perte comme certaine : il échappe, et la France subit bientôt après la loi de la nécessité.

On ne saurait donc douter des avantages immenses qu'offrent, pour le maintien de l'indépendance nationale, même dans le système de guerre actuel, les places convenablement fortifiées, et dont le site est bien choisi.

Les forteresses , sous le point de vue stratégique, joûent en effet le même rôle que les simples redoutes sur le champ de bataille : elles protégent une retraite, ou appuyent un mouvement offensif ; elles procurent aux armées plus de mobilité, en leur permettant de se débarrasser d'une partie des bagages ; elles leur offrent des champs de bataille tout préparés , qui assurent les plus grandes chances de succès ; elles donnent, enfin, aux citoyens courageux qui s'arment pour la défense de l'Etat, des points de ralliement et de concentration, sous la protection desquels ils peuvent combattre, sans courir les risques de ces désastreuses défaites, qui démoralisent une nation et la rendent incapable de nouveaux efforts.

Mais comment , lorsqu'on serait maître des dispositions, les forteresses seraient-elles distribuées pour remplir leur objet ? C'est dans ces derniers temps ; c'est après une guerre acharnée et trente ans d'expérience , que ce problème militaire a été résolu. On a reconnu qu'il est dangereux de mettre toûtes les forteresses à la frontière, en laissant l'intérieur entièrement dégarni; on a senti que si, pour être bonne, une place doit être grande, il n'en faut point de petites, du moins dans les pays ouverts ; et la question de savoir, si l'on doit jeter en avant les petites places comme des védettes , selon l'expression de Cormontaingne, pour observer l'ennemi et arrêter ses premiers efforts; ou si, au contraire, ce sont les forteresses les plus capables de résistance qu'il convient de mettre en première ligne, tombe d'elle-même. D'ailleurs, les frontières ne sont jamais uniformes, ni entièrement dégarnies d'obstacles, comme on le suppose dans ces discussions oiseuses. Elles offrent, au contraire, des parties saillantes et des parties rentrantes; elles sont coupées ou couvertes par des fleuves, traversées par des grandes routes ; elles sont inabordables sur quelques points , très-accessibles sur beaucoup d'autres : en un mot, elles présentent des parties fortes et des parties faibles. C'est donc sur ces dernières qu'il faut construire les forteresses, de manière à se rendre maître des communications, pour interdire à l'ennemi la navigation des fleuves, ainsi que les routes militaires, et ne lui laisser que les chemins de traverse et les terres labourées. Les points à fortifier sont ainsi obligés, et toute disposition symétrique et régulière est inadmissible.

Autant que possible, on doit laisser entre les places des intervalles de vingt à trente lieues, en se conformant aux circonstances géographiques. Telle est la distance qui paraît convenir à la grandeur des armées modernes et à notre manière de faire la guerre. En arrière de la première ligne de forteresses, toutes capables de donner un refuge à une armée vaincue, il en faudrait une seconde, à trente ou quarante lieues de distance ; puis une dernière place, au cœur de l'Etat, renfermant les archives et les arsenaux, offrirait un dernier asile, un ancre de salut, aux défenseurs. De bonnes routes, construites en arrière des lignes de défense, réuniraient entr'elles toutes ces places ; elles donneraient aux armées la faculté de se porter de l'une à l'autre avec une extrême facilité, sans crainte de se compromettre en face d'un ennemi qui, n'ayant pas les mêmes avantages, est obligé de suivre des directions excentriques, et de surmonter mille obstacles pour gagner une route commode qui le conduise à son but.

C'est dans la place centrale que le gouvernement se retirerait, quand la capitale serait menacée ; c'est là que toutes les administrations suivraient le cours de leurs fonctions. De cette manière, les organes vitaux du corps politique, conserveraient jusqu'au dernier moment toute leur vigueur ; la circulation ne serait point interrompue, et les ordres seraient toujours expédiés, tant qu'il resterait quelqu'espérance. La perte de la capitale n'entraînerait pas nécessairement celle de l'Etat ; il ne suffirait plus à une armée ennemie, d'enlever ce point pour avoir tout gagné. La lutte prendrait alors, un caractère d'opiniâtreté qui opposerait une barrière insurmontable aux grandes invasions.

Avec la disposition que je viens d'indiquer (*), il n'entrera jamais qu'un petit nombre de places, dans la sphère d'activité des armées : quatre ou cinq, tout au plus, sur la frontière attaquée, seront mises en état de siége, approvisionnées et pourvues de garnisons suffisantes pour résister à un coup de main. Les gardes nationales et les vétérans, y feront le service en commun; et les troupes actives ne seront point affaiblies par une trop grande dissémination de forces. Les conscrits seront aussi employés dans les forteresses pour qu'ils s'aguerrissent et qu'ils arrivent tout formés à leurs corps; et s'il est nécessaire de jeter quelques troupes de ligne dans une place, on ne le fera qu'au moment où elle sera sérieusement menacée d'un siége.

On sent quel immense avantage doit avoir l'armée qui est sur la défensive, en manœuvrant par des routes faciles, entre des places distribuées comme nous venons de le dire. Quels que soient les mouvemens qu'elle entreprenne, elle n'aura jamais à craindre pour ses communications; elle pourra tenter sans imprudence les coups les plus hardis, et faire sans danger les marches de flanc que nécessitent les circonstances. Si elle ne réussit pas sur un point, elle se porte sur l'autre; elle change avec la plus grande facilité, et de base et de ligne d'opération ; elle trouve des appuis dans toutes les directions; elle n'a point à craindre d'être tournée. La place la plus voisine fournit à ses besoins, recueille ses blessés et répare ses pertes; délivrée de ses bagages, trouvant tous les passages ouverts, ses marches sont rapides; elle voltige autour de l'ennemi qui, plus lourd et plus embarrassé, ne peut suivre de tels mouvemens, ni profiter de sa supériorité; elle cherche à attirer et à envelopper quelques-uns de ses corps; elle enlève ses convois; elle le ruine en dé-

____

(*) Il est à remarquer que le dispositif des forteresses à de grandes distances, ne cesserait pas d'être bon, quand les armées deviendraient moins nombreuses, tandis que celui qui n'est calqué que sur de faibles corps ne peut pas être d'un grand secours pour de véritables armées. Il n'y a pas réciprocité.

tail ; et quand elle se trouve pressée de trop près , elle se rapproche d'une de ses places, la traverse et vient camper de l'autre côté du fleuve dont cette place est maîtresse, pour y prendre quelque repos.

Le jeu recommence quand l'ennemi est parvenu à franchir l'obstacle qui l'arrêtait; et de la sorte, il est bien difficile, que l'armée qui se défend, quelle que soit sa faiblesse, ne parvienne pas à mettre un terme aux succès de l'agresseur et à le repousser enfin hors du sein de l'Etat. Malheur à celui-ci, s'il ne fait pas une retraite en ordre ! Les garnisons des places voisines qui, jusqu'à présent, n'ont pas eu d'autre tâche que de garder les dépôts qui leur étaient confiés, sortent de leurs retraites, et menacent les flancs de cette bande fugitive. Les habitans eux-mêmes courrent aux armes, détruisent les convois et les corps isolés. Les élémens enfin, en dégradant les routes et imbibant les terres, semblent se conjurer contre le vaincu : ses chevaux tombent de lassitude; il abandonne ses voitures et son artillerie; il finit par regagner honteusement une frontière qu'il avait franchie avec orgueil et l'assurance d'un plein succès.

Heureuse issue d'une guerre, soutenue pour la plus sainte des causes ! récompense bien méritée de tous les sacrifices, que les citoyens ont dû s'imposer, pour soutenir une pareille lutte ! Le laurier qui vient d'être cueilli, se partage entre le guerrier qui a rougi de son sang les champs de bataille, et l'habitant que retenaient dans ses foyers de paisibles fonctions, mais qui, aux momens les plus pénibles, n'a jamais cessé de porter ses offrandes sur l'autel de la patrie, et d'accompagner de ses vœux les phalanges nationales.

On vient de voir combien il serait difficile à une armée, de pénétrer et de se maintenir dans un pays convenablement protégé par des forteresses. Il est impossible que cet armée lutte longtemps, contre un ennemi qui a pour lui tous les avantages loeaux, sans chercher à s'en approprier quelques-uns, par la prise d'une ou deux places qui, en ouvrant les routes de l'intérieur, puissent en même temps servir de dépôts pour les subsistances et les munitions, d'appuis aux lignes d'opération, et de têtes de ponts sur quelque rivière principale. Mais il faudra consacrer à cette opération une grande partie des forces disponibles, parce que des places du premier ordre, défendues par de bonnes garnisons, abondamment pourvues de toutes choses, exigent de grands moyens pour en faire le siége. Or, si les défenseurs savent tirer parti de toutes les ressources de la fortification, pour disputer le terrain pied-à-pied, et faire acheter cher les moindres succès; si l'homme à qui la place est confiée, est doué de cette force d'ame et de cette opiniàtreté qui seules font les belles défenses; le siége sera long et le but de la fortification sera pleinement atteint.

« On n'est point encore parvenu, dit Mirabeau (*), à prendre les
« places d'emblée, quand un homme d'honneur est préposé pour
« les défendre. A moins qu'une forteresse ne soit extrêmement mal
« construite, lors même qu'elle aurait des fossés secs et un rempart sans
« revêtement, elle ne pourra être prise que par un siége; et ce prin-
« cipe, difficile à contester, une fois admis, l'utilité des forteresses
« est manifeste, indubitable; on ne saurait les remplacer suffi-
« samment par aucun moyen. » L'opinion d'un homme aussi éclairé, et qu'on n'accusera pas d'avoir été dominé par les préjugés, est d'un grand poids.

Nous conclurons donc de ceci et de ce qui précède, que les places de guerre, loin d'être inutiles à la défense des Etats, ainsi qu'on l'a récemment avancé, sont au contraire le plus ferme appui de leur indépendance. Mais les sommes considérables qu'elles exigent pour leur construction et pour leur entretien, font que les Etats puissans peuvent seuls conserver ou se créer aujourd'hui une semblable res-

_____

(*) De la Monarchie Prussienne, livre vii.

source. Les peuples pauvres doivent y renoncer, et placer leur palladium dans un patriotisme robuste, qui rende chaque citoyen capable des plus grands sacrifices. Il faut, dans les petits états, qu'au moment du danger, l'ardeur et l'enthousiasme suppléent aux remparts et aux murailles; que l'intérêt général l'emporte sur l'intérêt privé; et qu'une domination étrangère ne soit vue qu'avec horreur (*).

Après avoir reconnu les importans services, que des forteresses, convenablement placées et susceptibles de recevoir de très-fortes garnisons, rendent à la défense; on demandera ce qu'ont à faire les états qui, avec quelques bonnes places, en possédent beaucoup de petites, insuffisantes aux besoins des armées? La fortification n'est pas une arme qui se change aisément; elle ne peut se modifier qu'à la longue; on doit donc user de beaucoup de circonspection en cherchant à la corriger. Il paraît que ce qu'il y a de mieux à faire est de tirer parti des places, telles qu'elles existent, en conservant celles du premier ordre dans leur intégrité, et en munissant de forts extérieurs celles, d'entre les petites, qui sont le mieux placées sous le point de vue stratégique, et qui doivent entrer dans le plan général de défense. L'espace compris entre les forts et la place, véritable camp retranché, offrira un asile aux armées; la moindre place, ainsi organisée, acquerra une grande valeur militaire. Quant aux autres places, situées entre les nœuds du grand système défensif, on démantellera toutes celles qui seront reconnues décidément inutiles, pour que l'ennemi n'en puisse pas tirer avantage; mais celles en faveur desquelles militent quelque raison de conservation, resteront sur

____

(*) Tout ce que peut faire un peuple pauvre, sous le point de vue défensif, c'est de construire quelques blockhaus, quelques fortins dans les défilés, quelques têtes de ponts sur les principales rivières. Il peut encore tirer parti des vieux châteaux et des places anciennement fortifiées, pour y mettre ses munitions en sûreté; il y aurait de sa part autant d'imprudence à démolir ce petit nombre de places fermées, que de folie à élever à grands frais de véritables forteresses.

C

pied. L'armée ne s'appuyera pas à ces frêles soutiens; elle manœu-
vrera comme s'ils n'existaient point; mais les citoyens les garderont
et s'en serviront, au besoin, pour se rassembler et inquiéter les
colonnes ennemies. Les dépenses d'entretien, réduites à celles des réparations du corps de place, seront à la charge des municipalités
auxquelles on abandonnera les terrains militaires, à titre d'indem-
nité. Il en est qui, par leur position dans un défilé, valent autant
que les forteresses les plus respectables, pour couvrir une grande
étendue de pays; celles-là doivent rester, et être entretenues avec soin;
il serait absurde de les détruire par cela seul qu'elles sont petites.
Les sites montueux ne comportent pas autre chose que de simples
forts, ou de très-petites places. Ce n'est, au reste, qu'un conseil très-
éclairé, qui peut prononcer sur le degré de valeur de telle ou telle
place, sur sa conservation, sa réduction, ou l'urgence de sa destruction.

Une autre question se présente : ne serait-il pas convenable de
raser complètement toutes les forteresses existantes, pour en construire de nouvelles, mieux entendues, peu nombreuses, et qui ne
renfermeraient uniquement que des casernes et des magasins militaires? On épargnerait ainsi aux habitans toutes les horreurs des
siéges, et les troupes se livreraient sans obstacle à tous les travaux
d'une bonne défense. Cette idée, mise en avant par la philantropie,
ne soutient pas l'examen. D'abord, il faudrait des sommes effrayantes pour exécuter ces travaux de rasement et de recons-
truction, ainsi que les nouveaux moyens de communication qu'ils
nécessiteraient. Ensuite il serait extrêmement impolitique et dangereux de créer des colonies militaires au sein de l'Etat; ce serait établir une funeste distinction; ce serait élever une barrière de séparation entre les soldats et les citoyens, alors qu'il existe tant de
raisons de fondre leurs intérêts, et d'effacer jusqu'aux apparences
de division.

Il est encore une autre raison bien forte qui s'oppose au changement en question : c'est que la plupart des positions désignées par la nature comme points stratégiques, sont déjà occupées par des villes marchandes qu'on ne saurait déplacer. Le commerce, aussi bien que la guerre, cherche les fleuves et les routes; leurs besoins sont les mêmes, sous le point de vue des communications. Et, puisqu'il est impossible d'éloigner les villes des fleuves et des grandes routes, qui alimentent et font valoir leur industrie, on serait contraint d'établir les forteresses, dans des positions sauvages, en laissant à l'ennemi la jouissance des ponts et toutes les ressources qu'offrent les villes populeuses : ce serait ouvrir le pays à l'attaquant. Il faut donc prendre les choses comme elles sont; et, en déplorant le sort des habitans des villes assiégées, s'efforcer d'alléger leurs souffrances par des dispositions qui éloignent l'ennemi, et empêchent le bombardement. Au reste, les villes ouvertes ont souvent à souffrir presqu'autant que les villes fortifiées; elles sont exposées aux rançonnemens; elles ont à loger des ennemis insolens; elles doivent pourvoir à tous les besoins de l'attaquant, lui fournir même des armes pour combattre; leurs principaux habitans sont emmenés en ôtage; elles voient des combats dans leurs murs; et elles ne sont pas toujours exemptes des ravages de l'incendie. C'est dire, en deux mots, que le tableau de la guerre, de quelque côté qu'on le considère, est toujours sombre et effrayant.

Il nous est maintenant permis, après avoir reconnu la grande utilité des places de guerre, d'examiner quels sont les moyens que l'art emploie, pour mettre le faible en état de résister long-temps à un ennemi supérieur. Mais avant que de faire connaître les méthodes modernes de fortifier, passons rapidement en revue les différens progrès que l'art de la défense a faits successivement, à mesure que les moyens d'attaque devenaient plus puissans : c'est un préliminaire indispensable.

Les fortifications des anciens étaient infiniment plus simples que les nôtres : une muraille épaisse, flanquée de tours, et précédée d'un large fossé, en faisait toute la façon; et cependant les siéges étaient alors d'une extrême longueur, et la prise d'une place était le triomphe le plus glorieux pour un général. C'est que les moyens d'attaque étaient faibles, comparés à ceux de la défense; l'habitude des armes la crainte de l'esclavage, donnaient aux défenseurs une grande énergie. Toute une population guerrière se renfermait dans sa capitale, après avoir disputé avec acharnement les terrains environnans, et livré cent combats sous les murs de la ville. On soutenait assaut sur assaut; les femmes encourageaient leurs époux, et les animaient par leur présence; les enfans apportaient les pierres et les dards; les vieillards infirmes restaient seuls dans la ville, pour invoquer les secours de la divinité. On défendait les brèches par tous les moyens que le désespoir pouvait fournir, ou que créait le génie; enfin, cédant à la force, on cherchait encore à disputer les habitations, et à défendre les temples érigés en citadelles, avant que de se soumettre au vainqueur. Sans remonter au siége de Troyes, nous voyons la ville de Tyr, que défendait un peuple marchand et manufacturier, braver pendant sept mois la puissance d'Alexandre. Le grand Camille ne triomphe de Veyes, qu'après un siége de plusieurs années; et Syracuse, que soutient le génie d'Archimède, ne cède aux efforts de Marcellus qu'après une lutte de deux années.

La muraille des anciens, (*figure* 1.ʳᵉ, *Planche 1*), était surmontée d'un petit mur en surplomb, d'une épaisseur suffisante pour résister aux traits de l'ennemi, et qui, crénelé et machicoulisé, permettait de défendre, sans trop s'exposer, la contrescarpe du fossé, aussi bien que le pied des retranchemens.

Le rempart n'avait de largeur que l'épaisseur de la muraille, dans sa partie supérieure, et ce qu'on pouvait y ajouter aisément (*) par

---

(*) On voit encore des vestiges de ces échafaudages, dans les ruines du château du Tourbillon, à Sion en Valais.

le moyen de quelques échafaudages. Des escaliers intérieurs condui-
saient sur le haut du rempart.

Les tours, qui flanquaient la fortification, étaient éloignées les unes
des autres de la portée du trait; elles s'élevaient d'un ou deux étages
au-dessus de la muraille d'enceinte, soit pour conserver de l'action
sur elle, quand l'ennemi s'en serait rendu maître, soit pour commander les tours bélières de l'assiégeant; elles avaient, avec la place,
une communication particulière, et elles étaient séparées du rempart
par une coupure et un pont-levis, de manière à être complètement
isolées quand on le jugeait convenable. C'étaient de vrais réduits de
sûreté; et cette disposition forçait l'assiégeant à faire brèche à la
tour, plutôt qu'à la partie rentrante de la muraille.

Pour se rendre maître de pareilles places, il fallait combler leurs
fossés pour le passage des tours bélières, machines puissantes dont
on se servait alors pour ouvrir les murailles. On sent combien cette
opération devait être difficile, quand l'assiégé pouvait, à chaque instant, incendier ces édifices de bois, ou les écraser sous le poids des
rochers que lançaient les catapultes. L'usage du canon, qui s'in-
troduisit d'abord dans la défense, mit entre les mains de l'assiégé
de nouveaux moyens de destruction, infiniment supérieurs aux premiers, et qui forcèrent bientôt l'assiégeant à renoncer à ces machines, que les boulets atteignaient de loin, et faisaient voler en
éclats, pour se servir lui-même de l'arme terrible que l'assiégé s'était
appropriée. Dès-lors la fortification changea d'aspect.

On donna moins de hauteur aux murailles au-dessus de la campagne, afin de leur laisser moins de prise aux coups éloignés de
l'artillerie; on releva, dans la même intention, leurs contrescarpes
par un terrassement dirigé en glacis, et que les feux des remparts
pouvaient balayer; on chercha à regagner, par la profondeur des
fossés, ce qu'on avait perdu de hauteur au-dessus du sol; on fit enfin ce que l'on appela le corridor ou le chemin-couvert, pour se
ménager une circulation extérieure tout autour de la contrescarpe,
et faciliter les rassemblemens destinés aux sorties.

On ne tarda pas ensuite, pour mettre le chemin-couvert à l'abri d'un coup de main, et remédier au fossé qui lui manque, à construire quelques ouvrages extérieurs, connus sous divers noms suivant leurs formes et leurs dimensions, qui, d'abord, se réduisaient à fort peu de chose, et qui, par degrés, ont acquis de plus en plus d'importance.

Ces changemens, dans l'ancien état des choses, n'étaient pas les seuls qu'avait introduits la découverte de la poudre. Dès qu'on eut songé à employer le canon pour la défense des places, il fallut rélargir les remparts, et les terrasser intérieurement pour que les pièces ne fussent pas lancées au pied des murs par le recul. Les machicoulis furent supprimés; et l'on changea le petit mur crénelé contre un véritable parapet à l'épreuve, en terre ou en maçonnerie. Les tours, trop petites pour recevoir de l'artillerie, furent aggrandies. On les écarta davantage, comme le demandait la plus grande portée des nouvelles armes; et on les mit au niveau du reste de l'enceinte, parce qu'on n'avait plus à craindre le commandement des tours bélières, qui n'existaient plus.

L'agrandissement des parties saillantes de la fortification, et la suppression des machicoulis, rendirent plus sensible un défaut des anciennes tours rondes et carrées, celui de laisser au-devant d'elles un espace qui n'est vu de nulle part, et qui, ne pouvant être battu en aucune manière, donne au mineur assiégeant toute la facilité de faire ses premiers travaux et d'entrer en galerie. La nécessité, probablement sentie par tous les Ingénieurs du temps, de changer l'ancienne forme des tours, conduisit sans doute à imaginer, dans plusieurs lieux à la fois, les bastions, ou grandes tours pentagonales; delà, l'obscurité qui règne sur cette invention que plusieurs nations revendiquent. On croit, cependant, assez généralement, que les premiers bastions ont été construits par les Italiens, dans le commencement du quinzième siècle; mais ce n'est que dans le milieu du suivant qu'on voit des forteresses neuves et cons-

truites régulièrement suivant le système bastionné. Qoiqu'il en
soit, les Ingénieurs Français n'ont pas tardé à devancer leurs maîtres,
et à jeter les véritables fondemens d'un art, dans lequel ils ont
toujours excellé.

Décrivons quelques-uns des systèmes de fortification des premiers
Ingénieurs les plus renommés, en ne donnant toutefois que les traits
caractéristiques de ces diverses conceptions, sans entrer dans des détails, qui n'auraient à ce jour aucune espèce d'utilité. Nous nous
bornerons aux systèmes qui ont été exécutés, et dont on retrouve
encore les traces dans les anciennes places.

ERRARD *de Bar-le-Duc.*

Cet Ingénieur, célèbre sous le règne de Henri IV, est le premier
qui ait écrit en France sur la fortification; et son système, quoique
bien informe, a cependant servi de base à ceux qui l'ont suivi.
Les flancs, perpendiculaires aux faces sur lesquelles ils s'appuyent,
figure 2.°, et obliques à celles qu'ils doivent défendre, dirigent mal
leurs feux, du moins leurs feux de mousqueterie; car l'artillerie, tirant à embrasures, peut toujours être pointée convenablement. C'est
afin de dérober quelques pièces aux coups directs de l'assiégeant,
établi sur le saillant opposé de la contrescarpe, qu'Errard a donné au
flanc cette grande obliquité; mais il faut pour cela renoncer à disputer l'établissement des contre-batteries, et se contenter de battre
le pied de la brèche, d'où résulte que les fossés des faces sont très-
mal défendus.

Le plus grand reproche qu'on ait fait au tracé d'Errard est de
n'être applicable qu'à un hexagone régulier, comme on en peut juger
d'après la description suivante qu'on retrouve dans tous les livres,
et qui, en effet, ne peut appartenir qu'à l'hexagone.

Le côté du polygone extérieur est AB, long d'environ 260 mètres;
AO, BO, sont les capitales des deux bastions, qui, dans le cas ac-

tuel, font des angles de 6o° avec la ligne **AB**. Les lignes de défense
font avec les capitales des angles de 45°; et la ligne **AD**, dont l'intersection avec **BD**, donne l'angle de courtine **D**, partage l'angle **EAO**
en deux parties égales. Du point **D**, on abaisse la perpendiculaire **DE** sur la face **AE**, pour avoir le flanc; et l'on joint les points
D et **C** par la ligne **DC** qui est la courtine.

Mais, si au lieu de rapporter les angles du tracé à la ligne **AO**, on
les rapporte à la ligne **AB**, comme on le voit à la *figure* 3.*, le tracé
d'Errard conviendra, aussi bien que tout autre, à un polygone
quelconque. Le reproche qu'on lui fait est donc injuste, et il me
semble qu'on doit cette réparation à l'auteur, qui n'était pas homme
à faire la gaucherie qu'on lui suppose : s'il ne nous a fait connaître que son tracé appliqué à l'hexagone, c'est que de son temps
on ne constuisait que de petites places.

Un défaut plus réel du système d'Errard, est de donner des bastions trop resserrés à la gorge, et de ne pouvoir pas, pour cette
raison, s'appliquer au pentagone ou au carré. Le côté extérieur est
trop petit, mais on peut l'augmenter sans rien changer au tracé; ce
n'est donc pas un défaut réel qu'on puisse reprocher au système
d'Errard de Bar-le-Duc.

Deville *et* Marolois.

Le chevalier Deville en France, et Marolois en Hollande, également
célèbres dans leur temps, ont imaginé des systèmes fondés à peu près
sur les mêmes principes. Ils ont aggrandi les dimensions du front; ils
ont changé la direction des flancs, en les faisant perpendiculaires sur
la courtine; et ils ont cherché à tirer de cette courtine une défense
pour les bastions, en dirigeant les faces de ceux-ci à quelque distance de
l'angle de flanc; en les faisant *fichantes* au lieu de les aligner sur
l'angle lui-même, comme on peut le voir dans les *figures* 4.* *et* 5.*
Quelque peu de différence réelle qu'il y ait entre ces deux systèmes,

le premier n'en a pas moins été appelé, dans le temps, *méthode française*, et l'autre, *méthode hollandaise de fortifier*.

Le premier des Ingénieurs nommés ci-dessus, faisait son angle flanqué constamment droit, ce qui l'empêchait d'appliquer son tracé aux polygones inférieurs; le second en faisait varier l'ouverture, suivant la grandeur de l'angle du polygone; l'un construisait sur le côté intérieur, l'autre sur le côté extérieur du polygone. Le système de Marolois semble donc avoir quelques avantages sur celui du chevalier Deville; l'un et l'autre ont été exécutés. Voici les détails de ces systèmes appliqués à l'hexagone.

Deville. Partagez le côté intérieur AB, *figure* 4.ᵉ, en six parties égales; une de ces parties fera la demi-gorge AC du bastion; élevez la perpendiculaire, CE, que vous ferez égale à CA, pour avoir le flanc. Ensuite du point E, abaissez la perpendiculaire EF sur la capitale GO, et faites enfin FG, égale à FE pour avoir l'angle flanqué G, qui sera droit puisque sa moitié AGE est de 45°.

Deville fixait la grandeur de AB, par la condition que la ligne de défense ne dépassât point la portée du mousquet, c'est-à-dire qu'elle n'eut jamais plus de 300 mètres de longueur, et qu'habituellement elle fut de 250 à 260 mètres. Il en résultait pour AB une longueur de 240 mètres environ.

Pour le pentagone et le carré, auxquels le tracé précédent ne saurait convenir, l'auteur renonçait à faire son angle saillant de 90.° et il déterminait la face du bastion, en menant, comme on le fait à présent, sa ligne de défense de l'angle courtine D à l'angle d'épaule E.

Les bastions, dans ce système, sont presque aussi rétrécis que dans celui d'Errard, parce que leurs faces sont trop courtes; mais les flancs sont mieux dirigés, et défendent mieux le fossé.

Marolois. Le tracé de Marolois se construit sur le côté extérieur AB, *figure* 5.ᵉ, que l'on prend de 300 mètres de longueur. On fait l'angle BAC de 20°; on porte sur la ligne de défense une longueur AC de 95 mètres, et du point C on construit le flanc CD, perpendiculairement à AB. Pour avoir la courtine, on partage l'angle ACD en deux parties égales par la droite CE, qui coupe au point E la capitale AO ; c'est par ce point que l'on mène la courtine MN, parallèlement au côté extérieur. Les deux portions de l'angle ACD se trouvent chacune de 55°.

Si l'angle OAB est plus ouvert ou plus fermé que dans l'hexagone, il ne faut plus partager l'angle ACD en deux également, parce que cela jetterait la courtine trop en dedans ou trop en dehors, et allongerait ou raccourcirait trop les flancs. Il est facile de modifier la construction pour ces cas particuliers, et de déterminer la valeur de l'angle DCE.

Pour le carré, on ne peut plus faire l'angle BAC de 20°, mais seulement de 15°, afin que le saillant du bastion n'ait pas moins de 60 degrés d'ouverture.

Les bastions, dans ce tracé, sont plus grands, et par conséquent meilleurs que dans les précédens.

Comte DE PAGAN.

Le comte de Pagan était un des officiers les plus distingués de son temps ; il vécut sous Louis XIII, et se voua très-jeune au métier des armes. C'est après avoir rendu de grands services à sa patrie que, privé de la vue, il dicta son Traité de Fortification, dans lequel est décrit le meilleur système qu'on ait eu jusqu'au règne de Louis XIV, et où l'on retrouve les principaux caractères des systèmes modernes : simplicité dans les constructions, capacité des bastions, flanquemens efficaces, etc.; en sorte qu'on peut raisonnablement dire, que notre fortification n'est que la sienne perfectionnée.

Il fit le côté extérieur AB, *figure* 6.ᵉ, de 350 mètres ; sur le milieu, il éleva une perpendiculaire CD, égale au $\frac{1}{6}$.ᵉ de ce côté, et il construisit ses lignes de défense par le moyen de cette perpendiculaire, comme on le fait encore ; ses faces avaient 108 mètres, et ses flancs étaient perpendiculaires sur les lignes de défense.

Pagan, aussi bien que les Ingénieurs qui l'ont précédé, a multiplié les flancs, et a construit sur l'angle d'épaule un vaste orillon pour couvrir les flancs bas. On verra dans le premier chapitre de cet ouvrage à quoi se réduisent les avantages des orillons qui ne sont plus usités; je me contente de donner ici, ce qu'on peut appeler le tracé primitif dans toute sa simplicité. Hâtons-nous d'arriver à l'époque brillante où Vauban parut.

Maréchal DE VAUBAN.

La première place que vit Vauban le fit Ingénieur, a dit Fontenelle. Ce grand homme fit paraître, dès ses plus tendres années, un goût décidé pour la fortification. Il fit d'abord plusieurs siéges, dans lesquels il montra autant d'intrépidité que de sang-froid; il construisit ensuite un grand nombre de forteresses, et en répara un plus grand nombre encore. Les écrits qu'il nous a laissés sont toujours consultés; et sa manière de fortifier, imitée de celle du comte de Pagan, et que tous les Ingénieurs ont suivie après lui, est son moindre titre de renommée: nous la développerons dans l'ouvrage.

Vauban est le premier qui ait fait connaître la valeur des camps retranchés, destinés à jouer un si grand rôle, depuis que les armées se sont accrues à tel point, que la plupart des anciennes places sont insuffisantes à leurs besoins. C'est lui qui nous a appris à modifier les tracés suivant les localités, et à plier toujours les fortifications au terrain. Mais c'est surtout dans les pas prodigieux qu'il a fait faire à l'attaque, que Vauban s'est acquis une gloire immortelle. On le vit, pour la première fois, au siége de Maëstricht en 1673, lier ensemble les diverses attaques, par trois parallèles ou places-d'armes, destinées à contenir une garde, nécessaire pour le soutien des travailleurs et la sûreté des batteries.

Au siége d Ath, il triomphe de toutes les oppositions de la vieille routine; et, en forçant la place à une reddition prématurée, il démontre les avantages immenses du tir à ricochet, qu'il venait d'inventer. Vauban se trouvait, à ce siége, dans la cruelle alternative, ou de réussir dans la prise d'une place qu'il avait lui-même fortifiée, et de démontrer ainsi l'insuffisance de son art, ou d'échouer et d'avouer à la face de l'Europe son infériorité, à l'égard de son émule Coëhorn, Ingénieur Hollandais du premier mérite, qui s'était acquis une réputation colossale par la prise récente de plusieurs places. Il se tira d'embarras par un trait de génie : cette place qu'il fallait laisser croire imprenable par les procédés ordinaires, pouvait succomber sans honte sous des moyens plus puissans que ceux usités jusqu'alors; il la réduisit par la nouvelle manière de se servir de l'artillerie, et il fut reconnu, tout à la fois, pour le meilleur fortificateur et pour celui auquel ne pouvait résister aucune place. C'est à ce siége que Vauban fit preuve d'humanité, autant que de génie : d'accord avec Catinat, il épargna les habitans, et préserva la ville d'un désastre inutile.

Le siége d'Ath, à jamais célèbre, eût lieu en 1696; il coûta fort peu de monde aux assiégeans; cinquante soldats seulement furent tués, et le découragement des assiégés était tel qu'ils n'osaient point se montrer; et, quand au bout de quatorze jours de siége, ils se déterminèrent à capituler : « un tambour craintif, dit l'histoire du siége, « battit tout bas une chamade, au centre du bastion, et bien « loin du parapet où personne n'osait tenir. » L'art fit presque tous les frais de la prise d'Ath, la force n'y entra que pour peu de chose.

Vauban, après avoir ainsi perfectionné l'art de l'attaque, essaya, sur la fin de sa longue et brillante carrière, de rétablir, en faveur de la défense, l'équilibre qu'il avait lui-même rompu; mais il l'essaya en vain. Cela doit nous convaincre qu'il est à peu près impossible de défendre avec avantage les places, par le seul fait de leurs fortifications, et sans des secours extérieurs; on peut retarder leur prise de quelques jours, mais l'attaque reste toujours supérieure à la défense. Il faut pour lutter avec succès, tenir campagne sous la protection de la place, disputer les villages environnans, se retrancher dans les faubourgs, et ne se renfermer définitivement dans les murs, qu'à la dernière extrêmité.

Une place, considérée sous ce point de vue, n'est à proprement parler que le réduit d'une position militaire; et il semble que les changemens et les perfectionnemens qu'on peut apporter à sa fortification, ne lui conviennent point, s'ils ne restent pas dans la ligne de la simplicité, et s'ils conduisent à des dépenses trop considérables. A plus forte raison, faut-il se méfier de ces *systèmes neufs*, complètement en-dehors des idées reçues, quelque séduisans qu'ils puissent paraître; à quoi sert, en effet, de renverser des principes qu'une longue expérience à consacrés, et de changer tout ce qui existe en fortification, si les forteresses, sous leur nouvelle enveloppe, n'acquièrent d'autre avantage que celui d'une augmentation présumée de quelques jours, dans la durée de leur défense? Le système bastionné conserve sans doute d'assez nombreux défauts; mais il est bien douteux que celui qu'on chercherait à lui substituer, n'en eût pas de plus nombreux encore. C'est donc sur cette base qu'il faut travailler, en se proposant, pour but principal, de tirer parti de ce qui existe, et d'apporter encore, s'il est possible, quelques améliorations au tracé moderne. Cormontaingne, en corrigeant avec retenue le système de Vauban, a construit les meilleures fortifications de son temps; et ce sont les légères modifications apportées par les modernes aux idées de ce dernier, qui nous ont valu le meilleur système connu, celui que je me propose de développer, dans tous ses détails, et auquel j'appliquerai tout ce que j'ai à dire sur la fortification permanente.

DE LA
FORTIFICATION
PERMANENTE.

CHAPITRE PREMIER.
Systèmes simples et Tracés Français.

(1.) L'Ingénieur donne aux ouvrages de *fortification permanente* toute la solidité dont ils sont susceptibles ; il fait ses projets
dans le silence du cabinet ; il les soumet à des calculs d'une rigueur
mathématique ; il suit, en un mot, une marche toute contraire à
celle qu'il a dû tenir dans la direction et la confection des *travaux
de guerre*, où tout tâtonnement lui était interdit, où il n'avait
d'autre guide que son coup d'œil, et où les circonstances du moment dictaient impérieusement les dispositions qu'il pouvait
prendre. Manquant du nécessaire, pressé par le temps et par
l'ennemi, souvent il a dû se contenter d'une grossière ébauche, et
repousser toute idée de perfection pour former à la hâte une masse
couvrante, capable d'arrêter le premier choc de l'ennemi. Mais,
loin du feu et dans le calme, c'est avec la règle et le compas qu'il
opère ; c'est en s'aidant de tout ce que les arts ont produit de plus
parfait, qu'il arrête ses dispositifs, qu'il en dirige l'exécution ; et
l'œuvre qui sort de sa main doit porter tous les caractères d'un
travail profondément médité et habilement exécuté.

2

(2.) Les travaux de l'Ingénieur exigent malheureusement de grands sacrifices de la part de l'État qui les ordonne ; et du moment qu'il est question d'élever des remparts, c'est par millions que les sommes se comptent, car la véritable économie consiste à faire largement les dépenses nécessaires pour donner aux constructions la plus grande solidité, tout en apportant une active surveillance dans l'emploi des deniers.

(3.) Puis donc que les fortifications sont si coûteuses, il est impossible de changer toutes celles qui existent, sans de grandes charges pour l'État, et l'on se trouve dans l'obligation de se servir de ce qu'on possède, et par conséquent de prendre connaissance des principaux systèmes.

Je ne chercherai point à faire preuve d'érudition, en analysant l'une après l'autre, les productions bizarres des *Fortificateurs* du dernier siècle ; de ces tireurs de lignes, auxquels rien ne coûtait, qui entassaient ouvrages sur ouvrages, sans jamais savoir où s'arrêter ; leurs fortifications, qui n'ont jamais existé que sur le papier, tombent en poussière et les vers en ont déjà fait leur pâture.

Animés d'un autre esprit et doués du génie, Vauban, Cormontaingne, Coëhorn, Darçon et quelques modernes, nous ont enseigné à fortifier une place ; c'est en consultant leurs ouvrages que nous recevrons d'utiles leçons. Nous y apprendrons que, sans le secours des obstacles naturels, l'objet de la fortification ne peut jamais être rempli d'une manière absolue ; qu'aucune place ne peut être rendue imprenable par les seuls moyens de l'art ; que l'industrie de l'attaquant finit toujours par en triompher ; que ce ne peut être enfin que par le plus ou le moins de résistance, que les places peuvent différer entr'elles.

Nous y verrons que, relativement à son tracé, la fortification doit être telle, que le plus grand nombre possible de ses lignes évitent le ricochet ; et qu'on atteint ce but, soit en dirigeant les prolongemens des faces sur des sites inaccessibles à l'artillerie, soit en recouvrant certaines pièces par d'autres moins importantes, qu'il faut savoir sacrifier.

Ces Ingénieurs habiles, sans renverser les bases posées par leurs devanciers et cimentées par le temps, mais s'appuyant au contraire sur elles et profitant de tout ce qu'elles avaient de bon, ont successivement donné plus de saillie à leurs ouvrages extérieurs, pour prendre sur les approches des revers plus prononcés; et en même temps qu'ils en agrandissaient la capacité, ils coupaient leur intérieur par un réduit, pour que l'ennemi ne trouvât pas un logement commode dans leur vaste terre-plein. Ils ont su le forcer à détailler ses attaques, et à ne s'emparer d'une pièce qu'après avoir chèrement acheté celles qui la garantissaient; ils ont perfectionné et multiplié les moyens de communication; ils ont dérobé avec art toutes les maçonneries aux coups lointains de l'artillerie, pour ne laisser exposées à ses effets destructeurs que des masses de terre dans lesquelles les boulets viennent se perdre. Ils ont contraint l'assiégeant à s'établir sur le bord de la contre-escarpe pour ouvrir une brèche; ils ont fait connaître les avantages immenses des camps retranchés et des ouvrages avancés; ils ont enfin démontré toute l'importance des réduits et des retranchemens intérieurs, pour soutenir le moral de l'assiégé et retarder le moment de la reddition.

Entrons maintenant dans l'explication des différens systèmes simples (*) appliqués aux forteresses de France, et suivons pied à pied les progrès de l'art.

§ I. *Système de Vauban.*

(4.) Vauban parut à une époque où les bases d'une bonne fortification avaient déjà été posées par le Comte de Pagan; c'est en

---

(*) J'appelle *systèmes simples* ceux qui sont uniquement composés d'un front bastionné avec demi-lune et chemin-couvert.

s'appuyant sur ce qu'avait fait son prédécesseur, qu'il établit son système, si toutefois on peut appeler de ce nom, un tracé que son illustre auteur sut plier à toutes les localités et fit varier à l'infini. Voici quel il était pour les terrains unis.

Art. 1.ᵉʳ *Corps de Place.*

(5.) Le côté extérieur **AB** avait 35o mètres (*Planche II*), et la perpendiculaire **CD** était égale au sixième du côté extérieur, pour tous les polygones au-dessus du pentagone ; pour celui-ci, il ne lui donnait que le septième ; et seulement le huitième pour le carré. Les raisons de cette différence sont que dans un polygone d'un petit nombre de côtés, les angles ont moins d'ouverture, et qu'il faut par conséquent diminuer la perpendiculaire pour conserver à l'angle saillant du bastion une ouverture suffisante. Car ici, comme en fortification passagère, on prend pour limite l'angle de 6o°.

Les faces **AE** et **BF** des bastions ont 1oo mètres de longueur, ou, en d'autres termes, elles sont égales aux deux septièmes du côté extérieur ; et avec cette proportion, les flancs se trouvent à une distance telle des saillans, que les fusils de rempart dont on se sert pour la défense des places, peuvent porter efficacement leurs coups sur la face et l'angle flanqué qu'ils ont à défendre. Le principe établi au N.° (27) du Mémorial des travaux de guerre trouve ici son application. Pour tracer le flanc, Vauban décrivait du point F ou angle d'épaule, comme centre, avec la distance **EF** pour rayon, un arc **EG** compris entre les deux lignes de défense ; la corde de cet arc donnait le flanc qui, de cette manière, ne formait point un angle droit avec la ligne qu'il devait flanquer. On ne voit pas trop ce qui a pu engager l'auteur à s'écarter du tracé de Pagan, lequel en ce point mérite la préférence. Il faut cependant convenir que cette direction perpendiculaire est moins nécessaire en fortification permanente qu'en fortification passagère, parce qu'en faisant usage de la première on ne porte à l'ennemi que des coups mesurés, pour répondre à une attaque méthodique; tandis que dans la seconde, c'est par des coups précipités qu'on s'oppose à une irruption soudaine, à une attaque de vive force et brusquée.

Il ne reste plus qu'à tirer la ligne droite GH qui représente la courtine, pour avoir le tracé du *Corps de Place* (*).

C'est en arrière de la ligne que nous venons de tracer que se mènent les autres lignes, pour représenter les parapets, comme on le voit dans la figure.

La ligne du tracé est donc en fortification permanente le sommet de l'escarpe, tandis qu'en fortification passagère c'est la crête intérieure. La raison de cette différence est que, en fortification de campagne, la ligne la plus importante est la ligne de feu; c'est celle qui doit être en état la première; en fortification permanente, c'est au contraire, le tracé de l'escarpe qui devient la ligne principale, parce que ce sont les maçonneries qui se font les premières. On donne le nom de *Magistrale* à la ligne du tracé, dans la fortification permanente.

(6.) *Fossé du Corps de Place.* Le fossé a 35 mètres de largeur vers le saillant du bastion, au haut de l'escarpe et de la contre-escarpe, c'est-à-dire, y compris les talus de l'escarpe et de la contre-escarpe; talus que les premiers Ingénieurs ont cru devoir donner à leurs murailles pour une plus grande solidité, et que les modernes ont supprimés, après avoir remarqué que les murailles inclinées donnent trop de prise aux végétations et aux dégradations qui en sont la conséquence.

La contre-escarpe, après s'être arrondie en arc de cercle au

____

(*) Il est inutile de faire remarquer ici que la forme qui résulte du tracé précédent, résout le problème de ne laisser aucune partie au dehors et dans les fossés, qui ne soit vue du corps de place. Nous parlons à des militaires qui savent ce que c'est qu'un front bastionné, et nous nous faisons un devoir d'abréger.

saillant, se dirige vers l'angle d'épaule opposé ; le fossé se trouve ainsi plus large du côté du flanc qu'il ne l'est au saillant ; ce qui est très-convenable, puisqu'il faut, autant que possible, rétrécir du côté de l'ennemi la trouée, au moyen de laquelle son artillerie pourra ruiner le flanc, lorsqu'il sera parvenu à établir ses batteries sur la contre-escarpe.

Passons à la description des ouvrages extérieurs, c'est-à-dire, de la demi-lune et du chemin-couvert.

Art. 2. *Ouvrages extérieurs.*

(7.) *Demi-lune.* La demi-lune, primitivement de forme demi-circulaire et ensuite de forme anguleuse, n'avait dans l'origine qu'une très-petite capacité, et recevait le nom de *Ravelin*. Son unique objet était d'abord de contenir une garde qui devait protéger les débouchés des ponts, au moyen desquels se faisait la communication avec l'extérieur. On ne tarda pas à s'apercevoir que ce petit ouvrage avait une grande importance pour ralentir la marche de l'ennemi sur les saillans des bastions latéraux, et pour disputer le chemin-couvert ; et que son influence était d'autant plus grande qu'il avait plus de saillie. On augmenta donc progressivement ses dimensions, et lorsqu'on en eut fait un ouvrage capital, on lui donna le nom de *Demi-lune,* qui rappelle sa première origine : voici les dimensions qu'il a dans le système qui nous occupe.

De l'angle de courtine G comme centre, et avec un rayon égal à G F, on trace un arc qui va couper en I le prolongement de la perpendiculaire, et donne le saillant de la demi-lune ; les faces se dirigent de ce point à un point K, situé sur la face du bastion, à 10 mètres au-dessus de l'angle d'épaule, de telle sorte qu'elles comprennent à peu près l'angle droit.

Les flancs ont environ 18 mètres de longueur, et se tracent en retranchant de la face une longueur L M de 20 mètres, et de la demi-gorge une longueur **LN** de 15 mètres, pour joindre ensuite les deux points **M** et **N**, par une droite **MN** qui est le flanc. Le flanc se trouve ainsi parallèle à la capitale de la demi-lune, observation qui peut simplifier le tracé.

Le flanc de la demi-lune est destiné à prendre des revers sur la brèche que l'ennemi peut faire à la face du bastion, et à le forcer ainsi à s'emparer de la demi-lune avant de donner l'assaut ; mais il a l'inconvénient de découvrir la place, qui serait mieux garantie si le flanc était supprimé et si la face de la demi-lune se prolongeait jusqu'en **L**.

Au reste, cet inconvénient n'est pas bien grand, car les faces de la demi-lune, fussent-elles prolongées autant qu'il est possible et comme les a faites quelquefois le Maréchal de Vauban lui-même, ne couvriraient point encore assez les flancs et la courtine, pour empêcher l'ennemi de les entamer, quand il aura pris poste sur la contre-escarpe.

(8.) *Réduit de Demi-lune.* Vauban, à qui rien n'échappait, a senti que pour donner à la demi-lune toute la force de résistance dont elle est susceptible, il fallait l'armer d'un réduit, dans lequel les défenseurs pussent trouver un asile qui couvrît leur retraite, et même qui forçât l'ennemi à de nouveaux frais pour s'en rendre maître.

Ce réduit, pièce vivifiante, ne fut d'abord qu'une muraille crénelée, en forme de redan, précédée d'un petit fossé ; ce fut ensuite un véritable parapet, auquel on donna un léger commandement sur celui de la demi-lune, pour que l'ennemi logé dans les tranchées qu'il aurait faites dans l'épaisseur de celui-ci, ne pût pas plonger dans le réduit. La grande excavation qu'il fallut faire pour trouver les terres nécessaires à la confection du parapet du réduit, eut cet avantage, de rompre et de rétrécir le terrain sur lequel l'ennemi doit cheminer.

(9.) *Fossé de Demi-lune.* Le fossé de la demi-lune a de 20 à

22 mètres de largeur, et la contre-escarpe est parallèle à l'escarpe ;
il est arrondi au saillant : on pourrait aussi le rétrécir un peu vers
le saillant, soit pour diminuer la largeur de la trouée, soit pour
mieux proportionner le déblai au remblai ; car, en fortification
permanente, bien qu'on puisse compter dans l'exécution sur tous
les moyens de transport, il faut cependant prendre les terres au
plus près, et proportionner, autant qu'on le peut, chaque déblai
au remblai le plus voisin.

Le fond du fossé de la demi-lune est au niveau de celui du
grand fossé.

(10.) *Chemin-couvert.* Le chemin-couvert, espèce de ceinture
qui doit envelopper toute place de guerre, est destiné à favoriser
les sorties : les troupes se rassemblent dans son intérieur pour se
précipiter en force sur l'ennemi, et elles y trouvent un refuge en
cas de revers. Le chemin-couvert sert encore à recevoir les secours
qui se jettent dans la place, et qui n'y pourraient point entrer par les
portes ou avenues ordinaires qui, presque toujours, sont interceptées
pendant le siége, ou forment des défilés trop dangereux à traverser
sous le feu de l'ennemi. C'est enfin au moyen du chemin-couvert
qu'on peut exercer à l'extérieur une surveillance active, soit en y
établissant des postes permanens, soit en y faisant circuler des
rondes ; et c'est parce que ces rondes ou patrouilles peuvent circuler sans être vues de l'ennemi, qu'on a donné au chemin-couvert
le nom qu'il porte. On lui donna d'abord celui de *Corridor,* qui
n'est maintenant plus en usage.

(11.) La ligne de feu, ou, en d'autres termes, la *crête* du chemin-
couvert, se trace parallèlement à la contre-escarpe et à 10 mètres
de distance : largeur suffisante pour les manœuvres du défenseur,
mais qui ne permet point à l'attaquant de s'y établir avec ses batteries, sans faire des transports de terre de l'arrière à l'avant ;
transports qu'il évite toujours autant qu'il peut, parce qu'ils sont
très-dangereux, devant se faire sous le feu rapproché de l'ennemi.

L'assiégeant ne peut se nicher dans le terre-plein du chemin-couvert, car il lui faut une huitaine de mètres pour son épaulement et au moins autant pour le terre-plein de sa batterie, ce qui fait 16 mètres : or, le chemin-couvert n'en a que dix.

Si donc l'assiégeant ne veut pas se résoudre aux transports de terre dont nous avons parlé, il devra établir ses batteries sur le glacis, dans le couronnement du chemin-couvert : or, il y a quelques avantages pour l'assiégé, à ce que l'assiégeant s'établisse là, plutôt que dans le terre-plein. 1.° Il est possible que par leur relief, les batteries du couronnement masquent le tir à ricochet dirigé contre les ouvrages qui se trouvent en arrière du chemin-couvert; alors l'assiégé peut respirer et remettre en jeu du canon, qui fera le plus grand mal à l'attaquant, aussi long-temps que celui-ci se trouvera gêné par ses propres ouvrages et ne pourra pas répondre. 2.° Les batteries de l'assiégeant étant établies sur le glacis, se trouvent exposées, de la part des ouvrages latéraux de l'assiégé, à des coups d'enfilade et de revers qu'elles n'auraient point à supporter si elles se trouvaient dans le terre-plein du chemin-couvert; parce que le relief du glacis les garantirait des coups à dos, en même temps que les traverses qui se trouvent toujours dans le chemin-couvert pour arrêter le ricochet, les préserveraient des funestes effets de l'enfilade.

(12.) *Places-d'armes.* Dans les parties rentrantes du chemin-couvert, sont des espaces larges où se font les rassemblemens des troupes pour les sorties, et d'où, par des feux rasans, on flanque et protège à petite portée, les parties saillantes et insultables du chemin-couvert. On en peut sortir par deux débouchés en rampe, pour se précipiter sur l'ennemi, l'attaquer par le flanc ou entreprendre sur lui lorsqu'il menace les saillans. On donne à ces parties importantes le nom de *Places-d'armes rentrantes.* Pour les tracer, Vauban leur donnait 35 mètres de demi-gorge, et 40 mètres de face; d'où résulte que l'angle du flanquement entre la branche du chemin-couvert et la face correspondante de la place-d'armes est légèrement obtus, ce qui est conforme à la seconde règle du Mémorial.

(13.) L'espace compris entre le saillant du glacis, l'arrondissement de la contrescarpe, et les premières traverses de droite et de gauche, s'appelle *Place-d'armes saillante*. C'est là que se tiennent les détachemens destinés à harceler l'assiégeant par des coups de mousquet bien dirigés contre les têtes des sapes, pour le forcer à ne s'avancer que pied à pied et avec lenteur.

(14.) *Traverses*. Pour garantir du ricochet, le terre-plein du chemin-couvert dans toute sa largeur, les traverses doivent le barrer en entier, et s'étendre de la contrescarpe à la crête du glacis, ce qui exige que l'on rompe celle-ci et qu'on fasse un crochet pour laisser un passage à la tête de la traverse. Ce passage ou *défilé* nécessaire pour la circulation, a deux mètres de largeur.

(15.) *Tenaille*. Un dernier ouvrage de l'invention de Vauban complète le tracé du front ; c'est la *tenaille*, qui se voit en O P Q R. Cet ouvrage est destiné à couvrir le débouché de la *Poterne* ou passage souterrain pratiqué dans le milieu de la courtine, pour descendre dans le grand fossé ; à préserver la courtine et les flancs, des brèches que l'ennemi peut y faire, lorsqu'il est maître des dehors, et au moyen desquelles il cherche à tourner les retranchemens intérieurs qui peuvent exister dans le bastion. Ainsi la tenaille est destinée non-seulement à couvrir un débouché, mais encore à augmenter la valeur de certaines parties de la Fortification. On peut ajouter encore qu'elle est très-favorable aux sorties que l'assiégé dirige contre les logemens de l'ennemi dans le grand fossé, parce que les troupes peuvent se rassembler entre la tenaille et la courtine pour se jeter en petites masses sur l'ennemi ; ce qu'il serait impossible de faire, en débouchant d'une porte étroite que rien ne couvrirait.

Les faces ou *Ailerons* O P et R Q sont dans les prolongemens des faces des bastions ; le *Ventre* P Q est parallèle à la courtine, à 25

mètres de distance ; l'épaisseur de la tenaille est de 15 mètres, ensorte que le fossé entre la courtine et cet ouvrage a 10 mètres de
largeur par le bas. Les ailerons ne joignent pas les flancs des bastions ; ils en sont séparés par un intervalle de 5 mètres, mesuré au
pied des talus. Ce passage ne peut pas être plus large sans trop découvrir la courtine qui est derrière, et tel qu'il est, il suffit à la
circulation.

Art. 3. *Communications.*

(16.) On descend du corps de place dans le grand fossé, par une
large poterne, qui passe sous le rampart et vient déboucher vers le milieu de la courtine au niveau du fond du fossé. De là, on peut tourner
les ailerons de la tenaille, ou bien traverser la tenaille elle-même
par une seconde poterne percée dans son milieu vis-à-vis la première :
celle-ci débouche dans une *double Caponnière* découverte qui coupe
le grand fossé et conduit directement à la demi-lune, où l'on trouve
deux escaliers, ou *pas-de-souris* pour monter au réduit. Une petite
poterne percée sous le parapet, à l'extrémité de chaque face du réduit, descend dans le fossé de cet ouvrage, d'où l'on monte de chaque
côté par une rampe ou un pas-de-souris, sur la demi-lune, qui n'a
point de communication directe avec son fossé ; parce que les défenseurs du chemin-couvert, opèrent leur retraite sur le corps de
place et non dans la demi-lune ; et que si l'on a des secours à leur en-
voyer, ce n'est point la garnison de la demi-lune qui les peut fournir,
attendu qu'on a bien soin de ne mettre dans les ouvrages extérieurs
que ce qui est strictement nécessaire à leur défense.

(17.) Le fossé du réduit de la demi-lune est moins profond que le
fossé du corps de place, tant pour la sûreté de l'ouvrage qui, moyennant le ressaut de deux ou trois mètres qui existe au débouché du
fossé du réduit et les palissades qu'il convient de planter en cet endroit, ne peut pas être tourné ; tant pour la sûreté de la demi-lune,
dis-je, que pour ne pas avoir un déblai trop considérable. On voit

par là, qu'il est impossible de conduire du canon sur la demi-lune autrement qu'avec le secours des manœuvres de force : c'est un grand inconvénient, car le ricochet, dans l'état actuel de la Fortification, fait de grands ravages dans les batteries défensives et force à de fréquens rechanges. On ne peut obvier à cet inconvénient qu'en remplaçant les escaliers par des rampes larges et commodes ; et c'est ce qu'on n'a point fait jusqu'à présent, du moins quand on a donné un réduit à la demi-lune, par ce qu'on n'a pas assez d'espace pour le développement des rampes.

(18.) Pour aller au chemin-couvert on débouche, de la caponnière par deux issues, en longeant la gorge de la demi-lune ; on traverse le fossé de cet ouvrage, sous la protection d'une demi-caponnière, dont le parapet est dirigé en glacis, ainsi que doit l'être celui de la première, pour que l'ennemi une fois dans le fossé n'y ait aucun abri. On trouve à la rencontre des deux contre-escarpes, deux pas-de-souris qui conduisent dans la place-d'armes rentrante ; de là on sort dans la campagne par les issues de la place-d'armes, ou bien on passe dans les branches du chemin-couvert, par les défilés des traverses.

Ces défilés ne présentent qu'une communication dangereuse dans les momens de crise ; il faut passer sous la bayonnette de l'ennemi, lorsque celui-ci par une attaque de vive force, enveloppe le chemin-couvert et en chasse les défenseurs. Les communications seraient plus naturellement placées du côté de la contrescarpe, s'il n'en résultait pas un raccourcissement dangereux des traverses, qui par là, ne couvriraient plus complètement ; et si ces communications, toutes sur la même ligne et non couvertes, ne pouvaient facilement être battues d'enfilade par l'artillerie ennemie. Quoi qu'il en soit, pour remédier un peu à l'inconvénient que je viens de signaler, on a pratiqué à l'arrondissement de contrescarpe, des pas-de-souris pour la retraite des défenseurs de la place-d'armes saillante, qui est la partie la plus insultable du chemin-couvert. Il résulte de là, qu'il n'est pas prudent de poster des défenseurs ailleurs que dans les places-d'armes saillantes et rentrantes, lorsqu'on a à faire à un ennemi entreprenant ; car ceux qui se trouveraient dans les espaces inter-médiaires n'auraient point de retraite, ou du moins n'en auraient que par de dangereux défilés.

Des escaliers de la place-d'armes saillante on file dans le fossé de la demi-lune et l'on passe entre son flanc et la caponnière, pour déboucher dans le fossé du corps de place.

Art. 4. *Reliefs.*

(19.) Pour compléter la description du système qui nous occupe, il faut indiquer le relief ou commandement des différentes parties sur la campagne, et des unes par rapport aux autres.

Vauban aimait les grands reliefs qui donnent la faculté de découvrir au loin dans la campagne, de combattre l'ennemi avec avantage et de se dérober facilement à ses coups. Ceux qu'il a adoptés, pour les terrains unis et non dominés sont à-peu-près les suivants.

```
                                                              m
Crête du chemin-couvert sur la campagne......................3, 00
Demi-lune sur le chemin-couvert...2, 50, et sur la campagne ......5, 50
Réduit sur la demi-lune..........0, 70, et sur la campagne......6, 20
Corps de place sur la demi-lune....1, 50, et sur la campagne......7, 00
Corps de place sur la tenaille.......5, 00, et sur la campagne......2, 00
Traverses du chemin-couvert sur la campagne.................3, 00
```

(20) Tous les terre-pleins doivent avoir une pente prononcée en arrière pour favoriser l'écoulement des eaux de pluie et pour qu'on y soit bien couvert par les parapets, auxquels il faut donner 3 mètres ou au moins 2,"50 de hauteur au-dessus des terre-pleins ; d'où il suit que le terre-plein ou rempart du corps de place est élevé de 4 mètres au-dessus du sol. Les reliefs indiqués ci-dessus ne doivent pas cependant être pris comme des quantités absolument invariables, mais comme des résultats moyens qui indiquent à-peu-près les com-

mandemens respectifs des différentes pièces entr'elles, quand le terrain est assez plat pour ne pas forcer à les changer. Nous verrons en traitant du défilement comment ces reliefs se déterminent par des opérations rigoureuses, dans tous les cas possibles.

Art. 5. *Orillons.*

(21.) Vauban avant d'adopter le tracé décrit ci-dessus, a suivi l'exemple des ingénieurs qui l'avaient précédé, en construisant des bastions à *Orillons*; toutefois il a beaucoup diminué les dimensions de ces loupes, qui ont, dit-on, pour objet de couvrir l'artillerie des flancs, mais dont il ne tarda pas à découvrir l'inutilité et qu'il supprima par la suite complètement. Voici donc quel était le tracé du flanc et de l'orillon.

La ligne A B fig. 3. (*Planche III*) qui représente le flanc rectiligne d'un front bastionné semblable à celui de la planche deuxième, est partagée en trois parties égales. Le premier tiers A C est réservé pour l'orillon : sur le milieu P de A C, on élève la perpendiculaire P O ; et au point A, angle d'épaule, on élève la perpendiculaire A O sur la face A M du bastion ; le point de rencontre O des deux perpendiculaires, est le centre de l'arc qui forme le contour de l'orillon. Du point C on mène la ligne C D à l'angle saillant du bastion opposé, et le prolongement F C de cette droite, forme le *revers de l'orillon ;* cette partie se trouve ainsi tracée.

(22.) Pour donner plus de grandeur au flanc, que l'orillon raccourcit considérablement, Vauban le faisait concave : à 10 mètres en arrière de la droite C B, il menait une parallèle F G, comprise entre la droite F D et la ligne de défense G E, convergeant avec la première au saillant du bastion opposé; sur la ligne F G ainsi déterminée il construisait le triangle équilatéral F G Q, dont le sommet Q lui servait de centre pour tracer le flanc concave F N G : la partie B G se nomme alors la *brisure de la courtine.*

(23.) L'orillon couvrirait réellement l'artillerie du flanc contre les coups d'écharpe, si son parapet était plus élevé que celui du flanc; car alors cette artillerie ne pourrait être battue que directement, par les contre-batteries que l'assiégeant établirait sur la crête du chemin-couvert du bastion opposé; et il serait possible de conserver intacte, pour défendre la brèche de ce bastion, une pièce placée contre le revers de l'orillon. Cela serait possible, car pour l'atteindre il faudrait que l'ennemi pût diriger ses coups en dedans de la ligne C D : or, il ne le peut pas, puisque cette ligne est dirigée, ainsi que nous l'avons vu, au saillant du bastion placé entre le flanc F N G et la contre-batterie. Mais le relief du flanc étant et devant être le même que celui de la face du bastion et de son orillon, afin de dominer le plus possible les contre-batteries ennemies, il en résulte que, non-seulement son artillerie peut être prise en écharpe par-dessus l'orillon, mais encore qu'elle est prise en rouage et à dos par l'ouverture que l'assiégeant ne manque pas de faire au bastion **M A B**. L'orillon est donc inutile sous ce point de vue, et sa dépense est en pure perte.

(24.) **En** retirant plus en arrière le flanc **F N G**, on pourra faire, et l'on a effectivement fait un second flanc plus bas que le premier, que l'orillon couvre alors, et dont les feux simultanés avec ceux du flanc supérieur, ne peuvent plus être éteints par des coups d'enfilade. Cela est vrai, mais ce flanc bas a des inconvéniens qui l'ont fait rejeter. 1.° Il force à baisser la tenaille qui masque ses feux, et à découvrir d'autant la courtine. 2.° Ce flanc ne conservant qu'environ 1 mètre de commandement sur les contre-batteries de l'assiégeant, n'a point sur elles un avantage marqué. 3.° Il est intenable lorsque les salves de l'ennemi faisant voler en éclats les murailles qui l'enveloppent de toutes parts, son terre-plein se couvre de ruines et de décombres. 4.° **Enfin**, l'espace qu'il exige est pris dans l'intérieur du bastion, dont la gorge se trouve alors tellement étranglée, qu'on ne saurait plus y construire de retranchemens intérieurs, dont on connaît toute la valeur.

Le flanc bas ne pouvant exister, l'orillon reste sans objet ; il doit donc aussi être supprimé, et de cette suppression résultent simplicité et économie, choses essentielles en fortification.

§. 2. *Système de Cormontaingne.*

(25.) Cormontaingne, l'un des plus habiles successeurs de Vauban, a corrigé sur plusieurs points le système de ce grand homme, en s'autorisant des idées même du Maréchal, et de tout ce que l'expérience avait fait découvrir.

Art. 1.er *Corps de Place.*

(26.) L'Ingénieur dont nous allons analyser rapidement le système, a fait ses bastions plus grands que ceux de Vauban, en donnant à leurs faces les $\frac{2}{6}$ ou le $\frac{1}{3}$ du côté extérieur, qui a toujours 350 mètres (Voyez la *Planche IV*); et il en résulte un grand avantage pour la défense, par la liberté de mouvement qu'on rencontre dans ces vastes terre-pleins, la facilité d'établir de nombreuses traverses pour se préserver du ricochet, et la possibilité de construire de bons retranchemens intérieurs, à la faveur desquels il soit permis de repousser plusieurs assauts au corps de place, et de disputer pied à pied l'intérieur du bastion, pour obtenir enfin une capitulation honorable.

(27.) Cormontaingne est revenu à l'idée de Pagan, en faisant ses flancs perpendiculaires aux lignes de défense. Ces flancs, plus éloignés de l'angle saillant dans le bastion dont ils font partie, que ne le sont ceux de Vauban, sont aussi plus courts ; mais le mal n'est pas bien grand, quand on réfléchit qu'il suffit d'avoir su dérober une ou deux pièces aux coups de l'ennemi, pour défendre efficacement les brèches, et que les flancs sont toujours assez grands pour les recevoir ; il y a d'ailleurs une espèce de compensation, en ce que ces flancs plus petits sont en même temps plus rapprochés du point qu'ils doivent défendre, de la brèche.

(28.) *Fossé du Corps de Place.* Cormontaingne n'admettant pas des reliefs aussi grands que ceux de Vauban, ou, en d'autres termes, préférant une fortification plus *rasante,* n'a pas eu besoin d'un déblai aussi considérable et a fait en conséquence ses fossés plus étroits. Il a donné 3o mètres de largeur au grand fossé vers l'arrondissement de la contrescarpe, et il a dirigé cette contrescarpe sur l'angle d'épaule, mais à l'angle de la crête intérieure et non à celui de la magistrale, parce que c'est de la crête intérieure et non de la magistrale que se fait le flanquement. On arrive au même résultat, en dirigeant la contrescarpe à un point de la magistrale, situé à 5 mètres de l'angle d'épaule. Au reste, ceci n'est que minutie, car il n'en serait ni plus ni moins pour la valeur de la fortification, quand la contrescarpe s'alignerait sur l'angle d'épaule de la magistrale, et le tracé serait un peu plus simple.

Art. 2. *Ouvrages extérieurs.*

(29.) *Demi-lune.* Pour corriger le principal défaut de la demi-lune de Vauban, qui laisse à découvert la partie centrale du corps de place, l'auteur a fait la sienne plus large par sa base, et en a supprimé les flancs, pour les donner au réduit; en même temps qu'il l'a construite avec plus de saillie, pour prendre sur les glacis des bastions latéraux, des revers plus efficaces, et forcer l'ennemi à s'emparer d'abord de la demi-lune, avant de songer à couronner le chemin-couvert du bastion. Ce n'est qu'en donnant ainsi une grande saillie aux ouvrages qui doivent recevoir le premier choc de l'ennemi, qu'on parvient à se soustraire à l'attaque simultanée de tous les moyens défensifs ; car autrement, l'ennemi pouvant tout embrasser à la fois, ne s'amusera pas à détailler ce qu'il peut emporter d'un seul coup.

(3o.) Les prolongemens des faces de la demi-lune recouvrent de
2o mètres les épaules des bastions ; et l'angle saillant se trouve à
l'intersection de la perpendiculaire prolongée, et d'un arc décrit du
point B comme centre avec le rayon A B. Cet angle se trouve avoir
ainsi 69° d'ouverture.

Cormontaingne a donné à la demi-lune le moins de largeur qu'il
a pu, afin que l'ennemi ne s'y logeât que difficilement, et que
le fossé de son réduit reçût quelque défense de la face du bastion
qui est derrière ; il ne lui a donné que 15 mètres. Il faut convenir
que c'est bien peu de chose, et que l'assiégé aura long-temps senti
toute l'incommodité d'un logement si étroit, avant que l'assiégeant
s'y trouve lui-même mal-à-l'aise; aussi verrons-nous les modernes
rélargir la demi-lune et lui donner 2o mètres, d'où il résultera un
terre-plein de 10 à 12 mètres.

(31.) La demi-lune telle qu'elle vient d'être tracée et prise iso-
lément, sans son réduit, reçoit quelquefois le nom de *Contregarde* ou de *Couvre-face*, par ceux qui ne voient la demi-lune
que dans son réduit, qui, à la vérité, a une grande capacité dans
le système actuel. Le nom de couvre-face indique parfaitement le
but de la contregarde, qui est de couvrir, de garantir les faces de
l'ouvrage qui se trouve derrière.

Les Ingénieurs emploient souvent la contregarde pour augmenter
la force d'ouvrages très-exposés qui, par leur position sont forcé-
ment des points d'attaque. Mais dans le cas actuel le couvre-face
conserve ordinairement le nom de demi-lune; le réduit étant considéré comme partie nécessaire de cet ouvrage, et non comme pièce
détachée et indépendante, qui pourrait exister seule sans la protection de son enveloppe.

(32.) *Réduit de Demi-lune.* Le réduit est séparé de la demi-
lune par un fossé de 10 à 12 mètres de largeur, arrondi au saillant
et dont le fond se trouve de quelques mètres au-dessus de celui
du grand fossé, comme l'a fait Vauban et pour les mêmes raisons (n.° 17).

Les faces du réduit sont parallèles à celles de la demi-lune et conservent sur celles-ci un léger commandement. Les flancs sont parallèles à la capitale et ont 18 mètres de longueur, de manière que trois pièces peuvent y être mises en batterie.

(33.) C'est une excellente idée d'avoir transporté les flancs de la demi-lune au réduit; parce que de la sorte ils sont moins exposés; que l'ennemi, maître de la demi-lune, ne l'est pas de ces *tirs-en-brèche;* et parceque celui-ci, pour n'avoir point à craindre leurs feux à l'assaut du corps de place, doit s'emparer du réduit, ce qui exige qu'il y fasse une brèche, soit par la mine, soit avec le canon qu'à force de peine il sera parvenu à mettre en batterie, sur l'étroit terre-plein de la demi-lune; et tout cela lui prendra nécessairement beaucoup de temps. Si le réduit n'avait qu'une faible capacité, s'il était dépourvu des tirs-en-brèche, l'assiégeant le mépriserait assez pour ne pas se donner la peine de s'en rendre maître, et pour se contenter de le paralyser, par une tiraillerie continuelle contre tout ce qui se montrerait au-dessus du parapet: traversant alors le grand fossé par les procédés ordinaires, il donnerait l'assaut sans s'embarrasser de ce faible ouvrage, duquel ne peuvent partir que quelques coups incertains et peu dangereux. Il faut donc des flancs, percés d'embrasures, capables de recevoir plusieurs pièces de campagne chargées à mitraille et couvertes par de bonnes traverses contre les coups d'enfilade, qu'on peut même tenir cachées jusqu'au moment du besoin; il faut, dis-je, des flancs au réduit, pour forcer l'assiégeant à s'en emparer, et à ne traverser le grand fossé qu'après s'en être rendu maître.

(34.) La gorge du réduit est parallèle à la courtine, afin que les escaliers qui y sont construits soient dérobés aux vues de l'ennemi, quand il est parvenu à se nicher sur les saillans des chemins-couverts des bastions; et pour que de ce poste il ne puisse pas découvrir une partie de l'intérieur du réduit, comme il le fait dans la fortification de Vauban, où le mal se trouve, il est vrai, légèrement diminué par la petitesse du réduit.

(35.) *Fossé de Demi-lune.* Le fossé de la demi-lune a 20 mètres de largeur en haut ; je dis en haut, parce que Cormontaingne ainsi que Vauban, a fait les revêtemens d'escarpe et de contrescarpe en talus, pour raison de solidité. Il n'y a pas de rétrécissement vers le saillant où la contrescarpe est arrondie.

Le fond de ce fossé est élevé de 2 mètres au-dessus de celui du grand fossé, pour ôter à l'ennemi l'envie de tourner la demi-lune et de la prendre de vive force par la gorge. Le ressaut qui résulte de cette différence de niveau, sert encore à couvrir la communication du grand fossé avec la place-d'armes rentrante, comme le fait la caponnière dans le système de Vauban ; et à rompre les cheminemens de l'ennemi, qui sera obligé de blinder ses tranchées en cet endroit, alors que poussant en zig-zags dans le fossé de la demi-lune, pour s'avancer vers la brèche faite au bastion par la trouée de ce fossé, il pratiquera une rampe et franchira le saut.

(36.) *Chemin-couvert. Place-d'armes et Traverses.* Le chemin-couvert n'a, comme celui de Vauban, que 10 mètres de largeur (n.° 11). Il n'en diffère que par un plus grand développement occasionné par la plus grande saillie de la demi-lune, et par des places-d'armes plus spacieuses, dans lesquelles l'auteur a construit des réduits pour leur donner une force de résistance qu'elles n'auraient pas sans cela. Il est important de donner de la solidité aux places-d'armes, parce qu'elles soutiennent et prolongent la défense du chemin-couvert, qu'on ne doit abandonner que pied à pied, s'il est possible, en ne quittant une traverse que pour se défendre derrière la suivante ; c'est dans cette intention, soit dit en passant, que ces traverses sont taillées en parapets et fournies de banquettes.

Les places-d'armes offrent un refuge aux troupes forcées d'abandonner le chemin-couvert ; elles facilitent et protégent les retours offensifs ; elles prennent enfin des revers avantageux sur le couronnement du chemin-couvert de la demi-lune. Il est donc important, je le répète, de leur donner de la solidité, par la construction de réduits défensifs qui, dérobés autant que possible aux coups de l'ennemi et ne pouvant être battus que de loin, tiendront aussi long-temps que la demi-lune, et empêcheront l'ennemi de couronner à la fois le chemin-couvert de la demi-lune et celui du bastion.

 Les premières traverses sont obliques et dirigées dans le prolongement des parapets de la demi-lune, pour ôter tout couvert à l'ennemi et pour que de la place on puisse balayer leurs talus extérieurs, ce qui n'arriverait pas si elles étaient, comme les autres, perpendiculaires à la crête du chemin-couvert. Toutes les traverses, excepté celles qui joignent les places-d'armes et servent à leur clôture, n'ont pas plus de 3 mètres d'épaisseur, pour que le canon de la place puisse les traverser si l'ennemi cherche à s'en faire un abri; cette épaisseur est en même temps suffisante pour arrêter le ricochet.

(37.) Le tracé de la place-d'armes consiste à lui donner 55 mètres de demi-gorge et 60 mètres de face; c'est-à-dire, à faire ces lignes de 20 mètres plus longues qu'elles ne le sont dans la place-d'armes de Vauban; l'angle du flanquement est comme dans celle-ci légèrement obtus.

(38.) Quant au tracé du réduit : il faut prendre sur la contrescarpe, à la gorge de la place-d'armes, le point D à 15 mètres en arrière du prolongement de la crête de la place-d'armes ; et de là, tirer une droite sur le saillant E du chemin-couvert du bastion ; c'est la direction d'une des faces du réduit, dont l'angle saillant F se trouve à l'intersection de la droite DE et de la capitale FH, qui partage l'angle des contrescarpes en deux parties égales. La seconde face FG se construit symétriquement à la première, c'est-à-dire, qu'elle vient rencontrer la contrescarpe du bastion à 15 mètres en arrière du point, où le prolongement de la face correspondante de la place d'armes vient couper la même contrescarpe. Cette dernière face sera toujours ricochable, malgré son obliquité, parce que son prolongement passe en dehors du saillant de la demi-lune, qui la couvrirait si elle s'effaçait davantage ; mais il arrivera que la première sera couverte toutes les fois que l'angle de deux fronts contigus sera assez ouvert, pour que la demi-lune voisine intercepte par sa saillie le prolongement du côté DF ; ce qui aura lieu lorsque l'angle des deux fronts appartiendra à un polygone de quatorze ou d'un plus grand nombre de côtés. Mais depuis l'octogone, le prolongement de la face DF rase de si près les ouvrages de la place, qu'il est bien difficile à l'ennemi d'établir sur ce prolongement des batteries de ricochet, assez rapprochées pour qu'elles aient prise sur une face aussi courte que celle dont il s'agit. On peut donc dire que la face intérieure du réduit de place-d'armes, dans le système de Cormontaingne, n'est plus ricochable.

(39.) La magistrale du réduit étant trouvée, on trace en arrière les autres lignes du parapet; et en dehors, la contrescarpe à 5 ou 6 mètres de distance, parallèlement à l'escarpe et sans arrondissement au saillant.

Cormontaingne a répaissi l'extrémité de la face intérieure du réduit, en façon de *pan-coupé*, où l'on pût placer une pièce de campagne pour défendre la brèche que l'ennemi doit faire au saillant de la demi-lune ; cette pièce, établie sur un point que l'ennemi ne peut atteindre que par des feux courbes, et que l'on tiendra cachée jusqu'au moment du besoin, donne à cette espèce de flanc une assez grande valeur.

Le répaississement du tir-en-brèche, a encore pour objet de consolider une partie du réduit que l'ennemi peut facilement endommager, avec ses batteries établies sur le chemin-couvert de la demi-lune. Le fond du fossé du réduit est à 2 mètres au-dessus de celui du fossé de demi-lune; il n'est pas nécessaire de lui donner plus de profondeur, parce que l'ouvrage placé dans un rentrant redoutable, n'a pas d'attaque à soutenir, et qu'il doit être abandonné en même temps que la demi-lune qui voit dans son intérieur.

Ce relèvement est d'ailleurs nécessaire pour que le fond du fossé soit bien vu de la demi-lune, qui en est très-rapprochée.

(40.) *Tenaille.* La tenaille a même largeur et se trouve à même distance de la courtine, que dans le système de Vauban ; seulement elle a moins de développement, parce qu'elle est placée dans un espace plus resserré ; et par cela même le ventre en est plus long et les ailerons en sont plus courts. Ayant développé dans le numéro (15) les motifs de cet ouvrage, je ne les répéterai point ici.

Art. 3. *Communications.*

(41.) Les moyens de communication sont absolument les mêmes que dans le système précédemment analysé, à l'exception que pour aller dans le chemin-couvert, il faut passer dans le réduit de place-d'armes, duquel on descend dans le petit fossé par deux poternes placées à l'extrémité de chaque face ; et de ce petit fossé deux rampes conduisent dans la place-d'armes. C'est là seulement qu'on trouve des rampes commodes, tandis qu'il ne devrait pas y avoir d'autre moyen de communication, car les escaliers ou pas-de-souris, usités jusqu'à présent, ne sont accessibles qu'à l'infanterie, et encore sont-ils dangereux lorsque la pluie ou la neige les ont rendus glissans, ou que les bombes de l'ennemi les ont rompus ou endommagés.

(42.) Pour la communication directe de la place-d'armes saillante avec le fossé du corps de place, il faut établir une rampe en charpente à l'endroit du ressaut du fossé de la demi-lune ; cette rampe est enlevée par la garnison de la place-d'armes saillante au moment où elle opère sa retraite, et rétablie ensuite quand on s'est assuré que l'ennemi veut procéder méthodiquement, et qu'on se dispose à faire quelques sorties contre le débouché de sa descente de fossé, ou contre ses épaulemens de passage.

(43.) La grande poterne de la courtine ne débouche point au niveau du grand fossé, mais à 2 mètres au-dessus, afin que l'ennemi ne puisse la forcer qu'avec difficulté, si par hasard il dirige ses efforts de ce côté. Une rampe amovible descend de son pallier au fond du fossé.

(44.) C'est un inconvénient de la fortification moderne, que la nécessité où l'on se trouve de construire ces rampes au moment du besoin; parce que pendant le siége, c'est bien assez d'avoir à penser aux moyens d'approvisionnement et de défense, sans s'occuper encore des minutieux détails de toutes ces constructions.

Quoi qu'il en soit, et puisqu'on les a adoptées, il était facile d'en imaginer de semblables derrière la deuxième et la troisième traverses du chemin-couvert, soit en rampes pour descendre directement dans le fossé, soit en manière de ponts ; ce dernier moyen vaudrait mieux encore, pour passer d'une partie du chemin-couvert à la suivante, en évitant les défilés dont l'ennemi se rend toujours maître quand il attaque le chemin-couvert de vive force. Pour obtenir ces avantages, il suffirait d'établir dans la muraille, au moment de la construction, des corbeaux de pierre qu'on recouvrirait de planches au besoin.

Art. 4. Reliefs.

(45.) Cormontaingne n'a pas donné à sa fortification des reliefs bien considérables ; il a préféré la faire rasante, parce que les coups rasans de l'artillerie ont plus d'effet que les coups fichans. Cela est vrai contre de l'infanterie ou de la cavalerie, mais ce n'est plus la même chose contre des tranchées qui absorbent les boulets; dans ce cas, il faut des coups plongeans, pour écrêter les parapets et atteindre l'assiégeant derrière ses épaulemens et dans le fond de ses tranchées. Il faut cependant dire à l'avantage de la fortification rasante, qu'elle offre de grandes difficultés pour les premières opérations du siége; et ceux qui ont vu la double couronne du fort Moselle à Metz, ouvrage de Cormontaingue, conviendront qu'il n'est pas facile de prendre les prolongemens des faces des différens ouvrages qui la composent. Voici à peu près les reliefs adoptés par Cormontaingne.

                                                                          m
Crête du chemin-couvert sur la campagne......................2, 80
Demi-lune sur le chemin-couvert...2, oo, et sur la campagne......4, 80
Réduit sur la demi-lune...........o, 6o, et sur la campagne......5, 4o
Corps de place sur la demi-lune....1, 2o, et sur la campagne......6, oo
Corps de place sur la tenaille.......5, oo, et sur la campagne......1, oo
Traverses du chemin-couvert sur la campagne.................2, 80

(46.) Les parapets ont généralement 2,^{m} 5o de hauteur au-dessus du terre-plein ; mais il vaut mieux leur donner 3 mètres, afin d'être plus sûrement sous leur abri et de n'avoir pas autant à craindre des coups plongeans. Dans le système actuel, ainsi que dans tout autre, il faut donner de bonnes pentes aux terre-pleins, pour faciliter l'écoulement des eaux et les opérations du défilement.

§ 3. *Système Moderne.*

(47.) Les Ingénieurs Français, ont apporté divers perfectionne-mens au tracé de Cormontaingne : ils ont fait la demi-lune mieux couvrante, en l'appuyant sur une base plus large ; et ils lui ont donné le plus de saillie qu'il était possible en faisant son angle au minimum, c'est-à-dire, de soixante degrés d'ouverture, toujours dans l'intention de prendre des revers plus prononcés sur les capi-tales des bastions, et de forcer d'autant mieux l'ennemi à s'emparer de la demi-lune, avant de diriger ses attaques sur le bastion.

(48.) Les modernes ont augmenté la valeur de la demi-lune, en pratiquant à l'extrémité de ses branches, des *coupures* ou petits retranchemens, qui ont pour objet de couvrir les débouchés du réduit, et de rendre possibles les petites sorties que la garnison voudrait opérer contre l'établissement du mineur à l'escarpe de cet ouvrage. Les coupures atteignent ce double but, en retenant l'assiégeant sur le saillant de la demi-lune, et en l'empêchant de se couler le long de la face pour arriver à découvrir les portes pratiquées sous les flancs du réduit. Mais ce n'est pas tout ; en même temps que les coupures procurent ces avantages à l'assiégé, elles lui assurent encore la possession des réduits de places-d'armes, et par conséquent celle des rentrans du chemin-couvert jusqu'à la prise du réduit de demi-lune, c'est-à-dire, le plus long-temps possible. Elles empêchent enfin l'assiégeant de pousser ses cheminemens dans le fossé de la demi-lune jusqu'à son débouché, pendant qu'il procède contre le réduit.

(49.) Les corrections que je viens d'indiquer sont les principales. Il en est d'autres, qui tendent à soustraire la place-d'armes et son réduit aux effets destructeurs du ricochet et de l'enfilade : la place-d'armes a été arrondie en arc de cercle, pour qu'elle n'offrît point de branches dont on pût prendre le prolongement ; et le réduit a été disposé de manière qu'une de ses faces fût toujours garantie du ricochet, et que l'autre n'y fût soumise que dans les forts construits sur des polygones d'un petit nombre de côtés. Une échancrure faite au terre-plein du réduit, du côté de la demi-lune, empêche l'ennemi établi sur le saillant du chemin-couvert, de découvrir une portion de ce terre-plein et de le prendre d'enfilade. Enfin, la gorge de la demi-lune est disposée de telle sorte, qu'elle ne peut être vue de nulle part, et que ses communications sont parfaitement assurées.

Voici le tracé tel qu'il est enseigné dans les écoles militaires françaises.

Art. 1.ᵉʳ *Corps de Place.*

(50.) Le côté extérieur (Voyez la *Planche V*) est toujours de

35o mètres, ainsi que dans les deux systèmes précédens, et le tracé du corps de place ne diffère absolument en rien de celui de Cormontaingne, N.º (26). Ainsi, sa perpendiculaire est $\frac{1}{8}$ du côté extérieur pour le carré, $\frac{1}{7}$ pour le pentagone, et $\frac{1}{6}$ pour tous les autres polygones. Les faces sont égales au tiers du côté extérieur, et les flancs sont perpendiculaires aux lignes de défense.

(51.) La tenaille a ses ailerons un peu plus grands, parce que l'expérience ayant démontré que les revêtemens doivent être verticaux (N.º 6), on les a faits tels dans le système moderne, ce qui donne un peu plus de place pour la tenaille et permet de l'enfoncer davantage dans le rentrant. Mais cette différence ne vaut guère la peine d'être relevée.

(52.) Je profite du vide de cet article pour dire un mot de la disposition intérieure du corps de place, ce qui, ne tenant nullement au tracé, s'appliquera également aux fronts de Cormontaingne et de Vauban.

Le parapet du corps de place a toujours une hauteur assez considérable au-dessus du terrain naturel ; il faut donc relever ce terrain pour qu'on puisse faire usage de l'artillerie, et le disposer en terrasse continue tout le long du parapet. C'est à cette terrasse qu'on donne le nom de *Rempart.*

(53.) Le rempart doit être assez large pour que la circulation soit facile, lors même que le parapet est garni de pièces en batterie; l'expérience a fixé cette largeur à 14 mètres. Des talus à terres coulantes terminent le rempart intérieurement, comme on le voit au bastion de droite et à la courtine, dans la cinquième planche. Une rampe établie le long du flanc, sert à conduire du terrain naturel sur le rempart; on donne à cette rampe une pente très-douce, et on la fait de 4 à 6 mètres de largeur, pour que deux voitures puissent s'y croiser.

(54.) Le rempart tel qu'il vient d'être décrit laisse un grand creux dans l'intérieur du bastion, qui rend très-difficile la cons-

truction de toute espèce de retranchement intérieur, qui rétrécit
considérablement le champ de bataille, quand il est question de
repousser un assaut, et qui toujours gêne beaucoup les manœuvres.
Il est en conséquence préférable de remplir ce creux, comme on
le voit dans le bastion de gauche, bien que cela coûte davantage, à
cause de l'énormité des remblais; il convient du moins de le faire dans
les bastions sur lesquels on peut présumer que l'ennemi dirigera
ses attaques : et avec un peu d'art on arrive toujours à réduire le
nombre des points d'attaque, en évitant les formes trop symé-
triques et les polygones réguliers, dont nos anciens faisaient tant
de cas ; et surtout en pliant la fortification au terrain, pour tirer
parti de tout ce que les localités offrent d'avantageux et éviter les
enfilades.

(55.) D'après ce que nous venons de voir, les *bastions pleins*
sont donc préférables aux *bastions vides,* sous le point de vue de
la défense ; mais à d'autres égards les derniers méritent la préférence, parce qu'à l'abri de leurs ramparts, et sans prendre dans l'intérieur de la ville, on peut construire des casernes, des magasins à
poudre ou d'autres bâtimens militaires, dont on a toujours un si
grand besoin dans les places de guerre. L'Ingénieur saura donc tirer
parti des uns et des autres, suivant les circonstances.

Art. 2. *Ouvrages extérieurs.*

(56.) On a dû remarquer dans le tracé de Cormontaingne, que,
malgré le peu d'épaisseur de la demi-lune, le fossé de son réduit
ne reçoit du corps de place qu'une bien faible défense, parce que c'est
l'angle d'épaule du bastion et non la face, qui se trouve vis-à-vis
de ce fossé. Les modernes ont remédié à ce premier défaut, en dirigeant l'escarpe du réduit sur l'angle d'épaule de la crête intérieure
du bastion, en sorte que le fossé est vu dans toute sa largeur, par
le corps de place. Le prolongement de la face du réduit tombe alors

à environ 3 mètres de l'angle d'épaule sur la magistrale. Le fossé du réduit et la demi-lune étant tracés, prendront environ 31 mètres sur la magistrale, à partir du point précédent, ou 34 mètres à partir de l'angle d'épaule. On peut donc *à priori* prendre les points A et B à 34 mètres de distance des angles d'épaule, et se servir de ces points pour tracer la demi-lune de la manière suivante.

(57.) *Demi-lune.* Sur la ligne AB comme base, on construit un triangle équilatéral ABC, dont les côtés donnent les faces de la demi-lune, et dont l'angle saillant C est, comme on voit, à la limite de 60°. On donne à la demi-lune 20 mètres de largeur, dont 8 ou 9 pour le parapet et le reste pour le terre-plein.

(58.) La gorge de la demi-lune et de son réduit, se trace parallèlement à la courtine, à partir du point D situé à mi-largeur vers l'extrémité de la face. Cette gorge se trouvant ainsi un peu en arrière du côté extérieur du polygone, il est clair que dans le cas même où l'ennemi viendrait à s'emparer du chemin-couvert du bastion, il ne pourrait ni battre ni voir aucun point de la gorge; et qu'en particulier les débouchés des poternes du réduit seraient encore en parfaite sûreté, se trouvant masqués par les extrémités de la demi-lune, avantages dont ne jouissent pas les systèmes précédens.

(59.) *Coupure.* En supposant le réduit de place-d'armes tracé, et l'on verra bientôt comment cela se fait, on abaisse une perpendiculaire EF, de l'extrémité de la magistrale de ce réduit sur la face de la demi-lune, qui donne la contrescarpe de la coupure, dont le fossé de 5 mètres de largeur, se trouve ainsi couvert par le parapet du réduit de place-d'armes, et n'expose dans aucun cas l'escarpe du réduit de demi-lune.

Le parapet de la coupure se fait comme les autres à l'épreuve du canon de siége, c'est-à-dire, de 6 mètres d'épaisseur. Un petit escalier conduit du fossé du réduit de demi-lune dans la coupure. Les avantages de la coupure sont indiqués au N.º (48).

(60.) *Réduit de Demi-lune*. Les faces du réduit sont parallèles à la demi-lune, et en sont séparées par un fossé de 10 mètres de largeur, arrondi au saillant comme le sont les grands fossés.

Les flancs se construisent en traçant du point X, milieu de l'espace BG comme centre, et avec un rayon quelconque, un arc ik compris entre la face et la gorge du réduit; la corde de cet arc sera parallèle au flanc lm, qu'on inscrira dans l'angle que la face fait avec la gorge, tout en lui donnant 18 mètres de longueur, problême de géométrie facile à résoudre.

(61.) Le flanc, en vertu de la construction précédente, voit directement le point X qui est le milieu de l'espace BG où l'assiégeant peut ouvrir la brèche; soit de loin, par la trouée du fossé de la demi-lune et avec les batteries établies sur le saillant du chemin-couvert; soit de près, avec celles qu'il peut établir par la suite dans le couronnement du chemin-couvert du bastion. Le flanc prend donc des revers sur l'une et l'autre brèche, mais plus facilement sur la première qui est aussi la plus probable; je dis plus facilement sur la première, parce que le parapet de la coupure masque en partie les feux du flanc, et qu'il faudrait préalablement le démolir à coups de canon pour découvrir la seconde brèche.

(62.) *Fossé de Demi-lune*. Le fossé de la demi-lune a encore 20 mètres de largeur dans toute sa longueur, comme celui de Cormontaingne; et son fond est également relevé de 2 mètres au-dessus de celui du grand fossé, pour les raisons apportées au N.° (35).

(63.) Remarquons, avant de passer à la description des autres ouvrages extérieurs, que si la demi-lune à grande saillie du système moderne, donne par la longueur de ses faces, une belle prise au ricochet, pendant les premiers jours du siége; il résulte aussi de la grande obliquité de ces mêmes faces, que l'ennemi pour les ouvrir avec le canon, est obligé d'établir ses batteries entre la première et la seconde traverse, et par conséquent d'intercepter le tir d'en-

filade et de ricochet. L'assiégé peut alors reprendre haleine, et contrarier long-temps l'établissement des batteries de brèche, par les
coups rapprochés des pièces qu'il aura ramenées, et qui ne peuvent
être réduites au silence que par l'adresse des tirailleurs ennemis,
ou par la justesse des feux courbes, moyens qui sont également à
la disposition de celui qui se défend. Si, en se conformant à ce
qui est prescrit au N.º (234) du Mémorial, pour l'attaque
des saillans ordinaires, il ne construit de batteries que sur le glacis
de la place-d'armes ; ces batteries seront tellement obliques et leur
champ si borné, qu'il faudra du temps avant que la brèche soit
praticable ; et l'assiégé y gagnera toujours.

(64.) *Chemin-couvert.* Le chemin-couvert a même largeur que
dans les systèmes précédens, mais ses défilés sont construits en
crémaillère, au lieu de l'être en *tambours ;* et son angle saillant
présente un pan-coupé, où l'on peut placer une pièce pour tirer
à feux courbes dans le sens de la capitale. Les traverses, à l'exception des dernières, ne sont point à l'épreuve du canon, afin
que l'assiégeant ne puisse pas s'en épauler quand il est maître
d'une partie du chemin-couvert. Elles ont 3 mètres, ce qui suffit
pour arrêter le ricochet, sans garantir entièrement l'assiégeant
contre les coups des grosses pièces. On a eu, de même que dans
les autres systèmes, l'attention d'obliquer les premières traverses,
(et ici c'était plus nécessaire encore) pour que l'ennemi ne pût pas
s'en faire un bouclier.

(65.) La conversion des *tambours* en *crémaillère* ne me semble
pas heureuse, parce que cette dernière construction prête trop à
l'enfilade et rélargit le chemin-couvert, qu'on doit tenir étroit pour
les raisons énoncées au N.º (11). Je le sais, on a eu l'intention
d'ôter à l'ennemi toute espèce de couvert, et de faciliter le passage
du canon entre les traverses et le mur de soutennement du glacis ;
mais qu'a-t-on à craindre d'un couvert où trois ou quatre hommes
seulement peuvent se nicher ? et doit-on conduire du canon dans

les branches du chemin-couvert ? Si on le doit, n'est-ce pas uniquement pour en armer le saillant ? Dans ce cas enfin, n'y a-t-il pas d'autre moyen de communication, et les défilés en tambours ne suffisent-ils pas ?

On a voulu trouver dans ces passages en crémaillère, des moyens de flanquement pour défendre le saillant du chemin-couvert ; mais les coups égrenés qui peuvent partir des crochets du chemin-couvert, interrompus par la circulation, ne produiront que peu d'effet ; et ces faibles moyens rentrent dans les dispositions minutieuses dont il faut se garer en fortification. D'ailleurs, pour atteindre le but du flanquement, on doit relever le seuil des défilés jusqu'à $1,^m30$ de la crête du parapet ; et alors chaque fois qu'on y passera, on se trouvera vu et exposé aux coups de l'assiégeant. On sera encore forcé de construire à chaque défilé, deux rampes, l'une pour y entrer, l'autre pour en sortir ; le terre-plein sera ainsi obstrué en pure perte. Laissons donc à la place-d'armes et à son réduit le soin de flanquer les branches du chemin-couvert, et ne voyons dans les défilés que des moyens indispensables de communication.

(66.) *Réduit de Place-d'armes.* Le réduit de place-d'armes se trace par la contrescarpe. On joint les saillans du bastion et de la demi-lune, par une droite G C, qui donne la direction de la première face H I, laquelle sera, comme on le voit, toujours dérobée au ricochet. Le saillant se trouve sur la capitale M I, c'est-à-dire, sur la droite qui partage en deux parties égales l'angle M des deux contrescarpes. On obtient enfin la seconde face, en joignant le point I avec le saillant N du chemin-couvert du bastion, comme on l'a fait dans le tracé de Cormontaingne. Cette seconde face n'évite pas toujours le ricochet, ainsi qu'on l'a fait remarquer au N.° (38) ; mais en vertu de la saillie de la demi-lune collatérale, elle sera parfaitement couverte, quand le front appartiendra à l'ennéagone régulier, ou à un polygone supérieur ; elle sera encore très-difficile à enfiler quand le front fera partie d'un octogone.

(67.) L'escarpe se trace en arrière, parallèlement à la contrescarpe et à 5 mètres de distance. Le fossé obtenu de la sorte, a sa branche extérieure morte et sans défense, car le parapet du bastion ne le saurait voir, puisqu'on a dirigé sa contrescarpe sur le saillant de la magistrale et non sur celui de la crête intérieure. C'est une faute, car aucun fossé ne doit être privé de défense; c'est-là un des principes fondamentaux. Il est vrai de dire cependant, que ce fossé mort se trouvant dans une partie rentrante et presque inabordable à l'ennemi, l'inconvénient n'est pas si grand.

(68.) Le parapet étant tracé, ainsi que son tir-en-brèche, comme on l'a fait pour le réduit de Cormontaingne, on échancre le terre-plein par une droite O C, menée du pan-coupé au saillant de la demi-lune. Le petit triangle qu'on enlève ainsi est un espace inutile à conserver, puisque l'ennemi le peut découvrir de son logement sur le glacis de la demi-lune. Telle est la raison de l'échancrure.

(69.) Le fossé du réduit de place-d'armes a moins de profondeur que celui de la demi-lune, en sorte qu'il existe un ressaut à son débouché, qui, moyennant une palissade qui en augmente la hauteur, empêchera l'ennemi de monter dans ce fossé, pour aller enfoncer la porte de la poterne du réduit, laquelle n'est point flanquée : ce coup est à craindre alors que l'assiègeant maître du fossé de la demi-lune, s'impatienterait de la résistance qu'il trouverait dans ses attaques, et chercherait à se dédommager par la conquête de tout le chemin-couvert.

(70.) *Place-d'armes.* La place-d'armes se trace circulairement : cette forme, qui la dérobe au ricochet et à l'enfilade, a cependant l'inconvénient de donner un flanquement de mousqueterie sur le saillant du chemin-couvert de la demi-lune, moins efficace que celui qu'on peut obtenir d'une place-d'armes ordinaire. Mais le pan-coupé de la place-d'armes saillante remédie en partie à ce défaut, car c'est moins le nombre des coups que leur justesse qui peut incommoder

et arrêter les sapeurs dans leurs travaux ; or, il est évident que
cinq ou six bons tireurs tapis contre le pan–coupé, tirant de près
sur les cheminemens, produiront plus d'effet que vingt ou trente,
postés dans la place-d'armes rentrante 150 mètres plus loin.

(71.) Quoi qu'il en soit, voici comment on trace la place-d'armes
rentrante. On prend sur la contrescarpe de la demi–lune le point **L**
à 15 mètres du point **K**, extrémité de la contrescarpe du réduit ;
et du point **M** comme centre, avec le rayon **ML**, on trace l'arc
qui représente la crête du glacis de la place-d'armes.

(72.) Les débouchés de la place-d'armes sont aussi arqués pour
éviter, autant qu'il est possible, de découvrir l'intérieur de la place-
d'armes, et pour ôter à l'ennemi la faculté d'enfiler ces ouvertures,
qui sont indispensables pour les communications avec la campagne;
et qui seules, laissent à l'assiégé quelqu'espoir de retarder les progrès des attaques, par des sorties fréquentes et soudaines.

Art. 3. *Reliefs.*

(73.) Les reliefs dans le système moderne sont les mêmes que
dans celui de Cormontaingne, si ce n'est qu'on a cru devoir donner
un léger commandement au chemin–couvert du bastion et à la
place-d'armes, sur le chemin-couvert de la demi–lune ; parce que
ce dernier devant être occupé par l'ennemi, quand le défenseur est
encore maître de tout le reste, il convient qu'il soit plus bas pour
que l'ennemi s'y trouve commandé. Cette différence de relief n'est
que de 50 à 60 centimètres. D'après cela, on établit comme suit
les reliefs en terrain horizontal.

Crête du chemin-couvert de la demi-lune sur la campagne 2,80

Crête du chemin-couvert du bastion, et place-d'armes sur la campagne. 3,30

Demi-lune sur le chemin-couvert........2,00, et sur la campagne ..4,80

Réduit sur la demi-lune...............0,60, et sur la campagne..5,40

Réduit de place-d'armes sur la place-d'armes 1,50, et sur la campagne ..4,80

Corps de place sur la demi-lune.........1,70, et sur la campagne..6,50

Corps de place sur la tenaille...........5,5o, et sur la campagne..1,oo
Traverses du chemin-couvert sur la campagne...................2,8o
Rempart du corps-de-place sur la campagne 3,5o

Les parapets ont généralement 2,^{m} 5o de hauteur au-dessus de leurs terre-pleins; mieux serait qu'ils eussent 3 mètres, comme nous l'avons déjà dit.

(74.) En terminant cette description, il convient de rappeler encore, que les tableaux des reliefs ne servent qu'à donner une idée des divers commandemens d'une fortification, bien plus qu'ils ne servent à l'Ingénieur dans la construction d'une forteresse : la tâche est bien plus difficile, que d'aller puiser des nombres dans un tarif, pour les appliquer à toute espèce de remparts. C'est par des constructions géométriques, que nous ferons connaître; c'est en cédant aux influences du terrain; c'est en satisfaisant à des conditions de rigueur, que l'Ingénieur détermine les reliefs et les commandemens respectifs des différentes pièces de sa fortification.

Ce n'est que dans des terrains tout-à-fait plats et aquatiques, que deux forteresses peuvent se ressembler et admettre les mêmes reliefs. Partout ailleurs, chacune aura son caractère et ses propriétés particulières; tour-à-tour rasante ou fichante, suivant que la campagne qui l'environne est parfaitement découverte, ou qu'elle est coupée de ravins et de bas-fonds, dans lesquels il faut plonger pour fouiller leurs profondeurs; tantôt s'inclinant en dehors, pour que ses ouvrages en amphithéâtre aient tous quelque prise sur un terrain qu'elle domine; tantôt prenant une pente contraire et s'effaçant, pour ainsi dire, lorsqu'elle a à craindre les coups de quelque hauteur voisine, et qu'elle cherche à dérober son intérieur aux vues de l'ennemi. Telle place aura ses fossés profonds et à grands revêtemens; telle autre les aura larges, peu profonds, remplis d'eau et formés par des talus naturels; telle autre, enfin, réunira ces deux caractères dans des parties différentes de son enceinte.

C'est presque toujours sur un sol accidenté que se construit une place de guerre, parce que son objet est ordinairement, ou de barrer un défilé entre deux collines, ou de couper la navigation d'un fleuve, dont les bords sont bien rarement sans accidens. L'Ingénieur a donc toujours à lutter contre la difficulté du défilement et de l'assiette irrégulière ; les tableaux, les légendes et même les tracés, ne sont plus pour lui que des types, dont il cherche à s'approcher autant que les localités le lui permettent, mais dont il doit s'écarter pour obéir à des lois plus impérieuses, celles des convenances et de l'économie.

La fortification, ainsi que les autres branches de l'art militaire, n'a rien d'exclusif, et c'est ce qui en fait la grande difficulté ; son emploi judicieux est une affaire de tact. Il n'appartient qu'à un petit nombre d'hommes, de saisir jusqu'à quel point les exceptions aux règles générales sont permises ; et de faire des écarts que les ignorans prendront pour des fautes, mais qui aux yeux des connaisseurs, porteront toujours le cachet de la supériorité et du génie.

CHAPITRE II.

Corrections au Système Moderne.

(75.) LE système moderne qui est ce que nous connaissons de mieux en fortification, est-il sans défaut, ne laisse-t-il plus rien à désirer ? C'est ce dont on peut juger facilement, en suivant la marche de l'ennemi dans ses attaques. Son premier soin est d'établir des batteries de ricochet contre les faces des ouvrages qu'il attaque, et en particulier, contre celles des demi-lunes collatérales au bastion par lequel il se propose de pénétrer dans la place. Ces demi-lunes en effet, tant que l'assiégé en est maître, ôtent par leur grande saillie, tout moyen de pénétrer dans le rentrant considérable qu'elles forment entr'elles, dans le cas surtout où les fronts sont en ligne droite ou peu convexe. L'assiégeant s'attache donc à ces demi-lunes, et par des ricochets que la nuit ne saurait interrompre, il en a bientôt raison : rien ne s'oppose à ses projets ; de longues branches sur lesquelles le boulet peut bondir plusieurs fois, semblent faites exprès pour assurer le succès ; et le peu de largeur des terre-pleins rend difficile la construction des traverses nécessaires pour se couvrir.

La marche de l'assiégeant est très-rapide, et sa dernière parallèle est à peine commencée que les feux des demi-lunes sont complétement éteints. Rien n'a retardé sa marche ; ses progrès n'ont pas été suspendus un seul instant. Le voilà qu'il serre de près tous les ouvrages extérieurs, et qu'il n'a plus à craindre aucune sortie.

58

Il procède donc sans perdre de temps, contre les saillans des chemins-couverts et les couronne jusqu'à la deuxième traverse ; ses
batteries de brèche une fois établies, il les fait jouer simultanément, et contre le saillant de la demi-lune, et contre la face du
bastion qu'il découvre maintenant du haut en bas par la trouée
du fossé de demi-lune. Cette brèche au corps de place l'enhardit,
en même temps qu'elle éteint l'ardeur des assiégés, lesquels, re-
doutant une attaque brusquée sur ce point, ne restent plus qu'avec
défiance dans les ouvrages extérieurs, et ne les défendent que mollement : les assiégés sont bientôt réduits à leurs dernières ressources ; et
s'il n'y a pas de retranchement derrière la brèche du corps de place,
ils ne peuvent guère songer à y soutenir l'assaut, et, bon gré malgré, il faut qu'ils en viennent à une capitulation.

(76.). La crise, ainsi qu'on vient de le voir, arrive d'une manière aussi prompte, parce que les demi-lunes sont intenables, et
que le corps de place est ouvert presque dès le début du siége.
Par le premier de ces défauts, l'assiégé est bientôt réduit à une
défense absolument passive, je pourrais dire matérielle, qui ne
peut durer que le temps nécessaire à l'assiégeant, pour remuer
une quantité déterminée de terre. Il faut renoncer aux retours
offensifs et à toute action de vigueur, quand on est serré de si
près qu'il est impossible de faire le moindre mouvement sans être
aperçu. Alors, plus d'élan, plus d'enthousiasme ; il faut se battre
derrière des parapets, éviter des atteintes, pour ne porter soi-même
que des coups rares, incertains et de peu d'effet.

(77.) Si la demi-lune avait plus de force réelle ; si l'ennemi ne
parvenait pas si promptement à la dompter ; s'il avait long-temps
à redouter ses feux ; s'il était forcé enfin à s'en tenir éloigné, le
terrain des approches lui serait long-temps disputé ; et ses premières conquêtes seraient chèrement achetées. Il aurait à répondre
à une artillerie foudroyante ; il devrait repousser des attaques fréquentes, prendre des mesures de précaution, et faire de sa première

parallèle un véritable retranchement. Et si, à l'avantage d'avoir des demi-lunes capables de répondre à l'ennemi et de le tenir long-temps éloigné, la fortification reunissait celui d'un corps de place parfaitement couvert, et que l'ennemi ne pût entamer que de près ; sa valeur serait augmentée, et l'énorme disproportion qui existe maintenant entre les moyens de l'attaque et ceux de la défense, disparaîtrait en partie, et l'équilibre tendrait à se rétablir.

(78.) Plusieurs moyens ont été proposés pour atteindre ce double but ; mais, ou ils sont insuffisans, ou ils conduisent à des systèmes absolument neufs, qui, ne se trouvant pas appuyés de l'expérience, ne présentent que des avantages problématiques et contestés; leurs auteurs dédaignant de se tenir à de simples corrections, ont donné l'essor à leur imagination pour créer des choses nouvelles qui, malgré ce qu'elles peuvent avoir de bon, n'ont point été adoptées, précisément parce qu'elles sont nouvelles et qu'on ignore jusqu'à quel point elles soutiendraient l'épreuve d'une attaque sérieuse. Il est naturel de craindre qu'un système de fortification absolument neuf, n'entraîne des inconvéniens qui fassent plus que balancer les avantages qu'il promet; aussi voyons-nous les Ingénieurs Français ne point sortir du système bastionné, lequel, à juste titre, passe pour le plus parfait, et se contenter d'y apporter successivement quelques améliorations qui, du premier tracé du Comte de Pagan, les ont conduits par degrés jusqu'au tracé moderne. Imitons leur réserve; donnons un frein à notre imagination ; et ne proposons que de simples corrections qui, sans faire perdre aucun des avantages obtenus jusqu'à présent, en assurent de nouveaux; si toutefois il est possible de corriger quelque chose à l'œuvre des Cormontaingne, des Darçon, des Meunier, et de leurs illustres successeurs.

§ 1. *Moyens de garantir du ricochet les faces des Demi-lunes.*

(79.) Les Ingénieurs habiles parviennent souvent à éluder le ricochet pour une partie de leurs ouvrages, en balançant leur tracé de manière à faire tomber le prolongement des faces principales, sur des marais, des rivières, des bas-fonds, ou d'autres endroits où l'ennemi ne peut point établir de batteries ; mais il faut, que le terrain se prête à ces savantes dispositions ; sans cela, les ouvrages extérieurs sont toujours ricochables. Je dis les ouvrages extérieurs : parce qu'il est possible, en dirigeant les faces des bastions sur les demi-lunes, de les garantir du ricochet, ou du moins, de forcer par là, l'ennemi qui voudrait en prendre le prolongement par-dessus les demi-lunes, qui se trouvant plus basses, peuvent les laisser apercevoir ; de le forcer, dis-je, à se rapprocher beaucoup de la place, et à exposer lui-même ses batteries aux coups en rouage. Mais cet avantage ne peut se rencontrer que dans les portions d'enceinte, où les fronts dirigés à peu près en ligne droite, donnent la faculté de couvrir les faces des bastions, par les ouvrages extérieurs les plus saillans. Partout où il se trouve un angle, l'avantage disparaît, et les bastions redeviennent ricochables, si toutefois ils ont jamais cessé de l'être ; car, je le répète, un ouvrage bas ne couvre point un ouvrage plus élevé, et l'enfilade n'est réellement éludée qu'autant que cette disposition force l'ennemi à se tenir hors de portée ; ce qui est rare. On peut donc affirmer, que s'il est des cas où l'on parvient à éviter le ricochet, soit pour les ouvrages extérieurs, soit pour ceux que ces derniers peuvent couvrir, ces cas ne sont qu'accidentels ; et qu'en thèse générale, la fortification moderne est toujours ricochable.

(80.) Bousmard, en brisant les faces des demi-lunes, et en donnant une courbure à celles des bastions, a cru remédier au défaut signalé, par le fait même du tracé : mais ce moyen, bien qu'il gêne un peu l'assiégeant dans ses dispositions, est cependant insuffisant ; car on peut prendre assez facilement le prolongement des brisures de la demi-lune ; et la courbure des bastions n'est point assez prononcée pour empêcher totalement le ricochet. En l'augmentant davantage, on tomberait dans un défaut capital en fortification, celui des angles morts, et des parties de revêtement non flanquées. Ce serait revenir aux tours des anciens, et retomber dans l'enfance de l'art.

(81.) D'autres auteurs ont proposé de multiplier les traverses sur les terre-pleins : mais, si cela peut être bon pour le corps de place, ainsi que je le crois ; cela ne saurait convenir aux demi-lunes, dont les terre-pleins déjà si resserrés se trouveraient obstrués par ces traverses, qu'il faut faire nombreuses si l'on veut être réellement garanti. D'ailleurs des traverses ne doivent pas avoir plus de 2 ou 3 mètres d'épaisseur, afin qu'elles ne servent pas de couverts à l'ennemi, quand une fois il se sera emparé de la demi-lune ; et partant, elles sont bientôt détruites par les obus, et ne servent plus qu'à gêner les communications et à obstruer les terre-pleins. Pour le corps de place, c'est différent ; la grandeur du rempart donne l'aisance des mouvemens, et les traverses ne peuvent point servir d'abri aux défenseurs, puisque les retranchemens intérieurs, s'il en existe, les voient toujours dans leur longueur ; il est ainsi permis de les construire plus solides. Les traverses peuvent donc être adoptées pour garantir du ricochet les faces des bastions, aussi bien que les flancs et les courtines ; mais elles ne peuvent l'être pour les demi-lunes.

(82.) Quelques Ingénieurs, Montalembert à leur tête, n'ont vu de salut que dans la multiplicité des batteries casematées ou blindées, c'est-à-dire, des batteries placées sous des voûtes, ou abritées

42

par des constructions en charpente. Cependant ces moyens qui,
au premier coup d'œil paraissent excellens, présentent en dernière
analyse, de si graves inconvéniens, qu'on les a rejetés ; ou que du
moins on ne s'en est servi que rarement, et dans des circonstances
toutes particulières qui rendaient leurs défauts plus tolérables.

(83.) Les casemates, dont le moindre inconvénient est l'énorme
dépense qu'elles exigent, sont intenables après quelques salves, du
moins celles qui sont fermées à leur partie postérieure ; l'épaisse
fumée qui s'y accumule empêche de distinguer les objets extérieurs,
et finit par rendre l'air tout-à-fait irrespirable ; elles forcent, pour
ne pas tomber dans des maçonneries trop considérables, à se contenter de batteries entièrement rasantes, et quelquefois même de
batteries à tir relevé, et d'abandonner ainsi tous les avantages qui
résultent d'un bon commandement. Les pièces renfermées dans ces
casemates, ne pouvant tirer que par des embrasures étroites, ont
un champ très-limité ; et l'ennemi peut facilement en éluder les
coups. Celui-ci, prenant alors pour point de mire ces embrasures
véritables entonnoirs, dirige à la fois sur chacune d'elles tout ce
qu'il a d'artillerie, et au bout de quelque temps elles se trouvent
encombrées de débris ; les boulets qui pénètrent dans l'intérieur
vont frapper les murailles, les ébranlent, et de leurs éclats estropient les canonniers. L'explosion des bouches à feu concourt avec
les coups de l'ennemi, à tout démanteler, et à rendre très-promptement les casemates parfaitement inutiles à l'assiégé. Ces graves
inconvéniens ne sauraient être révoqués en doute; ils sont cons-
tatés par l'expérience, et il est reconnu qu'il n'existe à peu près
aucun moyen d'y porter remède.

(84.) Les batteries blindées méritent quelque préférence sur les
casemates à feux, parce qu'on les peut établir partout où l'on
veut sur les terre-pleins, sans rien changer à l'état actuel des maçonneries ; et parce qu'en les laissant entièrement ouvertes sur le
derrière, la fumée en peut sortir assez facilement pour qu'elles ne

restent pas empoisonnées et inhabitables après quelques coups. Mais elles participent aux autres défauts des casemates, et ont de plus, celui de ne pouvoir exister à l'avance; parce que les bois dont elles sont composées, ne peuvent être mis en place qu'au moment du besoin, et doivent se conserver dans des magasins pour éviter la pourriture; de là, des soins continuels d'entretien pendant la paix; et aux approches d'un siége, des travaux considérables de la part de la garnison. Ajoutons aux inconvéniens des batteries blindées, qu'elles peuvent être incendiées par les obus de l'ennemi; et que, pour mettre leurs côtés à l'épreuve du canon, il faut les couvrir d'une épaisseur suffisante de terre; ce qui prend de la place et nuit d'autant à la défense. *L'étonnement* produit par l'explosion, est tout aussi dangereux pour ces sortes de constructions, que pour les batteries casematées; les embrasures surtout ont beaucoup à souffrir et sont bientôt obstruées. Enfin, il est extrêmement difficile de s'y garantir des filtrations des eaux de pluie.

(85.) Reconnaissant que tous les moyens proposés jusqu'à présent sont insuffisans ou illusoires, j'ai cherché si, en changeant quelque chose dans le relief et dans le tracé de la demi-lune, il ne serait pas possible de la garantir complétement du ricochet, sans que les autres parties de la fortification eussent trop à souffrir de ces changemens : et en partant du fait incontestable, qu'une bonnette au saillant est un excellent moyen de couvrir une ou deux pièces, j'ai trouvé par le calcul, qu'en supposant un masque de 8 mètres de hauteur à l'angle saillant de la demi-lune, et en donnant aux faces 1 mètre de pente en arrière, les terre-pleins se trouveraient parfaitement à l'abri des effets destructeurs du ricochet, sur une étendue de 90 mètres environ (*). La difficulté ne consistait donc plus qu'à construire ce masque, de manière à ce qu'il fût très-difficile à l'ennemi d'en tirer parti pour plonger dans les ouvrages en arrière, quand il s'en serait rendu maître.

(*) Voyez la note première.

(86.) Après avoir tracé le triangle équilatéral **ABC** (*Planche VI*), que j'appelle *triangle primitif* de la demi-lune, et lui avoir donné sur les faces des bastions, un recouvrement de 34 mètres, comme dans le système moderne, on prend sur chaque face une longueur **CD** de 45 mètres, et au point **D** on élève sur **CA** une perpendiculaire **DE** de 8 mètres de longueur; puis on joint le point **E** au point **F**, rencontre de la contrescarpe du corps de place, avec le côté du triangle primitif; on a alors la magistrale de la demi-lune, qui diffère peu de celle de Bousmard quant au tracé, mais qui en diffère beaucoup quant à l'objet. En effet, notre brisure n'est point faite comme la sienne, dans l'unique intention de dérouter l'ennemi lorsqu'il cherche à prendre les prolongemens ; mais elle est amenée par la nécessité de conserver au fossé sa largeur, sans obstruer le terre-plein de la demi-lune. La brisure ne se présente point ici comme un moyen d'éluder le ricochet, bien qu'elle atteigne aussi ce but, mais comme une convenance de construction, exigée par la différence entre les reliefs des faces de la demi-lune, et de la partie **CDHG** que nous appellerons désormais le *Cavalier de demi-lune.*

(87.) Le parapet du cavalier de demi-lune n'a que 4 mètres d'épaisseur, parce que l'ennemi ne peut diriger contre lui que des coups tirés à petite charge, cherchant à passer par-dessus et à plonger dans les terre-pleins pour y détruire l'artillerie de l'assiégé. S'il agit autrement et tire à toute volée, ses coups, il est vrai, pourront percer le parapet à sa partie supérieure; mais ce sera autant de coups perdus, puisqu'ils ne s'adressent qu'à une masse morte.

(88.) Le cavalier n'a pas de terre-plein, parce qu'il ne recevra point de canon; on le munit seulement d'une simple banquette, où pourront monter des tireurs adroits, pour inquiéter à coups de carabine, les sapeurs ennemis dans leurs tranchées, et les canonniers derrière leurs épaulemens. De cette banquette part un talus à terre coulante, qui descend jusque sur le terre-plein de la demi-lune.

Des profils en maçonnerie **DH** et **GH** soutiennent le tout, du côté de la place ; on ne leur donne que l'épaisseur strictement nécessaire pour résister à la poussée, afin que de la place on puisse les renverser à coups de canon, lorsque l'ennemi, après avoir ouvert la brèche et donné l'assaut, cherchera à s'établir sur le cavalier. La chute de cette maçonnerie entraînera celle des terres et diminuera l'espace logeable, que l'ennemi par ses brèches a déjà travaillé à rendre si petit, qu'il sera bien difficile pour lui de s'y établir sans de grands dangers. Si malgré cela on pouvait craindre encore, qu'il ne partît de cet amas de décombres, des coups dangereux pour la défense des ouvrages en arrière, il n'est pas difficile de construire à l'avance une disposition de mines, un trèfle par exemple, qui, venant à jouer, culbutera dans le fossé, et une grande partie des terres, et le logement de l'assiégeant.

(89.) On monte sur le cavalier par deux pas-de-souris, placés aux extrémités de ses faces, le long des profils; cette communication suffit pour des fantassins qui, lors même que ces escaliers seraient détruits par la bombe, pourraient toujours atteindre la banquette, en montant par la gouttière que forment ent'reux les deux talus intérieurs; peut-être même n'y aurait-il pas d'autre communication, et des gradins grossièrement taillés en cet endroit suffiraient-ils pour l'objet qu'on se propose.

(90.) J'estime qu'après la brèche et la diminution d'espace qui doit en résulter, le parapet que l'ennemi fera pour se loger sur le cavalier, sera de 3 mètres au moins, plus bas que ne l'est actuellement celui du cavalier ; je propose donc d'établir à cette hauteur, dans le massif de l'ouvrage, une couche de pierraille, ou mieux encore de gros blocs, débris des constructions en maçonnerie; une couche, dis-je, de 2 ou 3 mètres d'épaisseur, recouverte intérieurement et extérieurement de 2 mètres de bonne terre qui garantissent les assiégés des éclats dangereux de la pierre. L'assiégeant cherchant à s'établir, trouvera ces cailloux qui rendront sa position extrêmement dangereuse, et le forceront à l'abandonner ; les feux croisés de la place, dirigés sur ce point unique qui, de tous côtés, se présente comme un but, le rendront intenable ; l'ennemi en descendra certainement pour se nicher sur le terre-plein de la demi-lune, où il lui est bien plus facile de se couvrir.

(91.) Mais, dira-t-on, l'ennemi s'évitera la peine de faire brèche au cavalier, et ouvrira de suite la face de la demi-lune ; il éludera ainsi toutes les difficultés que le premier ouvrage lui prépare, et il profitera en entier des avantages de son grand relief, quand une fois il aura pris la demi-lune. S'il se conduit de la sorte, l'assiégé doit être satisfait ; car, que de travaux, que de dangers à surmonter de la part de l'assiégeant, pour parvenir à se placer dans un rentrant sous le feu plongeant des cavaliers ; sous les coups de revers du bastion et des réduits de places-d'armes ; sous celui enfin de la demi-lune elle-même, qui ne peut être éteint, ou qui du moins se rallume au moment où le couronnement du chemin-couvert masque les batteries ennemies !

(92.) *Demi-lune.* Quant à la demi-lune proprement dite, elle aura 22 mètres de largeur, c'est-à-dire, 2 mètres de plus que la demi-lune moderne, et cela afin d'avoir la facilité de construire à sa gorge de grandes rampes de 3 mètres de largeur, d'une pente très-douce et facilement accessibles à l'artillerie : son plan de défilement, soit le plan qui contient les crêtes intérieures de ses parapets, a 1 mètre de pente de l'avant à l'arrière, depuis le pied du cavalier jusqu'à l'extrémité des faces. Cette pente est nécessaire pour que, avec un cavalier de 8 mètres de hauteur au-dessus du parapet, ou de 10,^{m}50 au-dessus du terre-plein, le ricochet se trouve complétement arrêté sur toute l'étendue de la face. Le commandement de la demi-lune sur son chemin-couvert, est de 2 mètres vers le saillant, et seulement de 1 mètre vers l'extrémité de la face ; ce commandement, quoique faible, est suffisant, parce que l'artillerie placée sur la demi-lune ne tire que de plongée par-dessus le parapet. Pour la même raison, le relief de son parapet sur le terre-plein n'est que de 2,ᵐ50 à 2,ᵐ00; malgré cela, il couvre toujours bien, n'étant pas percé d'embrasures, si ce n'est peut-être d'une ou deux, pour des besoins particuliers.

(93.) Le fossé de la demi-lune a sa contrescarpe parallèle au côté du triangle primitif, et à 20 mètres de distance; il est arrondi au saillant, et présente ceci de particulier, qu'au lieu de communiquer avec la place-d'armes saillante par le moyen de mauvais pas-de-souris, il le fait par deux rampes directes accessibles à l'artillerie. Alors, quand il sera question de prendre des revers sur quelque attaque des ouvrages collatéraux, on pourra, sans détour et avec facilité, conduire des obusiers dans la place-d'armes, et tirer par-dessus la crête du glacis, pour prendre d'écharpe ou d'enfilade les travaux de l'assiégeant. L'escarpe a 8 mètres de hauteur, et le fond du fossé se trouve à 2 mètres au-dessus de celui du corps de place.

(94.) *Réduit.* Le réduit de demi-lune est séparé de l'ouvrage principal, par un fossé de 10 mètres de largeur, dont le fond se trouve relevé de 2 mètres au-dessus de celui de la demi-lune, ou de 4 mètres au-dessus du fond du grand fossé.

(95.) La face du réduit est parallèle à celle de la demi-lune, et son flanc se trace comme dans le système moderne, c'est-à-dire, que du milieu de l'espace **BK**, on décrit un arc compris entre la face et la gorge du réduit; laquelle gorge **MN** se construit parallèlement à la courtine, joignant les points **M** et **N**, où la contrescarpe du corps de place est rencontrée par celle du réduit. Quand l'arc est décrit, on lui mène une corde, et le flanc est parallèle à cette corde; mais il a 25 mètres de longueur, au lieu de 18; et cela pour donner à la coupure de demi-lune, dont le tracé résulte de la longueur de ce flanc, une plus grande dimension; et en même temps pour que le réduit ait des faces plus courtes et plus faciles à défiler du cavalier.

(96.) Le réduit n'est terrassé que sur les faces, et ses flancs se réduisent à de simples murs crénelés de même hauteur que l'escarpe, laquelle est de 6 mètres. Cette muraille aura 1 mètre d'épaisseur moyenne, et ses créneaux seront percés à 3 mètres du fond du fossé ; une banquette en terre donnera la facilité de se servir des créneaux. La muraille du flanc sera encore percée d'une porte assez large pour que le canon y puisse passer ; on la tiendra ouverte tant que la circulation sera nécessaire, mais on la fermera et barricadera dès l'instant que l'ennemi se sera rendu maître de la demi-lune.

(97) On va me dire que ces flancs ne peuvent plus être considérés comme des tirs-en-brèche, et que je me prive ainsi de tous les avantages du flanquement. Il est vrai, je n'ai plus de tirs-en-brèche ; mais c'est que par une seconde correction, l'ennemi ne pourra plus faire brèche au corps de place, avant que de s'être rendu maître de tous les dehors ; et qu'ainsi les tirs-en-brèche deviennent sans objet. Pourquoi donc faire des flancs au réduit, et diminuer inutilement sa capacité ? C'est afin que la porte de communication ne soit pas vue de l'assiégeant, et qu'il n'ait pas la facilité de la rompre avec son canon, pour pénétrer par là dans le réduit, et se dispenser d'y faire brèche. D'ailleurs le rélargissement du fossé résultant de la direction des flancs, permet à la courtine et à la tenaille d'y diriger leurs feux, et d'écraser l'ennemi qui chercherait à tourner le réduit par la gorge.

Pourquoi, dira-t-on encore, ne pas terrasser les flancs, et se contenter d'un mur crénelé si facile à renverser avec le canon ? C'est qu'avec les corrections proposées, je ne crois pas que le réduit soit le dernier ouvrage extérieur dont l'assiégeant ait à s'emparer ; je crois, au contraire, que les défenseurs tiendront encore dans les coupures de la demi-lune, malgré la prise du réduit ; il faut donc que les flancs de cet ouvrage n'aient aucun commandement sur les coupures, et ne puissent pas servir d'abri à l'assiégeant.

(98.) Ce n'est pas à coups de canon que le réduit doit s'opposer au logement de l'assiégeant sur la demi-lune, cette arme n'est point assez maniable ; c'est à coups de fusil et de carabine : en conséquence, je ne donne point de terre-plein au réduit, mais une simple banquette, comme on le voit aux profils de la huitième planche. Des talus naturels tombent de ces banquettes sur le fond de l'ouvrage qui est au niveau de son fossé, c'est-à-dire, à 4 mètres au-dessus du fossé du corps de place. On montera sur cette banquette, par des gradins que les soldats pratiqueront eux-mêmes dans les talus intérieurs. Les extrémités des faces seront soutenues par des profils en maçonnerie.

Une rampe douce mènera du fond de l'ouvrage dans la caponnière du corps de place.

(99.) Pour achever la description du réduit, je dirai que son plan de défilement est plus rapide que celui de la demi-lune ; qu'au saillant il commande ce dernier de $1,^m 80$, et à l'extrémité des faces de $0,^m 50$ seulement. Alors, ainsi qu'on le peut voir encore dans la huitième planche, ce plan de défilement passe par-dessus le logement que l'ennemi fera sur le cavalier de demi-lune, baissé de trois mètres par les éboulemens ; et le réduit a moins à craindre de ce logement. C'est encore pour atteindre ce but, aussi bien que pour ne laisser à l'ennemi que des espaces étroits, que le réduit n'a point de terre-plein.

(100.) Voilà un réduit inutile, puisqu'on ne peut pas y amener du canon ; l'assiégeant le méprisera, et il passera outre sans s'en inquiéter ; il s'avancera contre les places-d'armes, s'emparera de leurs réduits, et il sera le maître alors de toute la contrescarpe, où il choisira les emplacemens qui lui conviendront le mieux pour battre en brèche le corps de place. Le réduit de demi-lune n'a donc servi à rien, puisqu'il n'a pas prolongé d'un seul jour la défense de la place. Telles sont les objections qu'on peut faire encore ; et il faut avouer qu'elles ont de la force. Cependant, est-il permis

de dire que le réduit soit inutile et n'ait aucun avantage ? Si cet
ouvrage diminue l'espace logeable de la demi-lune ; s'il défend les
fossés des coupures ; si, à la faveur de son abri, on peut rassembler
dans le bas-fond des forces assez considérables pour marcher contre
l'ennemi, et le chasser à plusieurs reprises par des retours hardis,
jusqu'à ce qu'il ait construit des logemens solides sur la demi-lune ;
si on force ainsi l'assiégeant à tenir beaucoup de monde sur les
cavaliers et sur leurs brèches, objets de mire de tous les ouvrages
de la place ; si, en outre, le réduit rend très-facile la construction
d'un rameau de mine destiné à faire sauter le logement, quand il
est une fois achevé ; et s'il conserve des feux contre le flanc des
sapes, feux qui certainement sont dangereux quand ils sont si
rapprochés, et qui, au moindre revers de l'assiégeant, redoubleront
d'activité et prépareront le succès de nouvelles sorties ; si, dis-je,
toutes ces conditions sont remplies par le réduit de demi-lune, ne
joue-t-il pas dans la défense un rôle assez important pour être
conservé ? Je laisse prononcer de plus habiles que moi.

(101.) *Chemin-couvert.* Le chemin-couvert a 10 mètres de largeur ; il est garni de quatre traverses, dont la dernière seule est à
l'épreuve du canon ; les autres n'ont que 3 mètres d'épaisseur en
haut, pour que le canon de la place puisse les traverser quand
l'ennemi cherchera à s'en faire un abri ; elles seront façonnées en
parapets comme dans tous les systèmes, afin de pouvoir s'en servir
à disputer successivement les différentes parties du chemin-couvert.

(102.) La première traverse est toujours oblique, et dans le
prolongement de l'escarpe du cavalier, afin qu'elle ne fournisse
point de couvert à l'assiégeant, et que le pied de son talus extérieur soit vu du corps de place : c'est ainsi que l'ont faite Cormontaingne et ses successeurs.

(103.) La seconde traverse sera aussi légèrement oblique, afin
que le cavalier puisse battre son talus extérieur. On dirigera sa
crête intérieure à une dizaine de mètres de l'angle d'épaule G ou D,

du cavalier; et son emplacement se trouve en partageant en trois parties égales la portion de contrescarpe comprise entre la première et la dernière traverse, l'une obtenue comme on vient de le dire, et l'autre dépendant du tracé de la place-d'armes, que nous ne tarderons pas à faire connaître.

(104.) Les défilés sont comme les ont faits Vauban et Cormontaingne, c'est-à-dire, en tambours, et non en crémaillères comme dans le système moderne : ce ne seront plus que des vides nécessaires pour séparer les traverses du glacis, et pour faciliter la communication habituelle de l'infanterie. Le canon passera ailleurs; les deux grandes rampes qui conduisent à la place-d'armes saillante, ne sont faites que dans cette intention. Les défilés en tambours semblent offrir un couvert à l'ennemi, mais je répéterai ce que j'ai dit ailleurs à ce sujet. Que peut-on craindre de trois ou quatre hommes qui, à la rigueur, pourraient se nicher en cet endroit? surtout si on se rappelle que les traverses ne sont pas à l'épreuve du canon de la place.

(105.) Les défilés sont un très-mauvais moyen de retraite quand l'ennemi attaque de vive force le chemin-couvert. Je propose d'établir derrière la seconde et la troisième traverse des corbeaux d'attente, sur lesquels on établira des madriers au moment du besoin; et ces espèces de ponts, tant qu'un accident ne les aura pas rompus, suppléeront au défaut de communication.

(106.) Le saillant de la place-d'armes est, comme dans le système moderne, disposé en pan-coupé, afin d'obtenir en capitale quelques coups de carabine qui, s'ils sont bien ajustés, retarderont beaucoup les progrès de la sape. C'est parce que je mets beaucoup d'importance à ce genre de défense que je donne 10 mètres au pan-coupé, au lieu de 6.

§ 2. *Moyens de remédier au défaut de la trouée du fossé de Demi-lune.*

(107.) Nous avons vu au N.º (75), que du moment où l'ennemi couronne les parties les plus avancées du chemin-couvert, il découvre le corps de place et le bat en brèche. C'est-là un défaut capital de notre fortification moderne : on a cherché à y remédier de plusieurs manières.

(108.) On a proposé d'élever devant la trouée du fossé de demi-lune une traverse à terres roulantes, et d'un relief suffisant pour couvrir toute l'escarpe du bastion ; mais cette traverse est une loupe dans le grand fossé, qui en obstrue la plus grande largeur ; une masse sans vie tout-à-fait inoffensive contre l'ennemi, et qui occasionne des angles morts que l'on doit toujours éviter en fortification, bien qu'ils ne soient pas aussi à craindre dans le grand fossé que partout ailleurs.

(109.) On a dans la même intention enveloppé le bastion d'une contregarde, dont les faces se prolongent jusqu'à la contrescarpe du réduit de demi-lune, comme on le voit dans la *figure 1.*ʳᵉ (*Planche III*).

Cet ouvrage, absolument semblable au corps de la demi-lune moderne, est sujet aux mêmes inconvéniens. Par le peu de largeur de son terre-plein et la longueur de ses faces, il est intenable, du moment où l'ennemi a commencé à le ricocher ; alors tous les fossés extérieurs se trouvent morts ; et les chemins-couverts réduits à leurs propres ressources, ne peuvent que difficilement recevoir quelque défense du corps de place, qui se trouve masqué par la contregarde, et qui ne peut pas sans danger pour ceux qui sont encore sur cet ouvrage, balayer de ses feux les glacis de la demi-lune. La contregarde diminue la profondeur du rentrant, et

rend possible le couronnement simultané du saillant de demi-lune
et du saillant de bastion. La construction du réduit de place-d'armes
devient plus difficile, et cependant le chemin-couvert, abandonné
à ses propres forces, en a un grand besoin. Le fossé de la contregarde laisse à découvert l'épaule du réduit de demi-lune, qui peut
ainsi être ouvert en même temps que la demi-lune, et recevoir
l'assaut au même moment; accident d'autant plus probable que
les feux du corps de place seront paralysés par la présence des
défenseurs de la demi-lune, qui se trouvent pêle-mêle avec les at-
taquans au moment de l'assaut; si toutefois craignant la catastrophe, ceux-ci n'ont pas déjà prudemment abandonné les ouvrages
extérieurs.

Ajoutons à tous ces inconvéniens des contregardes, celui d'occasionner une grande dépense, et de n'atteindre pas même en
entier le but qu'on se propose en les construisant, celui de couvrir;
car l'assiégeant, en y faisant brèche avec les mêmes batteries qui
ont ouvert la demi-lune, peut en abattre le parapet et découvrir
une partie de l'escarpe du bastion; il commencera ainsi une brèche
qu'il lui sera facile d'achever, lorsqu'il aura entièrement coupé la
contregarde, soit avec le canon, soit avec la mine.

(110.) Bousmard a proposé, pour remédier au défaut qui nous
occupe, de détacher la demi-lune du corps de place, afin que ce
dernier fût couvert par une contrescarpe continue (*figure 2.ᵉ, même
planche*). Cette idée est certainement plus heureuse que les précédentes; mais peut-on l'adopter lorsqu'elle conduit à des constructions si différentes de celles que l'expérience a consacrées, et
dont l'excellence est généralement reconnue? On peut d'ailleurs
objecter, que ce système exige pour sa défense une garnison nombreuse et aguerrie; car des ouvrages détachés sont toujours susceptibles d'être pris par la gorge, quand ils sont faiblement gardés
et qu'aucun fossé ne les sépare d'un ennemi entreprenant, qui sait
profiter d'un moment de désordre pour faire un coup de tête.

L'action du corps de place à l'extérieur, se trouve diminuée, et le chemin-couvert de la demi-lune n'en peut plus recevoir une défense aussi efficace. Si nous voulons des ouvrages détachés, portons-les plus en avant, et donnons-leur les moyens de se défendre seuls; alors nous gagnerons du terrain, sans priver le corps de place de toute l'influence qu'il doit avoir dans une défense. Il faut dire toutefois, à l'avantage des demi-lunes détachées, que le plus souvent elles couvriront les bastions, et empêcheront de les ricocher aisément.

(111.) C'est parce que les moyens indiqués jusqu'à présent pour corriger le défaut de la trouée, sont illusoires, ou s'écartent trop des principes reçus, que je me hasarde à proposer moi-même quelques idées à cet égard; en me soumettant pour ce qu'elles peuvent valoir, au jugement de mes collègues et de mes maîtres, plus capables que moi d'apprécier ce qui peut être véritablement utile et bon en fortification.

(112.) Pour barrer le fossé de la demi-lune, je me contente de réunir la coupure avec le réduit de place-d'armes, et d'en faire un seul ouvrage, dont l'escarpe sera dans toute la largeur du fossé de demi-lune, couverte par un glacis; de telle sorte que l'assiégeant ne puisse pas, de ses premiers établissemens sur le chemin-couvert, voir cette escarpe et la battre en brèche. On laisse toutefois un intervalle de 3 mètres entre le glacis en question et l'escarpe de la demi-lune, soit pour servir de communication entre le fossé du réduit et celui de la demi-lune, soit pour ôter à l'ennemi la possibilité d'escalader la demi-lune, en montant sur le glacis. Cet intervalle est couvert par l'épaule du cavalier; il est fermé intérieurement d'une porte ferrée et crénelée.

Une petite galerie percée sous le glacis, flanquera cette porte qui, se trouvant dans une partie morte, pourrait être enfoncée par le pétard.

Si cette défense ne suffit pas, on peut aisément pratiquer derrière le profil HD du cavalier de demi-lune, une galerie de gorge, qui prendrait à dos et en plongeant, ceux qui s'efforceraient d'enfoncer la porte.

(113.) *Réduit de Place-d'armes.* Le tracé du réduit de place-d'armes est très-simple : il consiste à joindre par une droite, le saillant C du cavalier avec le point P pris sur la capitale du bastion, à 25 mètres en arrière du saillant K de la magistrale. Cette ligne PC donne la direction de la première face, par sa contrescarpe ; et pour avoir la seconde, on abaisse de l'angle d'épaule R du réduit de demi-lune, une perpendiculaire RQ sur le côté BC du triangle primitif. A 7 mètres en arrière, se trace l'escarpe ou ligne magistrale, parallèlement à la contrescarpe ; puis ensuite viennent les autres lignes du parapet.

(114.) Il résulte du tracé précédent, que la face extérieure du réduit est toujours dérobée au ricochet par le massif du cavalier ; mais aussi la face intérieure est presque toujours ricochable ; c'est pourquoi cette dernière sera couverte par une bonnette au saillant, et divisée dans sa longueur, par une traverse capable de couvrir les deux pièces qui devront balayer le terre-plein de la demi-lune, quand l'ennemi aura pénétré jusque-là ; l'emplacement de cette traverse, qui doit être construite à l'épreuve, est naturellement sur le prolongement du parapet de demi-lune.

La traverse et la bonnette dépasseront d'un mètre la hauteur du parapet, afin de bien remplir leur objet.

La bonnette couvrira deux ou trois pièces qui, balayant le glacis du réduit, défendront à elles seules le fossé de la demi-lune ; et se joindront à celles du bastion, pour contrarier l'établissement des batteries de brèche sur le saillant du chemin-couvert.

(115.) La face extérieure du réduit n'est point ricochable ; mais elle peut être prise de revers par l'ennemi posté sur les ruines du cavalier, ou dans le réduit de demi-lune. On évite ces inconvéniens, en donnant à la face extérieure . 1 mètre de pente en arrière, et en tenant le parapet de la face intérieure à même hauteur que celui du réduit de demi-lune, vers le saillant : de même le terre-plein de la face intérieure doit avoir une bonne pente en arrière, soit pour le défilement, soit pour l'écoulement des eaux et la sûreté des batteries.

(116.) Le terre-plein n'aura que 10 mètres de largeur, depuis la crête intérieure du parapet · sur la face intérieure, il sera soutenu par un revêtement que l'on pourra battre en brèche, quand l'ennemi cherchera à s'établir sur ce point ; mais sur l'autre face, qui par sa position ne facilite pas la construction des batteries ennemies, le terre-plein se terminera par un talus naturel, ce qui apportera quelque économie dans la construction.

Une grande rampe longeant la face revêtue, conduit de la partie basse du réduit, sur le terre-plein ; et une large poterne de niveau avec cette partie basse et le fossé des réduits, sert de communication de l'un à l'autre. Du fossé du réduit, on monte dans la place-d'armes rentrante, par une bonne rampe douce et large, sur laquelle les feux du bastion peuvent se diriger de même que dans le fossé du réduit, avantage dont ne jouit pas le tracé moderne.

(117.) Une dernière rampe, également commode, construite à la gorge du réduit, sert de communication directe entre le grand fossé et la poterne du réduit. C'est donc en suivant la ligne la plus courte, que toutes les armes pourront passer du grand fossé dans la place-d'armes rentrante, et de là dans la campagne, avantage considérable dont la fortification moderne se trouve totalement privée.

(118.) Je dirai enfin que le profil de la face intérieure se prolonge en simple mur de clôture jusqu'au grand fossé, afin de préserver le réduit de toute surprise par la gorge. Cette muraille est percée d'une porte, en face de la rampe qui conduit sur le terre-plein, afin qu'on puisse, si on le veut, communiquer directement, du réduit de demi-lune à celui de place-d'armes. Cette porte sera toutefois condamnée et fortement appuyée, dès l'instant où l'ennemi aura pris pied sur la demi-lune.

(119.) *Place-d'armes.* Quant à la place-d'armes, elle se trace circulairement du point L, rencontre de la contrescarpe du bastion avec la contrescarpe de demi-lune prolongée ; du point L, dis-je, comme centre, et avec un rayon plus grand de 15 mètres que la ligne LQ.

Deux débouchés circulaires conduisent de la place-d'armes sur le glacis.

La crête de la place-d'armes, aussi bien que celle du chemin-couvert du bastion, est relevée de 0,^{m}50 au-dessus de celle du chemin-couvert de demi-lune, afin que cette dernière partie que l'ennemi doit nécessairement occuper, ait quelque désavantage de position sur les autres que l'assiégé conservera plus long-temps.

(120.) Les avantages qui résultent des nouvelles modifications du système moderne, ne se réduisent pas à empêcher l'ennemi de faire brèche au corps de place, par la trouée de la demi-lune ; mais encore les communications se trouvent plus faciles, et propres à toutes les armes. Le réduit de place-d'armes a une plus grande capacité que dans le tracé moderne, et il est plus capable qu'une faible coupure de disputer le terre-plein de la demi-lune ; sa position retirée démasque les feux du bastion, qui peuvent ainsi balayer facilement les glacis avancés. Les fossés du réduit ne sont plus des parties mortes, étant défendus l'un par le corps de place, et l'autre par le mur crénelé du réduit de demi-lune. Enfin, l'ennemi ne pouvant s'établir dans aucun des ouvrages extérieurs, vu le peu de largeur de leurs terre-pleins et la difficulté des transports d'artillerie, est obligé de couronner le chemin-couvert du bastion, dans la double intention de contrebattre l'artillerie des flancs opposés, et de renverser le saillant du bastion d'attaque : l'assiégé n'aura donc qu'une seule brèche à défendre, sur un terrain resserré pour l'ennemi et ouvert pour lui ; une seule brèche sur laquelle

il fera converger tous ses feux, et contre laquelle il réunira tous
ses moyens ds résistance ; il pourra, sans crainte d'être tourné,
développer tout son courage, et opposer à l'assiégeant des obstacles
sans cesse renaissans. Si les trouées des deux demi-lunes permettaient, au contraire, à l'assiégeant d'ouvrir les deux faces du bastion, comme cela arrive dans le tracé moderne, l'assiégé devant
répondre à deux attaques simultanées, et sentant ses forces divisées, n'agirait plus avec la même vigueur ; il se trouverait à
l'étroit sur son terrain ; ses manœuvres n'auraient plus le même
ensemble, et la crainte de se voir tourné sur une brèche, par les
troupes qui attaquent l'autre, lui inspirerait une funeste défiance,
et attiédirait son courage.

(121.) J'ajouterai encore aux avantages énumérés ci-dessus, celui
d'une économie de 2000 mètres cubes environ de maçonneries; sans
qu'il résulte de cette diminution, aucun abaissement d'escarpe ou
de contrescarpe, et par conséquent sans que l'ennemi puisse éluder
en aucune manière les difficultés des descentes de fossés et des
assauts aux brèches. Mais cet avantage est peut-être balancé par
un remblai plus considérable dû au massif du cavalier, et à un
relief en général plus prononcé. Au moins n'y a-t-il sûrement pas
augmentation de dépense.

§ 3.   *Reliefs du Système corrigé.*

(122.) Quoique j'aie déjà fait connaître les reliefs des différens
ouvrages extérieurs, il convient cependant de les présenter dans
un même tableau, pour qu'on puisse les voir dans leur ensemble,
et saisir facilement les rapports de commandement. Cela est d'autant plus convenable que je n'ai rien dit du corps de place à cet
égard, lequel doit nécessairement avoir un relief plus considérable
que dans les autres systèmes, afin que les terre-pleins puissent se

défiler des ruines du cavalier. Je ferai aussi connaître par ce tableau, les hauteurs d'escarpe et de contrescarpe, ainsi que les profondeurs des fossés au-dessous du terrain naturel.

Tableau des Reliefs pour le Système corrigé.

Crête du chemin-couvert de la demi-lune sur la campagne 2, 80

Crête du chemin-couvert du bastion, et place-d'armes sur la campagne. . . 3, 30

Demi-lune à son saillant sur le chemin-couv. 2, 00 , et sur la campagne . . 4, 80

Demi-lune à l'extrémité de ses faces . . . . 1, 00 , et sur la campagne . . . 3, 80

Cavalier sur la demi-lune au saillant . . . . . 8, 00 , et sur la campagne . . 12, 80

Réduit de demi-lune au saillant . . . .   sur la campagne 6, 40

Réduit de place-d'armes sur la place-d'armes 3, 10 , et sur la campagne . . 6, 40

Corps de place (sur les réduits . . . . 1, 60 , et sur la campagne . . 8, 00

Corps de place sur la tenaille. . . . . 6, 00 , et celle-ci sur la camp. 2, 00

Rempart du corps-de-place sur la campagne 5, 00

Le même vers la gorge des bastions , pour le défilement 3, 50

Hauteurs d'Escarpe.	*Hauteurs de Contrescarpe.*
Corps de place 10, 50	Corps de place 7, 50
Demi-lune 8, 00	Demi-lune 5, 00
Réduits de places-d'armes . . . 6, 00	Réduits de places-d'armes . . . 3, 50
Réduit de demi-lune 6, 00	Réduit de demi-lune 5, 70

Profondeurs des fossés au-dessous du terrain naturel.

Grand fossé 7, 20

Fossé de demi-lune 5, 20

Fossés des réduits 3, 20

Parties basses des réduits . . . 3, 20

§ 4. *Attaque du Système Moderne corrigé.*

(123.) Pour apprécier la valeur des modifications proposées, il faut soumettre le système corrigé à l'épreuve d'une attaque régulière, et comparer la résistance dont il est capable, à celle des autres systèmes connus, en les plaçant dans les mêmes circonstances. Nous choisirons pour exemple une place octogone régulière.

C'est en supposant à l'assiégé tous les moyens de défense que comporte le *système modifié,* que nous réglerons les moyens de l'attaque. Ainsi, l'assiégeant doit s'attendre à trouver une dixaine de pièces en batterie sur les faces des demi-lunes qui peuvent avoir prise sur les attaques, car ce nombre peut y être placé sans aucune crainte du ricochet. Ce ne sera que par des batteries de plein fouet qu'il pourra les détruire; ce ne sera que par des coups rapprochés et multipliés qu'il en viendra à bout ; il en résultera pour lui une grande consommation de poudre, sans avoir sur l'ennemi d'autre supériorité, que celle qui résulte d'un plus grand nombre de pièces et d'approvisionnemens plus considérables.

(124.) L'assiégeant ayant à faire à forte partie, est forcé de suivre l'ancienne méthode d'attaque; d'ouvrir la tranchée loin de la place, et de construire trois parallèles. Il doit agir avec prudence, et il ne lui est point permis de suivre les exemples les plus récens, pour se soustraire à une partie des fatigues d'un siége, en ne construisant que deux parallèles à petite distance (Mémorial N.° 226). Ses batteries de ricochet seront d'abord établies dans la première parallèle, et transportées ensuite dans la seconde ; mais les batteries directes contre les demi-lunes, armées chacune de dix à douze pièces, ne se construiront que dans la deuxième parallèle; afin que leurs coups mieux dirigés aient un effet plus sûr, et que les approches ne soient pas entravées par des feux droits, qui ne permettent pas, comme les feux arrondis des batteries à ricochet, de creuser sans danger, des tranchées par le travers de leur direction.

(125.) Les batteries de plein fouet doivent être construites en dehors de la parallèle, à la manière française ; afin d'être plus directes, d'occuper moins de place, et d'avoir leur terre-plein relevé. Il n'est pas possible de les construire dans la tranchée, comme le peuvent être des batteries à ricochet, parce que leurs coups, dirigés de bas en haut, auraient trop d'infériorité. Des batteries directes doivent, autant que les localités le permettent, être placées à la hauteur de celles de l'ennemi, ou mieux encore, les commander ; et quand la chose n'est pas possible, comme cela arrive dans le cas actuel, il faut du moins établir leur terre-plein sur le sol naturel, et non dans le fond de la tranchée, qui est plus bas d'un mètre ; et ici un mètre est quelque chose. Ainsi donc, forcé de construire ses batteries à découvert et sous un feu rapproché, l'assiégeant aura des pertes considérables à supporter, et il ne pourra travailler que de nuit, ce qui apportera beaucoup de lenteur dans la marche de ses attaques.

Si la campagne environnante offrait quelque hauteur à portée, il faudrait, en conséquence de ce que nous venons de dire, que l'assiégeant en profitât pour y placer quelque batterie, dont l'effet serait toujours très-avantageux, quand il n'aurait d'autre résultat que de donner de l'inquiétude à l'assiégé, et de diviser son attention. Tous les coups dirigés contre ces batteries éloignées et en quelque sorte accessoires, sont des coups épargnés pour celles qu'il importe de construire.

(126.) Après huit jours de fatigues et de pertes continuelles, les batteries de plein fouet sont enfin terminées ; leur feu a commencé ; l'assiégé y répond de son mieux, mais il ne tarde pas à s'apercevoir de l'avantage qu'a sur lui l'assaillant, par la fraîcheur de ses pièces, par le nombre et la diversité des coups qu'il est en état de porter. Les boulets pénétrant par les écorchures, brisent les pièces et leurs affûts; les obus de gros calibre bouleversent les parapets; pendant que les bombes, lancées de la première et de la seconde parallèle, vont atteindre les canonniers et leurs pièces derrière les épaulemens; et bien que l'assiégé combatte à armes égales, ses coups étant divergens et moins nombreux, produisent moins d'effet; il doit enfin céder.

Les demi-lunes sont abandonnées par l'artillerie ; il n'y reste plus que quelques bons tireurs, qui se nichent comme ils peuvent sur les ruines des cavaliers; s'avancent, se retirent, inquiètent l'ennemi dans ses tranchées, par des coups de carabine bien ajustés, et le forcent à construire des parapets plus élevés que de coutume, pour se défiler de feux aussi plongeans.

(127.) Les demi-lunes abandonnées permettent à l'assiégeant de reprendre la marche ordinaire des attaques. Il achève sa troisième parallèle, y construit les batteries d'obusiers, de mortiers et de pierriers qu'on a coutume d'y placer; s'avance sur les saillans des demi-lunes; désarme presque en entier les batteries en arrière, pour transporter les pièces dans les batteries de brèche qu'il va construire. Quand l'assiégeant en sera là, il doit s'attendre à voir reparaître sur les demi-lunes quelques pièces de petit calibre; mais le canon laissé exprès en arrière dans les batteries de plein fouet, les fera bientôt taire ; d'autant mieux que cette nouvelle artillerie de la demi-lune, ne pourra tirer qu'à embrasure, vu la proximité de l'objet qu'elle doit frapper.

(128.) On prolongera d'abord le couronnement du chemin-couvert, jusqu'à la deuxième traverse, sous laquelle devra s'exécuter la descente de fossé. On ne peut s'avancer au-delà, sans masquer les feux directs dirigés contre les faces des demi-lunes. On réunira les extrémités du couronnement par une quatrième parallèle, qui ôtera à l'assiégeant tout moyen de sortie; et cette précaution est nécessaire, car dans le système modifié, les communications sont aisées et par conséquent les sorties sont à craindre. Cette quatrième parallèle donne un emplacement convenable pour des batteries de pierriers, destinées à chauffer les réduits de places-d'armes, qui ont une grande capacité, et sont des pièces importantes capables de retarder beaucoup la construction des batteries de brèche.

(129.) Après vingt-quatre heures d'un feu continuel de ces batteries, la brèche au cavalier est enfin praticable; l'assiégeant y donne l'assaut : les défenseurs ne pouvant plus résister, se retirent dans le réduit de demi-lune ; ils font jouer les mines, et les cavaliers sont renversés en grande partie dans le fossé de la demi-lune; le canon de la place achève de les détruire.

(130.) Bien établi sur la demi-lune, l'assiégeant prépare son attaque contre le réduit, en même temps qu'il pousse le couronnement du chemin-couvert, jusqu'aux places-d'armes rentrantes; et même, si les feux de la place le lui permettent, jusqu'au saillant du chemin-couvert du bastion, où il doit établir une batterie qui, après avoir fait taire les flancs des bastions voisins, ouvrira le saillant du bastion d'attaque.

(131.) La mine joue, et le réduit de demi-lune tombe au pouvoir de l'assiégeant. Cette opération ne l'a point empêché de commencer sa descente de fossé, et de battre en brèche le réduit de place-d'armes, par deux ou trois pièces établies contre son saillant. Dès que cet ouvrage est ouvert, le peu de monde qu'on y a laissé se retire, et traverse à la course le fossé du corps de place, pour aller se cacher derrière la tenaille. Cette retraite précipitée se fait néanmoins sous la protection des feux de la courtine et des bastions.

(132.) Il ne reste plus à l'assiégeant, pour être maître de la place, qu'à ouvrir la dernière enceinte, achever sa descente de fossé, exécuter le passage et faire les dispositifs pour l'assaut. C'est alors qu'en suivant la méthode ordinaire d'évaluer la résistance des places, (méthode entièrement erronée, si l'on prétend connaître par là leur valeur absolue, quand c'est le courage des défenseurs et la facilité des retours offensifs qui en font la véritable force; mais seulement bonne pour faire connaître par comparaison les résistances, je puis dire matérielles, dont sont susceptibles différens systèmes); c'est alors, dis-je, que finissent les travaux de l'assiégeant, pourvu toutefois que le bastion d'attaque ne soit pas muni de retranchemens intérieurs, construits pendant le siége ou exécutés de longue main.

(133.) A cet énoncé des moyens d'attaque, je dois joindre l'énumération suivante, qui, je l'espère, ne paraîtra pas forcée. Cette énumération est nécessaire pour comparer la valeur matérielle du système modifié, à celles des autres systèmes connus, estimés de la même manière.

Enumération des jours de tranchée ouverte.

Pour construire la première parallèle, les batteries qu'elle renferme et les zig-zags en avant; ainsi que pour donner aux batteries le temps de produire quelqu'effet avant que d'entreprendre la construction de la seconde parallèle. . . . . 3 jours.

Pour la seconde parallèle et les batteries de plein fouet. . . . . 8 *id.*

Pour les zig-zags en avant, pour la troisième parallèle et pour donner le temps aux contre-batteries de détruire les feux des demi-lunes . . . 4 *id.*

Pour les cavaliers de tranchée, le couronnement du chemin-couvert et la quatrième parallèle. . . . . 8 *id.*

Pour l'établissement des batteries de brèche contre la demi-lune, leur feu et simultanément la descente du fossé . . . . 3 *id.*

Pour le passage du fossé, l'assaut à la demi-lune et le logement sur son saillant . . . . 2 *id.*

Pour renverser la contrescarpe du réduit de demi-lune, passer le fossé, attacher le mineur au saillant pendant qu'on pousse le couronnement du chemin-couvert sur les places-d'armes . . . . 3 *id.*

A reporter . . . 31 jours.

Report . . . 3i jours.

Faire jouer la mine, s'emparer du réduit et achever simultanément
le couronnement du chemin-couvert . . . . 2 *id.*

Pour construire les contre-batteries, faire taire les flancs, s'emparer du réduit de place-d'armes et couronner la descente du fossé . . . 3 *id.*

Pour achever la descente du fossé et ouvrir le corps de place . . . . 2 *id.*

Pour faire le passage du fossé, applanir la brèche, s'y épauler et
donner l'assaut . . . . 2 *id.*

Total . . . 4o jours

(134.) La place fortifiée suivant le système modifié, tiendra donc
quarante jours de tranchée ouverte, en n'ayant égard qu'au temps
nécessaire pour effectuer les remuemens de terre, et construire les
batteries ; en ne faisant point entrer en ligne de compte les retards
apportés par des sorties exécutées à propos, et plus faciles dans ce
système que dans tous ceux qui ont été analysés au chapitre premier, à cause de la commodité des communications ; en un mot,
en s'en tenant à une défensive absolue. Or, dans la même hypothèse, et en supposant qu'il soit nécessaire de construire trois parallèles devant les places fortifiées suivant les autres systèmes, aussi
bien que devant le nôtre, il est avoué de tous les Ingénieurs : que
la place de Vauban ne peut tenir que dix-neuf à vingt jours de
tranchée ouverte ; celle de Cormontaingne vingt-huit à trente ; et
celle qui serait construite suivant le système moderne, trente à
trente-deux.

(135.) Ainsi donc, les modifications que nous avons proposées
augmentent de dix jours au moins, la défense passive du meilleur
système connu jusqu'à présent ; c'est-à-dire, qu'elles augmentent
d'un tiers la durée de cette défense, sans qu'il en résulte, pour
la fortification, ni complication, ni excès de dépense ; et qu'au
contraire, il y a simplification, soit dans les communications, soit
dans la disposition des ouvrages extérieurs, et égalité de dépense.
Mais si l'on voulait faire entrer en ligne de compte la facilité qu'a

9

l'assiégé de remettre des pièces en batterie sur les ouvrages extérieurs, et de retourner en force sur les ouvrages abandonnés, par
des rampes larges et commodes; si l'on veut avoir égard à l'effet
que doivent produire de petites sorties fréquemment répétées, où
toutes les armes peuvent concourir, puisque toutes les communications leur sont accessibles; si enfin on se fait une juste idée de
la difficulté que l'assiégeant doit éprouver à se défiler dans ses
tranchées, des coups plongeans et rapprochés des cavaliers; on sera
convaincu que le degré de supériorité du système modifié sera encore plus considérable que nous ne l'avons annoncé. « Il nous paraît
» assez difficile, dit le Général Darçon, d'apprécier géométrique-
» ment, ce que vaudraient les saillies de l'audace dans une place
» qui refuserait aux assiégeans la possibilité de développer leur su-
» périorité, *qui les priverait de l'action des ricochets contre les*
» *faces les plus découvrantes......,* et qui, en conservant aux
» défenseurs la faculté de multiplier les retours offensifs, ajouterait
» aux avantages physiques les dispositions les plus propres à fa-
» voriser et à maintenir le courage d'esprit. »

§ 5.   *Enoncé succinct des Moyens de défense.*

(136.) Pour nous faire une plus juste idée du rôle que doivent
jouer les différentes pièces du système modifié, et en compléter la
description, nous parcourrons les différentes opérations de la défense.

Du moment où la place, menacée par les opérations des armées
ennemies, se trouve en état de siége, on s'occupe de son armement,
et l'on s'approvisionne de tous les bois et autres matériaux, dont
on a un si grand besoin dans une défense; on recoupe et recharge
les parapets; on taille les banquettes; on perce les embrasures prin-

cipales ; on construit les traverses sur les faces des bastions, si toutefois ces traverses n'existent pas déjà comme pièces importantes de la fortification ; on arme de palissades les saillans des chemins-couverts et les intervalles des deux premières traverses : je dis seulement ces deux parties, parce que ce sont les seules qui puissent craindre quelque attaque brusquée ; les placer ailleurs, c'est faire une dépense en pure perte : ces palissades, que le canon a bientôt rompues, ne servent qu'à gêner les mouvemens des défenseurs, et à rendre leur voisinage dangereux par les éclats qui s'en détachent. Ainsi donc, toutes les parties rentrantes resteront sans palissades, et l'infanterie pourra passer par-dessus le parapet taillé intérieurement en banquettes, pour opérer des sorties sur le glacis et dans la campagne ; les défilés des places-d'armes seront réservés pour le passage de l'artillerie et de la cavalerie. C'est cette disposition qui seule peut rendre les sorties dangereuses pour l'ennemi.

(137.) La place octogonale devra être pourvue de 25 pièces de gros calibre, 50 pièces de campagne et 25 mortiers ; en tout 100 bouches à feu, non compris les pierriers et les petits mortiers à main destinés à inonder de projectiles les logemens de l'ennemi sur le glacis. On placera d'abord, deux pièces dans chaque demi-lune, vers les profils du cavalier ; on en mettra trois dans chaque bastion, une en barbette au saillant et une sur chaque flanc ; c'est-à-dire, qu'aussitôt que la place sera mise en état de siége, on l'armera de cinq pièces sur chaque front, ce qui est plus que suffisant pour préserver la ville de toute entreprise téméraire. L'artillerie tiendra prêtes les autres pièces, pour qu'en peu de temps elles puissent être placées où besoin sera ; elle empilera les projectiles dans les bastions et dans les parties basses des réduits de demi-lunes ; elle préparera enfin tous ses artifices.

(138.) Dès que l'ennemi paraît pour faire l'investissement, on lui lâche quelques coups avec les pièces du plus gros calibre, afin de le forcer à se tenir loin ; mais il faut être économe de ces coups, et réserver sa poudre pour l'époque où l'on sera serré de plus près, et où il faudra disputer avec acharnement à l'ennemi, chaque pouce de terrain dont il voudra s'emparer.

(139.) Le front d'attaque étant déterminé, et l'ennemi ayant manifesté ses intentions, on ne laisse sur les autres fronts que deux pièces par bastion, et une sur chaque demi-lune; tout le reste doit être employé sur le front attaqué, et sur les fronts collatéraux qui peuvent avoir quelque prise sur les tranchées de l'ennemi. Les projectiles seront empilés dans tous les emplacemens les plus à portée; la poudre sera distribuée dans quantité de petits magasins; et les pièces de rechange seront tenues toutes prêtes. On commencera à travailler aux retranchemens intérieurs dans le bastion qui est destiné à recevoir l'assaut.

(140.) Dans la répartition des bouches à feu, on doit laisser celles du plus gros calibre sur le corps de place et dans les retranchemens intérieurs, où elles n'ont pas de grands mouvemens à faire; et il faut n'employer, pour la défense des ouvrages extérieurs, que du canon qu'on puisse facilement transporter d'un lieu dans un autre; afin que les ouvrages une fois pris, les pièces ne soient pas perdues, et que l'on puisse les remettre en batterie dans le cas où l'on parviendrait à déloger l'ennemi, et à lui faire abandonner sa conquête. Les obusiers me paraissent les bouches à feu les plus convenables pour cet objet, parce que cette arme n'exige pour son exécution que des embrasures à plongées relevées, qui ne découvrent pas l'intérieur du terre-plein; et parce que les obus réunissent les effets du boulet et ceux de la bombe, et sont plus propres que tous autres projectiles à déranger les travailleurs, et à bouleverser leur ouvrage. C'est pour cette raison que le relief de la demi-lune n'a pas été fait bien considérable.

(141.) Pour pénétrer dans la place par un bastion, l'assiégeant doit se rendre maître des deux demi-lunes qui le protégent, et faire taire les deux demi-lunes collatérales qui ont prise sur les approches;

il faut en conséquence que l'assiégé s'oppose à ces intentions, par une bonne disposition d'artillerie. Il placera donc sur chaque face intérieure des demi-lunes attaquées, c'est-à-dire, sur les faces qui défendent la capitale du bastion contre lequel l'ennemi se dirige; il placera, dis-je, sur chacune de ces faces neuf à dix obusiers qui, dérobés au ricochet, ne pourront être réduits au silence qu'à force de bombes. Sur les demi-lunes collatérales, on ne mettra que cinq pièces en batterie, ce qui fait déjà trente pièces, sur les cinquante dont on peut disposer. Les faces non ricochables des réduits de places-d'armes devant le bastion d'attaque, seront armées chacune de trois pièces; et l'on en mettra deux sur les faces correspondantes des deux réduits de places-d'armes collatéraux, dont les feux se croisent avec les premiers sur les saillans des demi-lunes attaquées. Enfin, les places-d'armes saillantes des chemins-couverts collatéraux, seront armées chacune de deux pièces de petit calibre, pour prendre en écharpe les approches, soit en tirant à feux courbes par-dessus le parapet, soit en s'établissant sur le glacis, derrière une gabionnade, ou *Contre-approche,* pour tirer à feux plus rasans, et mieux enfiler les zig-zags de l'assiégeant. Il reste six pièces de campagne disponibles; nous les supposerons du plus petit ca-calibre, et prêtes à se porter partout où besoin sera.

(142.) Quant à la grosse artillerie qui, ainsi qu'on l'a dit, ne doit pas sortir du corps de place, elle sera d'abord répartie de la manière suivante.

Cinq pièces sur chaque saillant, dans le bastion d'attaque et dans les bastions voisins; les autres pièces restent en armement dans les cinq autres bastions de la place, jusqu'à ce qu'on les en retire à mesure qu'on en aura besoin, ce qui n'arrivera qu'à la fin du siége. Les cinq pièces, placées sur les saillans des bastions, tirant l'une en capitale, les quatre autres sur les deux faces, seront couvertes par une bonnette et deux fortes traverses.

Les mortiers seront distribués par tiers dans les trois bastions dont on vient de parler; ou du moins, on en mettra six dans chaque bastion, et sept en réserve.

Les mortiers de 8 pouces me semblent être les seuls convenables pour le but qu'on se propose; il n'est point, en effet, question de lancer des bombes à de grandes distances, ou d'écraser de solides magasins; mais seulement de harceler l'ennemi dans ses tranchées, de briser ses affûts derrière leurs épaulemens, et de répondre à ses feux courbes : le mortier de 8 pouces suffit pour tout cela, et il y a beaucoup d'économie à en faire usage. En général, on doit dans la défense faire usage de pièces maniables et d'un emploi économique; et réserver les forts calibres pour l'attaque, qui en a bèsoin dans ses opérations, pour ouvrir les murailles, bouleverser les parapets solides, et enfoncer les voûtes des magasins.

(143.) A mesure qu'on sera forcé, par les progrès et la supériorité de l'ennemi, à retirer les pièces des demi-lunes, on les remettra en batterie sur les faces intérieures des réduits de places-d'armes, où elles doivent tirer à embrasure contre le logement de l'assiégeant sur le chemin-couvert de la demi-lune; et s'il reste encore quelques pièces en bon état, elles seront conduites sur la tenaille, pour défendre de près les gorges des trois réduits. C'est par la grande mobilité qu'on peut donner à l'artillerie, qu'il est possible, avec un approvisionnement médiocre, de faire face partout, et de défendre successivement tous les ouvrages, en faisant passer les pièces qui n'ont point trop souffert, de l'un dans l'autre.

(144.) Dans le commencement des attaques, l'assiégé doit mettre tous ses soins à empêcher l'établissement des différentes batteries, et en particulier des batteries directes, qui doivent foudroyer les demi-lunes d'attaque. C'est contre celles-ci qu'il faut tonner : on les bat directement avec les cinq pièces de gros calibre placées sur le bastion, et les vingt-six obusiers placés sur les demi-lunes et dans les réduits de places-d'armes; et on les couvre de feux courbes partant des trente mortiers du corps de place. Avec de pareils obstacles, il sera bien difficile à l'assiégeant d'achever dans huit jours, ainsi que nous l'avons supposé, la seconde parallèle et ses batteries directes. Il n'a que ses mortiers pour repousser les coups nombreux qu'on lui porte; il est dans une position vraiment critique, et il ne retrouvera sa supériorité qu'après être parvenu à armer ces batteries, contre lesquelles se réunissent tous les efforts de l'assiégé, et sur lesquelles convergent tous les feux.

(145.) Aussitôt que les formidables batteries de l'assiégeant commencent à faire sentir leur supériorité, et qu'elles ont entamé les parapets des demi-lunes; il faut retirer de ces ouvrages la plus grande partie des pièces qu'on y a placées, et n'y laisser que trois ou quatre obusiers, avec un petit nombre de canonniers pour les servir; ces obusiers, placés tantôt sur un point et tantôt sur l'autre, et se dérobant ainsi aux coups de l'ennemi, ne répondront plus aux batteries directes, mais tireront à ricochets sur les cheminemens en capitale, contre les demi-lunes opposées. Il en sera de même de l'artillerie des réduits de places-d'armes. On ne répondra plus aux batteries directes qu'avec les mortiers et les canons de la place, en ayant cette attention, de diriger autant que possible la masse des coups sur un même point, pour réduire en poussière des portions d'épaulement, et détruire quelques pièces. Il n'y a que ce moyen de faire quelque mal à l'assiégeant; des coups éparpillés sont des coups en pure perte, et qui ne servent, par le peu d'effet qu'ils produisent, qu'à fortifier le moral des soldats ennemis, et à leur inspirer de l'audace et de la témérité.

(146.) Quand l'ennemi arrivera sur le glacis, les faces des bastions seront armées des pièces de réserve, qu'on aura soin de couvrir par de fortes traverses. Les faces intérieures des réduits recevront trois pièces, et les mortiers à main seront distribués sur toutes les parties du corps de place. C'est avec cette artillerie qu'on s'opposera de tout son pouvoir à l'établissement des batteries de brèche, par des coups de plein fouet, qui doivent être d'un grand effet tirés de si près, et par une grêle de bombes et de grenades. Des sorties fréquentes débouchant sur un front large, des parties rentrantes du chemin-couvert, contrarieront l'établissement de la quatrième parallèle qui, une fois construite, doit les rendre impossibles. On profitera du moment où la quatrième parallèle commencera à intercepter les feux de la deuxième, pour ramener quelques pièces sur les demi-lunes, et saluer de plusieurs salves les gabionnades encore imparfaites ; cependant on ne s'obstinera point à les tenir long-temps sur un ouvrage dont les parapets, rasés en grande partie, exposent trop les canonniers et les pièces elles-mêmes.

(147.) La brèche au cavalier étant à peu près faite, on désarme complétement la demi-lune, pour ne laisser à l'ennemi que des terres remuées. Le saillant de la demi-lune une fois pris, on se retire dans le réduit, sous la protection des feux de la place ; on fait jouer les mines qui doivent renverser le cavalier, et le canon des bastions est dirigé sur leurs ruines. C'est le moment de chercher à reprendre la demi-lune, et de forcer l'assiégeant à donner un nouvel assaut, qui est toujours périlleux pour lui, vu la grandeur de la rampe qu'il doit gravir sous les feux du réduit de place-d'armes et du bastion ; il est vrai cependant qu'il n'éprouve pas de front une grande résistance, parce que l'espace manque sur les ruines du cavalier pour y organiser de vigoureux moyens de résistance.

Les défenseurs, après avoir roulé sur lui des bombes chargées, ou simplement de gros quartiers de pierre et de fortes poutres, se retirent promptement, et laissent jouer l'artillerie, qui a beau jeu en se dirigeant sur un point aussi apparent que l'est le cavalier.

(148.) La demi-lune abandonnée, il faut retarder autant que possible la prise de son réduit, par des coups de mousqueterie partant de l'intérieur de ce petit ouvrage, et surtout par une artillerie bien servie et placée aux épaules des bastions. Les portes des flancs seront barricadées et appuyées d'un massif de terre, pour ôter à l'ennemi la possibilité de les enfoncer, et de brusquer son attaque. Tout en soutenant le réduit, il ne faut point perdre de vue les progrès de l'assiégeant sur la crête du chemin-couvert, et diriger sur le couronnement tous les mortiers à main, et tout le canon dont on peut encore disposer.

Les gros mortiers qui n'ont pas encore été détruits, continuent leurs feux sur les saillans des chemins-couverts, où les nombreux ouvrages de l'assiégeant leur donnent beaucoup de prise.

(149.) Le moment est venu d'armer les flancs des bastions collatéraux, pour s'opposer au couronnement du chemin-couvert du bastion, et à l'établissement des contre-batteries; on doit avoir eu soin de conserver intactes cinq pièces pour chacun de ces flancs, et de ménager les munitions qui leur sont nécessaires. Ces pièces feront feu jusqu'au moment où le canon de l'ennemi commencera à leur répondre; puis on les retirera, pour ne les replacer qu'à l'époque où il s'agira de défendre avec vigueur l'unique brèche du bastion d'attaque : on ne doit plus craindre alors de les exposer; il y aurait de la lâcheté à agir mollement; il faut jouer de son reste, et faire payer chèrement le dernier succès de l'assiégeant.

(150.) La prise du réduit de place-d'armes ne coûte pas beaucoup de peine à l'assiégeant, parce qu'on en a retiré l'artillerie, et qu'on n'y a laissé que quinze à vingt hommes, chargés de lâcher quelques coups de fusil bien ajustés sur les travailleurs, et d'achever les barricades des portes. Dès que le réduit est ouvert, ces braves se retirent et traversent le grand fossé, à la faveur d'une tranchée qu'on leur aura construite en façon de double caponnière, si le fossé est sec; ou par le moyen d'un bateau bastingué, s'il est rempli d'eau : dans ce dernier cas, le bateau se tient à couvert dans la poterne de la tenaille, où il n'a à craindre ni le canon ni la bombe.

(151.) La brèche étant faite au bastion, il faut retirer tous les canons qui sont sur les faces, afin de ne pas les laisser au pouvoir de l'ennemi, et pour n'en être pas gêné dans les manœuvres défensives ; on place ce canon dans le retranchement intérieur qu'on s'est donné la peine de construire pendant la durée des premières attaques. On remet enfin en batterie, ainsi que je l'ai déjà dit, quelques pièces sur les flancs chargés de la défense de la brèche, après avoir eu l'attention de les répaissir en arrière, pendant que l'assiégeant leur donnait quelque relâche pour ouvrir sa brèche. Les embrasures percées dans ces flancs restaurés, doivent être aussi obliques que possible et dirigées uniquement sur la brèche, afin que l'assiégeant ait moins de facilité à les enfiler de ses contre-batteries, et à détruire ainsi les pièces des flancs. Tout ce qui restera de mortiers sera dirigé sur les contre-batteries, pour y jeter le désordre et empêcher les canonniers de pointer juste.

(152.) L'assiégé est actuellement arrivé au moment de déployer tout son courage ; c'est sur la brèche que des hommes de cœur doivent montrer leur dévouement et payer de leurs personnes. Si la brèche est vigoureusement défendue, les assiégeans auront plus d'un assaut à y donner ; car il ne leur est pas facile de forcer un défilé, au débouché duquel se trouve un terrain spacieux, dégagé de tout obstacle, qui laisse à l'assiégé toute la liberté de ses mouvemens. Celui-ci recevra la tête de colonne par des charges de front et de flanc, auxquelles pourront prendre part même des petits détachemens de cavalerie. Est-il forcé ? il trouve une retraite dans ses retranchemens ; et tout ce qu'il a conservé d'artillerie dirige de là un feu nourri sur les faibles gabionnades de l'assiégeant, pendant qu'une nouvelle attaque s'organise. Des troupes fraîches remplacent celles qui sont fatiguées du premier assaut, et une nouvelle lutte s'engage. C'est avec des armes de longueur qu'on aborde l'ennemi ; c'est la poitrine couverte d'une forte cuirasse, que les défenseurs marchent à lui ; c'est avec la confiance de leur supériorité qu'ils le heurtent ; et ils le poursuivent dans sa fuite, en faisant rouler sur lui tout ce qui tombe sous leur main ; le fer et le feu détruisent les logemens ; l'eau même est employée à délayer les terres de la brèche et à la rendre impraticable. C'est ainsi que de braves gens peuvent soutenir plusieurs assauts, et faire éprouver à l'assiégeant des pertes considérables.

(153.) Cependant l'ennemi, qui répare ses pertes et remplace ses soldats abattus, par des troupes fraîches; l'ennemi, qui est à même de supporter les plus grands sacrifices, parvient enfin à s'établir d'une manière solide, sur le saillant du bastion, et il procède contre le retranchement intérieur. Il ne reste plus alors d'autre ressource que de diriger sur lui toutes les pièces dont le retranchement est armé, et le peu de mortiers qui se trouvent encore en état.

Mais lorsque l'assiégeant a amené son canon pour ouvrir le retranchement, et lorsqu'il se dispose à faire brèche, il faut se soumettre aux arrêts du sort, battre la chamade, et accepter la capitulation qu'offre l'ennemi : elle est toujours honorable, quelles qu'en soient les conditions, quand on a fait son devoir jusqu'au bout.

Récapitulation.

(154.) Pour terminer ce chapitre, je ferai une courte récapitulation des avantages du système modifié.

1.° Les demi-lunes n'étant point ricochables, forcent l'assiégeant à construire sous leur feu, des batteries directes, dont la consommation sera considérable, puisque les pièces dont elles seront armées, devront toujours tirer à pleine charge.

2.° Les communications étant très-faciles, vu la largeur et la douceur des rampes; et le chemin-couvert n'étant armé de palissades que dans ses parties saillantes, les sorties sont aisées et peuvent s'opérer en grandes forces; ce qui donne à la défense un caractère bien autrement énergique, que n'a celle qui résulte uniquement des feux.

Il est reconnu depuis long-tems que la défense, pour être efficace, doit être attaquante.

3.º Ce n'est pas par la suppression de la contrescarpe, que tous les avantages qui résultent d'une communication facile, ont été obtenus.

Cette suppression, proposée de nos jours par un Général célèbre, peut être bonne quand la place renferme une très-nombreuse garnison; mais certainement, elle compromet sa sûreté, quand la défense n'est confiée qu'à une faible troupe. Or, il arrive le plus souvent qu'une place assiégée n'a point la garnison au complet. Ainsi donc, par les dispositions du système modifié, et malgré la facilité des communications, l'assiégé, quelle que soit sa faiblesse, ne court pas plus de risque de voir la place emportée de vive force, que si elle était construite suivant le système moderne : la contrescarpe contribue beaucoup à sa sûreté.

4.º Le grand commandement que les cavaliers de demi-lune prennent sur la campagne, force l'assiégeant à donner aux parapets de ses tranchées un très-fort relief, ce qui augmente sa peine et la durée du travail.

5.º Le nombre des ouvrages extérieurs est diminué par la réunion des coupures de demi-lune aux réduits de places-d'armes.

La défense extérieure est donc simplifiée : elle est aussi plus énergique, parce que les réduits ont la force qui leur manque dans le système moderne, et qu'ils étendent leur action jusqu'aux approches des demi-lunes, en même temps que le corps de place a plus de prise sur le glacis.

6.º Les bastions ne pouvant plus être ouverts de loin par la trouée du fossé de demi-lune, la garnison conserve sa force morale jusqu'au dernier moment. Il faut que l'assiégeant vienne établir ses batteries de brèche dans un rentrant où tous les feux du corps de place vont converger, et ces batteries ont une double fonction à remplir : elles doivent d'abord faire taire les flancs, et ensuite ouvrir le bastion, ce qui doit nécessairement prendre assez de temps.

7.º L'assiégé n'a qu'une brèche à défendre, et dans un endroit

où toutes les localités le favorisent, et sont contraires à son ennemi.

8.° Dans les différentes opérations du siége, depuis la construction des batteries de plein–fouet jusqu'à l'assaut au corps de place,
l'assiégeant est contraint à se trouver souvent dans des positions
où il est lui-même enveloppé, et où tous les feux de la place convergent sur lui.

9.° Enfin, tous, les avantages énoncés ci-dessus ne sont point
achetés par un excédent de dépense; il y a au moins égalité à cet
égard avec le système moderne.

CHAPITRE III.

Moyens d'augmenter la force des Places de guerre.

(155.) On a cherché par différens moyens, à augmenter la force des places ; soit en les munissant d'ouvrages extérieurs, dont l'ennemi doit s'emparer avant que d'attaquer les demi–lunes ; soit en construisant dans l'intérieur, des retranchemens ou des enceintes redoublées. Les uns et les autres sont bons quand on en use avec retenue et qu'on les emploie avec discernement : cependant, s'il fallait choisir exclusivement entre les deux moyens indiqués, je préférerais le premier ; parce que les ouvrages avancés (surtout quand ce sont des forts complétement détachés et en état de se défendre par eux–mêmes), empêchent le bombardement ; rendent l'assiégé maître pendant long-temps d'une grande étendue de terrain, où il peut manœuvrer à son aise et livrer des combats, pour retarder l'instant critique de l'ouverture de la brèche ; et parce qu'à la faveur de ces forts, une armée toute entière peut trouver un refuge sous les murs de la place, et s'y établir comme dans un camp fortifié. Les retranchemens intérieurs augmentent certainement la valeur des ouvrages, en donnant à l'assiégé les moyens de disputer avec acharnement le haut de la brèche ; mais ils ne retardent point l'ouverture du corps de place : on peut d'ailleurs, quand ils n'existent point dans le bastion d'attaque, les construire pendant le siége ; et bien que la garnison en éprouve de grandes fatigues, et qu'il soit infiniment préférable de les construire en

même temps que la place; on doit pourtant dire qu'ils ne sont pas
absolument indispensables et qu'il est facile de les suppléer.

(156.) Avant que de donner la description des retranchemens
intérieurs et des ouvrages avancés, j'expliquerai ce que les anciens
Ingénieurs entendaient par une *fausse-braie,* parce que cela se
rattache au sujet. Dans l'enfance de l'art, on crut qu'en doublant
l'enceinte on doublerait aussi la valeur d'une forteresse; on fit en
conséquence le corps de place, à deux étages, dans tout son pourtour, comme l'indique la fig. 1.re (*Planche X*); et c'est à la partie
basse qu'on donna le nom de *fausse-braie.* On trouve encore cette
disposition dans de vieilles places. La fausse-braie était séparée du
corps de place par un terre-plein de 8 à 10 mètres de largeur, qui
permettait une libre circulation tout autour; et donnait la facilité
d'y établir des pièces en batterie, lesquelles, ne pouvant tirer dans
la campagne, vu le peu de hauteur de la fausse-braie, ne devaient
entrer en jeu qu'au moment où l'ennemi arrive sur la contrescarpe.
Mais alors même, leur effet ne pouvait être que de fort peu de
valeur, parce que leurs coups étaient dirigés de bas en haut. Ainsi
donc, le premier objet de la fausse-braie était manqué : le second,
celui de donner un feu de mousqueterie bien nourri dans le fossé
et dans le terre-plein du chemin-couvert, l'était également; car il
était bien difficile de tenir dans une partie basse où l'on était dominé de près par l'ennemi, que les ricochets ravageaient, et où
les éclats meurtriers de la seconde escarpe multipliaient les dangers.
Ces divers inconvéniens, joints à celui de diminuer considérablement l'intérieur des bastions et de faciliter l'escalade, par le peu
de hauteur des deux escarpes, ont fait abandonner depuis long-
temps ce moyen illusoire de donner à la fortification une plus grande
valeur.

(157.) Les revêtemens d'escarpe se faisaient alors aussi hauts
que possible, et allaient jusqu'à la plongée: c'était, il est vrai, un
moyen de rendre l'escalade plus difficile; mais c'en était un aussi

d'exposer l'escarpe aux coups de l'ennemi, qui pouvait y faire une brèche de loin. On appelait *demi-revêtement* celui qui est maintenant usité, lequel ne s'élève qu'à la hauteur de la crête du chemin-couvert, et supporte le talus à terre coulante du parapet. Les demi-revêtemens étaient, dans l'origine, moins prisés que les *revêtemens pleins,* parce qu'ils étaient plus faciles à escalader ; mais dans la suite, on a avec raison donné la préférence aux premiers, que l'assiégeant ne peut endommager qu'après s'être solidement établi sur la contrescarpe : on en a été quitte pour faire les fossés un peu plus profonds, afin que le demi-revêtement ait une hauteur suffisante. On n'en fait plus d'autres maintenant, et par là tombe de soi-même la distinction qu'on faisait autrefois, entre un revêtement plein et un demi-revêtement.

(157 *bis.*) Quand on était dans l'usage de revêtir les remparts dans toute leur hauteur, on pratiquait quelquefois, entre la muraille et les terres du parapet, un moyen de circulation pour se porter aux guérites, élevées sur les angles de la maçonnerie dans l'intention d'observer le fossé de plus près. On appelait *chemin de rondes* ce petit passage, qui, s'il n'avait pas un avantage réel pour la surveillance ; avait du moins celui d'isoler les terres et d'empêcher que la chute des parties supérieures de l'escarpe, n'entraînât une portion du parapet. On a conservé le nom de *chemin de rondes* à tout espace qu'on laisse subsister entre un parapet et son revêtement, soit pour soulager l'escarpe, soit dans toute autre vue. Quelques modernes, et Carnot en particulier, recommandent les chemins de rondes.

§ 1. *Retranchemens intérieurs.*

Art. 1.ᵉʳ *Retranchement en Cavalier.*

(158.) Un des moyens usités pour retrancher les bastions, consiste en un *Cavalier*, ou autre petit bastion placé dans le premier (*fig. 2.ᵉ*), dont les faces et les flancs sont parallèles aux faces et aux flancs du bastion principal. Son fossé a 10 mètres de largeur, et son escarpe 5 à 6 mètres de hauteur. Le saillant du bastion, qui est la première partie dont l'ennemi se rend maître, est séparé du reste par deux coupures, lesquelles achèvent le retranchement intérieur, et prennent d'enfilade les premiers logemens de l'ennemi.

(159.) La portion détachée du bastion se fait aussi étroite que possible, afin que l'assiégeant ne puisse pas s'y établir facilement ; 22 à 24 mètres paraissent suffire pour l'épaisseur totale, suivant la grandeur du talus extérieur du parapet. Deux petits escaliers construits aux extrémités des faces de la partie détachée, lui servent de communication avec le fond du fossé, dans lequel on arrive par deux poternes qui traversent le massif du cavalier.

(160.) La contrescarpe de la coupure est perpendiculaire à l'escarpe du bastion, et passe à 34 mètres de l'angle d'épaule ; c'est-à-dire, qu'elle part du point où l'escarpe prolongée de la demi-lune vient rencontrer l'escarpe du bastion ; car le recouvrement de la demi-lune est de 34 mètres dans le tracé moderne, qui sera désormais celui auquel nous appliquerons tout ce qui nous reste à dire. Le fossé de la coupure a 6 mètres de largeur, et sa profondeur est la même que celle du fossé du cavalier.

L'escarpe du bastion n'est point interrompue par le fossé de la coupure; elle se continue et en ferme le débouché : sans cette attention, l'escalade serait facile par ce point.

(161.) Le cavalier n'est revêtu que sur ses faces, jusqu'à l'escarpe des coupures, parce qu'il n'a à craindre l'assaut que sur cette partie. Les flancs sont soutenus par des talus à terre coulante, qui tombent jusque sur le terre-plein du bastion : des rampes construites dans l'intérieur, le long de ces flancs, conduisent sur le cavalier. Le rempart de cet ouvrage a 12 mètres de largeur, afin qu'on y puisse aisément circuler, lors même qu'il est garni de pièces en batterie. On laisse une largeur à peu près égale, entre le pied du talus extérieur du flanc du cavalier et la crête intérieure de celui de bastion ; et même la doit-on faire un peu plus grande, pour y être plus à l'aise. Les flancs du cavalier se prolongent de manière à couvrir les courtines contre les coups d'enfilade ; et l'on ménage un passage de 3 ou 4 mètres, entre l'extrémité de ces flancs et le talus intérieur du rempart. Le cavalier commande le bastion de 2 à 3 mètres et quelquefois de 4 ; et ce grand commandement est nécessaire pour faire feu du cavalier en même temps que du bastion, et défendre simultanément les approches de la place.

(162.) Les avantages du retranchement en cavalier sont, comme on vient de voir, d'étendre son action à l'extérieur et d'entrer en jeu dès le commencement du siége; d'arrêter une partie des ricochets, et de gêner l'assiégeant dans ses établissemens sur les brèches du bastion. Nous y joindrons encore celui de découvrir les parties basses du terrain environnant, qu'un relief ordinaire laisse sans défense, et dont l'ennemi peut profiter pour abréger ses travaux. Mais si le retranchement en cavalier jouit de plusieurs avantages, ses inconvéniens sont aussi nombreux : je mets en première ligne celui de rendre impossible toute défense active des brèches; je dis des brèches, car on doit se rappeler que dans la fortification moderne, l'assiégeant ouvre deux brèches au bastion d'attaque sur le milieu de ses faces, par les trouées des fossés des demi–lunes. Toute défense active est impossible dans le cas actuel, parce qu'il n'y a point de manœuvres, là où l'espace manque ; et que sans manœuvres offensives, la défense ne peut être efficace : il faut de la liberté de mouvement, il faut de l'espace pour se former en masses et prendre l'élan nécessaire au choc. Il est bien de mettre l'ennemi à l'étroit dans les ouvrages extérieurs ; mais pour le corps de place, qu'on doit défendre jusqu'à la dernière extrémité, et contre lequel l'ennemi dirige tant de coups, il faut beaucoup d'espace entre les brèches et le retranchement. Ce n'est qu'avec une pareille disposition qu'on peut échapper aux éclats dangereux des bombes et des obus ; et déployer contre les têtes de colonnes ennemies, des masses imposantes, dont les efforts convergens soient pour l'assiégeant le plus grand obstacle qu'il ait à surmonter.

(163.) Le cavalier par son grand relief, défend mal les brèches ; les coupures seules les voient convenablement : un ouvrage aussi élevé empêche la construction de tout autre retranchement intérieur, que l'on voudrait faire en arrière. Le fossé du cavalier a des angles morts : celui de la coupure se trouvant précisément à l'endroit où la brèche se fait, l'ennemi entrera par là, et rendra nulle toute défense de la brèche ; car si l'on attendait le moment de l'assaut pour opérer la retraite, on risquerait de voir entrer pêle–mêle, par les poternes, les assiégeans et les défenseurs des brèches. Ajoutons à tous ces inconvéniens, celui d'une plus grande dépense ; et nous conclurons, que, si le cavalier doit être quelquefois employé, c'est moins comme retranchement intérieur, que pour se procurer l'avantage d'un grand relief, au moyen duquel on puisse fouiller les bas–fonds et découvrir l'ennemi, qui chercherait à se cacher dans des ravins. Dans ce cas encore, on ne le construira que dans les bastions qui sont le mieux placés pour éclairer la campagne.

Art. 2. *Retranchement en tenaille et Retranchement bastionné.*

(164.) Un retranchement plus simple que le premier, est aussi plus usité, quand on n'a pour but unique que de défendre efficacement le corps de place. Il consiste à réunir les deux angles d'épaule par une ligne brisée, ou tenaille (*fig. 3.ᵉ*). L'espace qui reste alors entre le retranchement et les brèches, est suffisant pour permettre quelques manœuvres offensives ; mais point encore assez pour donner à la défense tout le degré d'énergie dont elle est susceptible. On pourrait, dans l'intention de se donner du large, et si l'espace en arrière le permettait, construire la tenaille d'un angle de flanc à l'autre, comme l'indique la ligne ponctuée : cela vaudrait beaucoup mieux, mais cela n'est pas toujours possible.

(165.) Le retranchement en tenaille a un fossé de 10 mètres de largeur, sans défense directe, il est vrai, mais dans lequel l'ennemi ne peut pas pénétrer en donnant l'assaut, ou dans lequel du moins, il ne peut pas arriver sans se découvrir de pied en cape ; l'escarpe et la contrescarpe ont 6 mètres d'élévation ; le parapet est au niveau de celui du bastion. Un passage à ciel ouvert, construit dans la partie rentrante, masqué par une traverse et muni de fortes barrières, vaudra mieux pour la communication, que des poternes et des pas-de-souris. Une espèce de redan, construit en fortes palanques et muni aussi de bonnes barrières, s'établit pendant le siége, pour couvrir la tête du petit pont de communication.

(166.) Ce retranchement, infiniment plus simple que le premier et moins dispendieux, atteint mieux son but ; car il est suffisant pour arrêter l'ennemi et l'engager à accepter une capitulation ; en même temps qu'il laisse à l'assiégé la faculté des manœuvres, qui seules, ne craignons pas de le répéter, peuvent rendre une défense efficace et amener de beaux résultats. C'est en marchant à l'ennemi, c'est en l'attaquant lui-même, que les braves se défendent : Bayard, Chamilly, Masséna, et tant d'autres héros dont l'histoire ne rappelle les noms qu'avec orgueil, nous ont prouvé que les faibles et les timides consentent seuls à se tapir derrière des parapets, et à jouer le rôle insignifiant d'une défense passive.

(167.) Quand le bastion forme un angle très-ouvert, on prescrit de transformer la tenaille en véritable front bastionné (*fig. 4.ᵉ*). Cela est bon, s'il est possible de construire en arrière un second retranchement; parce qu'alors devant défendre le premier avec opiniâtreté, on trouve dans la ligne bastionnée tous les moyens de le faire. Mais cela est inutile quand l'espace manque en arrière; car, devant se contenter d'un seul retranchement, on ne doit pas songer à y soutenir l'assaut : il y aurait de l'imprudence à en venir là; et quelle que soit la forme du retranchement, pourvu que son escarpe soit bien revêtue, et qu'il soit garni d'un bon parapet, l'ennemi est toujours arrêté, et la capitulation acceptée de sa part. Le plus simple est donc le meilleur.

Art. 3. *Retranchement à la gorge.*

(168.) La considération précédente jointe à quelques autres, me fait donner la préférence au retranchement de gorge, rectiligne, représenté par la *figure 5.ᵉ* Premièrement, il est économique; et se trouvant plus éloigné des brèches, il les défend mieux, et se trouve plus à l'abri d'une attaque d'emblée. Secondement, sans prendre dans l'intérieur de la ville, un espace souvent nécessaire à la circulation des citoyens et aux transports du commerce, il laisse néanmoins tout l'intérieur du bastion, libre et dégagé d'obstacles. Troisièmement enfin, il est possible, que ce retranchement reçoive une défense des deux bastions latéraux, si les assiégés ont soin de raser une partie des parapets des flancs, au moment où l'assiégeant se dispose à donner l'assaut : ce dernier avantage est assez grand pour retarder la capitulation d'un ou deux jours; car les défenseurs, forcés à la retraite, laissent le champ libre; et le canon des bastions latéraux qu'on peut avoir ménagé pour ce moment, se joint à celui du retranchement, pour battre par des feux croisés les logemens de l'ennemi sur le haut des brèches. Il faut alors que l'assiégeant, dans la crainte d'être pris par le flanc, ne s'avance qu'avec prudence, et ne procède qu'avec circonspection contre le retranchement. Les assiégés peuvent donc, pour demander à capituler, attendre en toute sécurité, le moment où leur ennemi est parvenu à établir son canon. Les retranchemens ordinaires construits dans l'intérieur du bastion, n'étant point défendus par des feux latéraux, et se trouvant, pour ainsi dire, sous la main de l'ennemi, quand il s'est une fois établi sur le haut de la brèche ; l'attaque de vive force est tellement à craindre, qu'il faut battre la chamade et hisser le drapeau blanc, à l'instant même où la retraite est opérée.

(169.) On peut pratiquer à chaque extrémité, un passage oblique dirigé à l'angle intérieur de l'épaule ; et évitant ainsi l'enfilade du nid-de-pie ou logement sur la brèche. Chacun de ces passages sera couvert par une forte palanque, pour protéger la retraite.

(170.) Le retranchement de gorge a l'inconvénient de réduire de moitié la longueur du flanc ; mais on y remédie facilement en laissant pleine, toute la partie du fossé qui joint le flanc du bastion ; dans l'intention toutefois de la déblayer au moment du besoin, et d'achever avec les terres qui en proviendront, le parapet du retranchement que l'on aura interrompu sur le même emplacement. Ce travail ne devant se faire que dans le bastion d'attaque, n'est que fort peu de chose ; et l'attention que peut avoir l'Ingénieur qui construit la place, de prolonger l'escarpe et la contrescarpe du retranchement, jusqu'à l'escarpe du bastion, rendra ce petit travail des plus faciles. Il n'y aura donc habituellement en état, que la partie du retranchement comprise entre les deux passages. Les deux extrémités seront interrompues, et laissées de niveau avec le terre-plein du bastion.

Art. 4. *Cavalier de Courtine.*

(171.) On peut ranger dans la cathégorie des retranchemens intérieurs, ou du moins, on peut placer parmi les ouvrages qui augmentent la valeur d'une place, les *cavaliers de courtine*, fig. 1.re (*Planche XI*). Le cavalier de courtine peut être construit en entier à terres coulantes, mais il vaut mieux le revêtir pour qu'il tienne moins de place : on le fait alors de 22 mètres de largeur, et on établit son escarpe à 14 mètres de la crête intérieure du parapet de la courtine. Un flanc à chaque extrémité donne un excellent moyen de battre le haut de la brèche, en tirant par-dessus les parapets des retranchemens intérieurs. Le parapet du cavalier de courtine a, comme celui du cavalier de bastion, 3 mètres de commandement sur le corps de place; il peut même en avoir 4 ou 5 si cela convient, parce qu'étant éloigné des points qu'il doit battre, il est facile de lui donner un très-grand relief; et c'est là un de ses principaux avantages. La grande poterne passe pardessous le cavalier.

(172.) C'est sur un semblable ouvrage qu'il est permis d'établir à demeure de la grosse artillerie montée sur affûts de place; depuis le commencement du siége jusqu'à la fin, elle n'en doit pas bouger; et pendant toute sa durée, elle foudroie les divers établissemens de l'assiégeant, aussi long-temps du moins que les pièces restent en bon état. Il n'est pas facile à l'ennemi de démonter cette artillerie, parce qu'une ou deux traverses peuvent la garantir complétement du ricochet, vu l'élévation où elle se trouve ; et il est presque impossible de prendre le prolongement des courtines, lorsque les polygones sont un peu ouverts. On hisse les pièces sur le cavalier, par des manœuvres de force, et les gens de pied y montent par un petit escalier intérieur.

(173.) Il ne vaudrait guère la peine d'élever à grands frais un ouvrage pareil, si l'on ne cherchait à tirer parti de son volume, pour y pratiquer des casemates à l'épreuve de la bombe, des logemens contre lesquels l'ennemi ne peut rien, et dont on éprouve un si grand besoin dans un siége de longue durée. On partage donc tout l'espace intérieur en compartimens de 8 mètres de largeur, séparés par des piédroits d'un mètre d'épaisseur, supportant des voûtes à l'épreuve. Du côté de la ville, ces casemates seront percées de grandes ouvertures ; mais du côté de la fortification, elles n'auront que des petites fenêtres grillées, indispensables pour la circulation de l'air et l'assainissement des logemens. Les voûtes seront recouvertes d'un ou deux mètres de terre.

(174.) Les cavaliers de courtine sont peu usités; je les crois cependant d'un excellent usage, et comme ouvrages défensifs, et comme moyens de mettre à l'abri de la bombe des approvisionnemens de toute espèce ; ils fournissent à une garnison fatiguée la facilité de goûter en paix les douceurs du sommeil, pendant ces courts instans où il est permis aux défenseurs d'une place, de songer à eux-mêmes et de réparer leurs forces par le repos.

Art. 5. *Maisons retranchées.*

(175.) Il est quelquefois possible de disposer les maisons qui avoisinent le bastion d'attaque, de manière à en tirer un très-grand parti pour la défense. C'est alors le cas de donner aux retranchemens de gorge, une forme qui les rende susceptibles d'une forte résistance; et de ne pas craindre l'excès de dépense ou de travail qui en peut résulter. Ce retranchement du bastion doit se défendre avec le même acharnement que le corps de place, puisqu'il est soutenu en arrière par une dernière disposition, à la faveur de laquelle on pourra capituler.

(176.) Ce genre de retranchement ne consiste qu'à barrer les rues par de bonnes coupures, et à créneler à tous les étages les maisons qui ont vue sur les attaques ; on ne se réserve que quelques issues dérobées, à la faveur desquelles on opère la retraite. Les Espagnols ont fait connaître ce qu'on peut attendre de ce moyen de résistance, quand la nature des édifices se prête à la défense et ne laisse pas craindre l'incendie ; ils ont disputé pied à pied les rues de Sarragosse à un ennemi habile et entreprenant ; et n'ont accepté de capitulation qu'après vingt-trois jours de guerre de maisons, lorsqu'il ne leur restait plus aucune espèce de ressource. La défense de Sarragosse sera long-temps offerte en exemple, aux peuples jaloux de défendre leur indépendance et capables des plus grands sacrifices, pour conserver l'intégrité nationale, et tous les biens inséparables de la liberté.

Art. 6. *Enceintes redoublées.*

(177.) On trouve souvent, en arrière des enceintes modernes, de vieilles murailles flanquées de tours qui, primitivement, faisaient toute la défense des places, dans les temps où l'attaque était privée de ces moyens puissans, qui la rendent maintenant si redoutable ; une semblable muraille, qui ne vaudrait absolument rien quand elle serait découverte et vue de loin, est un excellent retranchement, quand elle est précédée d'ouvrages qui la garantissent, et dont l'ennemi doit s'emparer préalablement, avant que de songer à la battre en brèche : c'est une clôture, et il n'en faut pas davantage pour forcer l'ennemi à amener son canon ; et par conséquent pour donner à celui qui se défend, le droit de proposer une capitulation. Rappelons-nous bien, que peu importe le tracé, pour le retranchement intérieur, pourvu que l'ennemi ne puisse pas le franchir de plein saut, et qu'il donne à l'assiégé des moyens faciles de retraite. Ce n'est pas à coups de hache ou de fusil, que l'ennemi peut renverser des murailles ; il lui faut du canon ; et l'on n'attend pas autre chose d'un retranchement intérieur, que de forcer l'ennemi à hisser avec peine son artillerie, pour faire une brèche. Or, aucun retranchement ne peut atteindre ce but plus complétement qu'une muraille forte et élevée, flanquée de tours; telle, en un mot, qu'il s'en trouve quelquefois dans les vieilles forteresses. Les anciens Ingénieurs ont su tirer un grand parti de ces vieilles fortifications, pour donner aux places qu'ils réparaient un degré de force qu'elles n'auraient pas eu sans cela.

(178.) Puisque les anciennes murailles formant une enceinte continue en arrière de l'enceinte bastionnée, ont une si grande valeur, on nous dira que rien n'empêche d'en construire de toutes neuves dans les places nouvelles : certainement on le ferait, si les localités le permettaient, et si la dépense ne s'élevait pas trop haut. Mais on est ordinairement si resserré, et on a tant de peine à trouver les sommes nécessaires pour construire l'enceinte bastionnée et quelques retranchemens aux gorges des bastions, qu'on ne peut guère songer à profiter du bénéfice d'une seconde, si ce n'est dans le cas où elle existe déjà, et où il n'y a autre chose à faire pour en tirer parti, que de la respecter et de la réparer. Au reste ce ne serait pas une proposition nouvelle, que celle de construire intérieurement une muraille continue.

(179.) S'il est rarement permis de construire une muraille en façon de retranchement continu; à plus forte raison ne doit-on pas songer à deux enceintes bastionnées, l'une devant l'autre; car, lors même que ce serait véritablement bon, sous le point de vue de la défense, cela serait presque toujours inexécutable, faute d'argent et d'espace.

(180.) Quelques Ingénieurs ont proposé, pour rendre cette disposition praticable, de supprimer la courtine de la première enceinte, comme on le voit à la *figure 2.*, et de la remplacer par une grande tenaille, dont les fossés débouchassent sur la tenaille de la seconde enceinte, de manière à ce qu'il fut impossible à l'ennemi de découvrir le corps de place. Les bastions de la première enceinte étant complètement détachés , forment de véritables contregardes , plus larges il est vrai, que celles dont nous avons parlé au N.° (109) et dont nous avons fait connaître tous les vices; mais ce sont toujours des contregardes, qui ne valent pas de larges bastions liés au corps de place. On a donné le nom de *front de contregardes* à la première enceinte.

(181.) Il résulte des dispositions précédentes; ou que la seconde enceinte a des dimensions trop faibles, si l'on donne à la première celles que l'expérience a consacrées; ou que cette dernière sera trop grande, et que les demi-lunes seront dans des proportions exagérées, si l'on donne à l'enceinte du corps de place les dimensions voulues pour que la fortification ait toute sa valeur. Sans doute, que comme retranchement intérieur, la seconde enceinte est excellente; mais comme telle, elle est d'une construction trop dispendieuse, et elle participe des défauts du cavalier, qui obstrue l'intérieur du bastion. Les communications avec l'extérieur sont plus compliquées; et le nombre des fossés se multipliant, il en résulte une espèce de labyrinthe où les soldats ont de la peine à se retrouver, et qui leur fait craindre les surprises.

(182.) Le principal avantage du front de contregardes, est de forcer l'ennemi à transporter de l'artillerie dans le bastion détaché, soit pour réduire au silence les flancs du corps de place, soit pour ouvrir la dernière brèche. Mais cet avantage est balancé, en grande partie, par les inconvéniens signalés ci-dessus et par la petitesse des bastions, où il est difficile de prendre les mesures nécessaires, pour repousser efficacement les dernières attaques. Et je mets tant de prix à l'aisance des mouvemens, à la facilité des communications et à la possibilité des manœuvres offensives; je suis tellement persuadé que c'est en cela que consiste toute bonne défense; j'ai une si grande confiance dans les manœuvres hardies et dans les coups de vigueur; que je n'hésiterais pas à donner la préférence à une enceinte ordinaire, pourvue de bons retranche-

PL. XI.

mens, et en arrière de laquelle se trouverait une vieille enceinte bien fermée, sur la double enceinte dont il est question, même en y supposant des retranchemens dans les bastions du corps de place.

ART. 7. *Escarpe détachée.*

(183.) Il est un moyen économique de pourvoir une place d'une double enceinte ; Montalembert et aprés lui le général Carnot, l'ont employé dans les systèmes qu'ils ont proposés : ce moyen imaginé par les Espagnols, consiste à séparer l'escarpe, des terres qu'elle est ordinairement destinée à soutenir. Voyez la *figure 3.*

Il résulte de cette disposition plusieurs avantages. 1.° La muraille pouvant être crénelée à deux étages, donne pour le fossé une défense immédiate très-efficace ; en même temps que les niches ou arceaux pratiqués dans son épaisseur, en manière de galerie, en diminuent le volume et apportent de l'économie. 2.° On peut à la faveur du chemin de rondes de quatre mètres de largeur, qui existe entre le mur et les terres, exercer la vigilance la plus active, et s'en servir même pour attaquer l'ennemi, lorsqu'aprés avoir renversé la muraille il se dispose à donner l'assaut. On peut ainsi tomber en colonne sur ses deux flancs et lui disputer le terrain, s'il n'a pas pris les mesures nécessaires pour parer le coup. Certes, ces mouvemens hardis, de la part de celui qui se défend, sont bien faits pour inspirer à l'assaillant une grande défiance dans ses propres forces; et à jeter dans ses rangs, l'hésitation et la crainte, précurseurs des défaites. 3.° La chute de l'escarpe n'entraîne point celle du parapet; et l'assiégé, malgré la brèche, se trouve toujours à couvert. 4.° La muraille n'ayant que deux ou trois mètres d'épaisseur, apportera une très-grande économie dans les constructions, sans que l'ennemi trouve beaucoup plus de facilité à la renverser, que si elle était plus épaisse et soutenait le parapet : il lui faudra toujours construire des batteries de brèche sous le feu de la place, et amener son canon pour parvenir à ce but. 5.° Enfin, il résulte de cette disposition, des facilités d'exécution, qui la rendent recommandable dans les momens de crise. On peut en effet exécuter d'abord les parapets en terre, afin de pourvoir au plus pressé et se mettre à l'abri d'une attaque de vive force. L'escarpe revêtue pourra se faire par la suite, et cela sans qu'il y ait eu lieu à de faux mouvemens de terre, comme il arriverait à notre fortification moderne, en la plaçant dans les mêmes circonstances.

(184.) L'escarpe détachée, au moyen de laquelle le corps de place reste intact après l'ouverture de la brèche, et présente à l'ennemi une seconde enceinte à forcer, n'est pas cependant sans inconvéniens. 1.° Elle exige que la garnison soit nombreuse et aguerrie, pour repousser corps à corps les colonnes ennemies qui donnent l'assaut. Celles-ci pouvant gravir, par tout, le talus extérieur du parapet, ne manqueront pas de tourner les angles d'épaule après avoir repoussé les petites colonnes que l'assiégé envoye contre elles par le chemin des rondes ; elles escaladeront le bastion de tous les côtés à la fois, pour envelopper les défenseurs et tourner leurs derniers retranchemens. Ce dernier accident arrivera sans doute, si l'escarpe de la courtine est détachée comme celle des bastions ; à moins que le retranchement intérieur ne soit une muraille ou troisième enceinte continue, complètement détachée du rempart de la place, comme Carnot l'a fait dans son système à retours offensifs. 2.° Les talus prenant beaucoup de place, il faut agrandir les dimensions du front bastionné et rélargir les fossés par le haut ; d'où résulte pour les parties extérieures de la fortification une dilatation nuisible à la défense ; car on ne peut les agrandir sans préjudicier à l'effet des armes en usage, dont la portée a servi de mesure aux premiers ingénieurs pour fixer les proportions des différens systèmes connus

(185.) Les inconvéniens signalés suffisent pour faire rejeter l'escarpe détachée malgré tous les avantages qu'elle semble offrir; je n'en ai fait mention que pour faire connaître l'idée, et parce qu'il est certains réduits à fossés morts, où l'on peut utilement l'employer faute de mieux. Elle joue absolument le même rôle que la palanque dans les ouvrages de campagne, (Mémorial n.° 74) qui n'est employée que pour la défense des fossés morts ; et pour présenter à l'attaquant un obstacle capable de l'arrêter dans une attaque de vive force. Si ce moyen est bon dans les ouvrages de guerre, il peut l'être aussi pour les réduits intérieurs de la fortification permanente, que quelquefois on n'est pas maître de construire suivant les règles, et auxquels on est forcé de donner des fossés sans défense de flanc.

Art. 8. *Retranchemens casematés à feux courbes.*

(186.) Le général Carnot a proposé un genre de retranchement tout-à-fait neuf, qui consiste en une muraille crénelée et continue construite en arrière du parapet du corps de place, ou simplement aux gorges des bastions, d'un angle de courtine à l'autre ; derrière cette muraille, sont des batteries couvertes tirant à feux courbes sur les logemens de l'assiégeant. La *figure 4.*^e donnera une idée de ce retranchement.

(187.) Le mur crénelé est très-élevé : suivant l'auteur, il a 12 mètres ; c'est beaucoup, et quand il n'en aurait que 10, cela serait bien suffisant ; il a 3 mètres d'épaisseur , deux pourraient suffire encore, puisqu'il ne faudrait pas moins du canon pour le renverser. Le mur est percé de deux rangs de créneaux ; celui d'en haut pour la simple mousqueterie, et celui d'en bas pour tirer avec de petits mortiers à main, qu'un seul homme peut manier , et qui lancent des grenades sur l'ennemi dès l'instant qu'il s'est logé sur les glacis. Carnot fait un grand usage de ces petits mortiers dans la défense de son système (*); et il est sûr que si une place peut être suffisamment approvisionnée de grenades ; ce moyen joint aux autres ressources de l'artillerie, ne peut être que très-bon par la facilité qu'on a de faire tomber sur l'ennemi une grêle de projectiles qui , partant des endroits les plus retirés passent par dessus les parapets et vont atteindre l'assiégeant dans ses logemens. On monte à la galerie supérieure par de petits escaliers.

(188.) Un fossé de 6 à 7 mètres, sépare la muraille crénelée de la batterie couverte qui est derrière; et celle-ci est établie sur le sol naturel, ou environ à quatre mètres au-dessus du fond du fossé, de manière à éviter en grande partie, les éclats des bombes qui peuvent tomber derrière la muraille crénelée : c'est dans la même intention que le premier rang de créneaux est percé sous des arceaux, dont le sol est élevé d'un mètre ou un mètre et demi au-dessus du fond du fossé. Le terrain en avant de la muraille est aussi bas que le fossé, et il se relève ensuite en pente douce, pour atteindre le rempart du bastion et donner la facilité des retours offensifs. Mais ces bas-fonds sont-ils favorables à l'assiégé? et quand il veut manœuvrer contre la colonne ennemie qui a pénétré jusque dans le bastion par le défilé de la brèche, ne se trouve-t-il pas dans une position défavorable? Ne vaudrait-il pas mieux, en faisant subir quelques légères modifications aux dispositions de Carnot, employer ce genre de retranchement dans les bastions pleins, plutôt que de supposer ceux-ci

---

(*) L'expérience n'a pas démontré que le mortier de Carnot dont on se sert comme d'un fusil , soit d'un usage possible ; il paraît au contraire que le recul est si grand malgré le moyen proposé pour l'empêcher, que le soldat ne peut pas le soutenir. Il faut en revenir aux petits mortiers de Coëhorn du poids de 70 à 80 livres, qu'un seul homme peut servir. Mais ces mortiers ne pouvant pas faire feu à travers les créneaux d'une muraille , doivent se distribuer sur les terre-pleins des ouvrages, dans les parties les moins accessibles aux ricochets de l'ennemi.

nécessairement vides, et même creusés jusqu'au niveau du grand fossé ? Il me semble qu'alors les avantages seraient les mêmes, et que les inconvéniens seraient diminués.

(189.) « La batterie est composée d'une suite de voûtes, de 8
« mètres à-peu-près, de largeur chacune intérieurement, ayant
« leurs axes parallèles à la capitale, leurs piédroits d'un mètre
« d'épaisseur. Elles sont destinées à contenir des pierriers ou
« mortiers qui portent leurs projectiles sur le bastion pour em-
« pêcher l'ennemi d'y donner l'assaut et de s'y établir. Ces pro-
« jectiles passent par dessus le mur crénelé. Ces pierriers doivent
« être placés sur des affuts mobiles ou traineaux, comme ceux
« que recommande Mr. de Vauban, afin qu'on puisse les retirer
« vers le milieu de la voûte pour les charger et les rapprocher
« ensuite jusqu'au bord du fossé pour faire feu. Le sol de ces
« batteries est le même que celui de la ville, afin qu'on puisse y
« amener facilement les pierres ou pavés qui doivent servir de
« projectiles. Chacune des voûtes contient deux pierriers ; leur
« hauteur est de 5 mètres sous clef ; elles sont à l'épreuve de la
« bombe et recouvertes de deux mètres de terre. Pendant le siége
« ces casemates sont entièrement ouvertes des deux côtés, pour
« y établir un courant-d'air. Pendant la paix elles sont murées
« du côté de la campagne ; mais du côté de la ville elles ne sont
« fermées que par des portes, au moyen de quoi elles forment une
« grande quantité de vastes souterrains. »

(190.) Certes si l'on réfléchit à la difficulté que doit éprouver l'assiégeant, pour écraser ces batteries, ou simplement, pour en-voyer quelques projectiles dans leur intérieur ; on conviendra qu'elles doivent avoir une grande valeur, non-seulement pour la défense du bastion, mais encore pour celle des glacis et des ou-vrages extérieurs. Cependant on peut faire quelques objections à l'auteur. On lui demandera d'abord, s'il est démontré qu'une voûte puisse résister aux commotions intérieures produites par le tir

relevé du mortier; et s'il n'est pas à craindre que les claveaux de
la tête ne soient enlevés par les explosions successives, ou tellement ébranlés qu'ils s'écroulent au premier choc des bombes ennemies. Croit-il ensuite qu'il soit possible de faire usage du mortier monté sur roulettes, sans crainte de voir les essieux rompus
sous le choc; et juge-t-il qu'en se tenant ainsi cachés, les bom-
bardiers puissent pointer avec justesse et changer leurs directions
suivant le besoin?

(191.) En arrière de sa muraille crénelée et de ses batteries
couvertes, ces dernières n'existant toutefois qu'aux gorges des
bastions, tandis que la muraille fait le tour de la place ; en arrière
dis-je, Carnot établit un parapet continu à terre coulante, sans
flanquement, et pouvant faire feu par dessus la muraille et les
batteries. Mais il me semble que ce parapet n'est point nécessaire
et n'occasionne qu'une dépense en pure perte, puisqu'aussitôt que
la muraille est renversée, l'ennemi peut entrer dans le chemin
des rondes qui la sépare du parapet en question, et l'escalader
par tout à la fois. L'assiégé alors, vu l'imminence du danger,
n'attendra probablement pas ce moment pour demander la capitulation; ainsi la muraille toute seule et sans parapet en arrière,
lui aurait rendu le même service; l'espace intérieur n'aurait pas
été diminué inutilement, et il y aurait eu de l'économie dans les
dépenses. Il est vrai que le parapet en arrière donne des feux
d'artillerie, qui doivent seconder admirablement les feux couverts
des batteries casematées, pour disputer à l'ennemi le haut de la
brèche. Mais qui empêche de construire le dessus de ces batteries,
de manière à pouvoir y placer du canon, lorsque le moment
est venu de défendre la brèche ?

ART. 9. *Modifications au retranchement casematé.*

 en conséquence, comment il me semble qu'on

13

doit disposer le retranchement de **Carnot** pour l'appliquer à un bastion plein de la fortification moderne : deux coupures de 8 mètres de largeur faites aux angles de courtine, sépareront le bastion du reste de la place; elles seront habituellement remplies de terre pour ne point interrompre la communication, et on ne les déblayera que dans le bastion d'attaque et au moment du besoin. Ces coupures seront dirigées sur les extrémités des flancs des demi-lunes, pour que l'ennemi ne les puisse pas enfiler, et battre en brèche le mur crénelé qu'elles laisseraient apercevoir sans cette précaution. Un fossé en ligne droite joindra les deux coupures et séparera le mur crénelé, du terre-plein du bastion. Sa contrescarpe sera à terre coulante : *Voyez les figures 1.*[re] *et 2.*[e] (*Planche XII*).

(193.) Le mur crénelé en se repliant sur les extrémités, pour aller joindre les parapets des courtines et achever la clôture, formera deux petits flancs qui donneront plus de valeur au retranchement. Un seul rang de créneaux dans la partie supérieure de la muraille, suffira pour faire usage du fusil, contre l'ennemi qui cherche à se loger; et pour inonder de grenades, le fossé, quand il se trouverait occupé inopinément. On monte à ces créneaux par de petits escaliers, et l'on communique d'un arceau au suivant, par de petits passages ménagés dans l'épaisseur de leurs piédroits, lesquels passages ont 2 mètres de hauteur et 0[m], 60 de largeur. La muraille, a 7 mètres de hauteur et 2 mètres seulement d'épaisseur. Les arceaux s'enfoncent d'un mètre, ou à moitié épaisseur de la muraille; ils ont 3 mètres de hauteur et 2 mètres de largeur, leurs piédroits ont un mètre.

(194.) La batterie casematée, sera séparée de la muraille crénelée par un intervalle de 6 mètres; ses voûtes auront 17 mètres de longueur, espace strictement nécessaire pour placer dessus un parapet à l'épreuve avec un terre-plein de 8 mètres de largeur. Les voûtes de 8 mètres de largeur et de 5 mètres de hauteur, comme les prescrit l'auteur, seront terminées à l'extérieur par un évasement, qui laissera une libre issue à l'air dilaté par l'explosion du mortier, et donnera par conséquent plus de solidité à la tête de voûte. Cet évasement n'existera pas sur les côtés, il y serait inutile, mais seulement sous la clef où il se relèvera d'un mètre pour se réduire à rien en rachetant les piédroits, c'est-à-dire, que la coupe de la tête au lieu d'être circulaire sera elliptique, le grand axe de la courbe étant vertical et surpassant de deux mètres l'axe horizontal. On ne placera qu'un mortier ou pierrier dans chaque voûte; en mettre deux serait vouloir la détruire; et d'ailleurs, il n'est pas possible de tenir aux créneaux devant la bouche du mortier; si donc on met un trop grand nombre de mortiers en batterie, il faut renoncer à l'usage des créneaux. Un petit mur d'un mètre et demi de haut, construit devant l'ouverture de la voûte arrêtera, en partie, les éclats des bombes qui pourraient arriver entre le mur et la batterie.

(195.) Telles sont à-peu-près les modifications que nous ferions subir au retranchement de Carnot quand nous voudrions en faire usage dans la fortification moderne; mais nous n'hésiterions pas à donner la préférence aux retranchemens ordinaires, si ceux que propose l'illustre Ingénieur, ne possédaient pas outre leurs propriétés défensives, l'avantage immense de fournir à l'assiégé de nombreux couverts contre les bombes de l'ennemi, des emplacemens sûrs pour magasins ou hopitaux, et des abris pour le repos de la garnison.

§ 2. *Ouvrages extérieurs et avancés.*

(196.) La distinction qu'on peut établir entre les *ouvrages extérieurs* proprement dits, et les *ouvrages avancés*, est celle-ci : les premiers ont leurs fossés en communication avec ceux du corps de place, tels sont la demi-lune, les contregardes et les réduits, dans les tracés que nous avons discutés; tandis que les ouvrages avancés sont complètement détachés, soit qu'ils se défendent par eux-mêmes, soit qu'ils tirent leur protection de la place qui est derrière.

Comme les uns et les autres ont pour but de retarder le moment critique où l'assiégeant couronne le chemin-couvert, nous les renfermerons dans la même section. On pourra juger par la comparaison de leurs avantages respectifs, si l'Ingénieur quand il est maître du choix, ne doit pas donner une grande préférence aux ouvrages avancés sur les simples ouvrages extérieurs.

Art. 1.er *Contregardes et Tenaillons.*

(197.) On faisait anciennement un grand usage des *Contregardes* et des *Tenaillons*, pour couvrir les faces des bastions et des demi-lunes. J'ai déjà fait connaître, dans le N.° (109), les vices des contregardes, qui, par leur peu de largeur et la longueur de leurs branches donnent tant de prise au ricochet, qui introduisent des angles morts lorsqu'on les veut construire à la fois sur les bastions et sur les demi-lunes, qui masquent les feux de la place, et dont l'établissement est très-dispendieux. Les anciennes contregardes représentées en A *figure 3.e* valaient peut-être mieux que les contregardes construites plus récemment; en ce qu'on ne s'astreignait pas à les faire très-étroites, et qu'il y avait ainsi quelque possibilité de prendre dans leur terre-plein quelques mesures défensives; et si elles n'eussent pas eu l'inconvénient de diminuer la saillie des demi-lunes, ces enveloppes des bastions, ne seraient pas tombées dans un discrédit complet. Mais il est si important de laisser à la demi-lune une grande prise sur les avenues des bastions, qu'on a renoncé avec raison à la contregarde du bastion pour ne conserver que celle de la demi-lune, ainsi qu'on en voit les vestiges dans le tracé de Cormontaingne et dans le tracé moderne.

On n'emploie guère la contregarde sur le bastion que pour couvrir une escarpe baignée par les eaux de la mer, contre les bordées des vaisseaux ennemis, ou pour remédier à quelque vice du défilement.

Tenaillons.

(198.) Les *Tenaillons*, représentés en **B** dans la même figure, ne diffèrent des contregardes qu'en ce qu'ils n'ont pour objet que de couvrir une seule face d'un bastion ou d'une demi-lune. Ces ouvrages étaient tolérables quand on les plaçait sur les petites demi-lunes du vieux temps, parce qu'ils en augmentaient la saillie et prenaient des revers utiles sur les capitales des bastions ; mais maintenant ils seraient superflus ; aussi n'en construit-on plus, et à peine en trouve-t-on le nom dans les traités modernes de fortification. Quand on mettait deux tenaillons sur la demi-lune, on les accompagnait ordinairement d'un petit *Ravelin* **C** pour couvrir le saillant de la demi-lune ; ouvrage tout-à-fait insignifiant sous le point de vue défensif, et par son peu de capacité, et par la facilité qu'avait l'assiégeant de s'en rendre maître en même temps que des deux tenaillons. C'était au reste le défaut commun à toutes les anciennes fortifications de ne pas offrir des saillans et des rentrans bien prononcés et en petit nombre.

Art. 2. *Cornes et Couronnes.*

Corne.

(199.) De l'ensemble des deux tenaillons et de leur ravelin, à l'ouvrage représenté par la quatrième figure de la même planche, le passage est facile ; et comme cet ouvrage, auquel les premiers ingénieurs ont donné le nom de *Corne*, semblait avoir plus de valeur que les tenaillons, parce qu'il présente un petit front bastionné, on l'a employé presque exclusivement ; on l'a mis partout ; on en a fait abus ; et les fortificateurs du temps ne tenaient pas pour bonne une place qui n'avait pas son ouvrage à cornes.

(200.) Cependant il est facile de se convaincre que l'ouvrage à cornes tel qu'on le faisait autrefois ne vaut pas mieux que les tenailles. Aussi bien qu'eux, il a de longues branches en prise au ricochet ; il permet de battre en brèche les bastions par la trouée de ses fossés, et le front bastionné qui se présente de face à l'ennemi est tracé sur de si petites dimensions, et est si facile à envelopper qu'il n'a presque aucune valeur. Pour remédier au défaut de la trouée, Vauban conseille de placer l'ouvrage à cornes sur le bastion, comme on le voit à la *figure* 5°. Cela vaut effectivement mieux ; premièrement, parce qu'à la faveur du fossé des grandes branches l'ennemi ne découvre plus le corps de place, mais seulement la demi-lune ; secondement, parce que le front de l'ouvrage à cornes peut avoir de plus grandes dimensions, surtout si l'on veut se contenter d'un flanquement oblique de la part de la demi-lune ; et cet agrandissement est d'autant plus considérable que l'angle du bastion est plus aigu. Ainsi l'ouvrage à cornes devient d'autant meilleur dans ce cas, que le bastion est plus faible et a plus besoin d'être bien protégé et couvert, ce qui est parfaitement convenable.

(201.) Cependant l'ouvrage à cornes, même construit comme on vient de dire, ne procure pas tous les avantages qu'on en attend ; parce qu'il conserve toujours le grand défaut de laisser à découvert des pièces importantes de la fortification, et qu'il y joint celui d'offrir par l'immensité de son terre-plein une position commode à l'ennemi, où celui-ci n'a guère à craindre que les coups de front, garanti qu'il est des coups latéraux par les parapets des longues branches. Il peut faire à son aise, dans ce vaste logement, toutes les dispositions d'attaque contre le bastion, et se rassembler en forces pour repousser les retours offensifs que l'assiégé voudrait tenter.

(202.) On remédie au premier de ces défauts, en plaçant l'ouvrage à cornes à la queue des glacis; en en faisant un ouvrage complètement détaché. Alors sa gorge doit être à environ une centaine de mètres en avant du chemin-couvert; et les fossés de ses longues branches se terminer en rampes vers le glacis, pour que la place les puisse balayer dans toute leur longueur. Le second défaut n'est pas si grand qu'il faille pour y porter remède, se jeter comme le veulent les modernes, dans des constructions dispendieuses, et hacher le terre-plein en élevant retranchement sur retranchement. Sans doute alors l'ennemi se trouvera gêné dans ce labyrinthe, mais l'assiégé de son côté aura fait des dépenses considérables pour élever tous ces ouvrages, qui certainement l'incommoderont par leur multiplicité, et priveront sa défense de ce caractère d'énergie qu'elle pourrait avoir s'il était possible de manœuvrer et d'opposer des masses aux colonnes étroites de l'assiégeant, sur les défilés des brèches. Voici ce que dit à ce sujet le chevalier Deville, dans son excellent livre de la charge des Gouverneurs. «Généralement on sera adverty « que pour faire de bons dehors (*) il faut qu'ils soient grands et « capables, et que les petits ne valent rien, parce qu'étant rompus « et ouverts il faut les deffendre avec la force des soldats. Or, si dedans « on n'en peut pas loger beaucoup, l'ennemi aura autant d'avan- « tage que ceux qui se deffendent, car tous deux feront front égal. « Il faut pour la bonne deffence que ceux de dedans soient en corps « et puissans, pour s'opposer à ceux qui viennent défilés et en front « étroit. Par après, on doit considérer qu'il faut des lieux pour se « mettre à couvert lorsque les parapets sont rompus et pour pouvoir « faire quelque retranchement pour recevoir l'ennemi avec avan- « tage : dans les petits dehors, lorsque les parapets sont rompus, « vous ne savez où vous mettre; et si l'on y jette quelque bombe « dedans, tout est perdu, n'ayant pas lieu de s'écarter et de se re- « tirer. Enfin tous les petits ouvrages sont comme des coupe-gorges

---

(*) Ouvrages extérieurs ou avancés.

« à cause du peu de résistance qu'on y peut faire et du dommage
« qu'on y peut recevoir. D'ordinaire on force ces lieux l'épée à la
« main ; car les premiers qui entrent, s'ils jettent à propos les feux
« d'artifices, ils mettront en désordre tous ceux qui seront dedans,
« et ceux qui les suivront les forceront facilement. C'est pourquoi
« il faudra les faire (les dehors), toujours assez grands pour y pou-
« voir mettre en bataille ceux qui sont nécessaires pour sa deffense.»

(203.) Ces principes, d'un homme qui se connaissait en bonne
défense, se rattachent à ceux que nous avons établis au N.°
(162.) en parlant des retranchemens des bastions; mais ils sont
contraires à la règle qui prescrit de faire les terre-pleins étroits,
dans les ouvrages extérieurs, afin que l'ennemi ne s'y puisse loger
qu'avec peine. Cette espèce de contradiction disparaît si l'on réfléchit
qu'un ouvrage à cornes ne doit pas être employé, comme on l'a fait
souvent, en guise de couvre-face; mais être construit uniquement
dans des positions importantes qu'il faut occuper aussi long-temps
que possible. Il convient donc de pouvoir disputer l'ouvrage avancé,
non pas comme un simple dehors, mais comme le corps de place
lui-même; et cela ne peut avoir lieu sans le secours des manœuvres
et sans une grande liberté de mouvement.

(204.) Ainsi donc, nous nous ménagerons de l'espace, sans
toutefois nous priver de l'avantage d'un retranchement intérieur,
l'âme de toute bonne défense; mais ce retranchement sera simple,
tel à peu près que l'indique la *figure* 6.ᵉ, ou plus simplement encore,
il se réduira à une bonne lunette, couvrant la communication avec
le corps de place. La figure représente un ouvrage à cornes détaché,
tel qu'on le construirait de nos jours dans un des cas suivans, où
rien ne le remplace : 1.° pour occuper quelque plateau en avant
de la place, ou quelque langue de terre entre deux inondations, deux
rivières rapprochées; 2.° pour barrer un défilé entre deux escarpemens. Dans ces deux cas l'ouvrage à cornes est excellent, parce
qu'il ne court point le danger d'être tourné par la gorge, comme

cela peut leur arriver quand il est construit en plaine ; que l'assiégé se garde mal, et que l'assiégeant est entreprenant. On n'emploiera donc que rarement cet ouvrage dans la plaine, et ce ne sera que pour couvrir un saillant faible, et prendre des revers très-prolongés ; alors on mettra le plus grand soin à assurer sa gorge, soit en la protégeant par quelques redoutes qui balaieront le pied du glacis, tout le long de la gorge, lorsque les ouvrages en arrière ne suffiront pas pour cet objet ; soit en donnant au mur de gorge une hauteur convenable. Et, dans ces différens cas, autant que les localités le permettront, il faudra donner au front de l'ouvrage à cornes, les mêmes dimensions qu'aux fronts du corps de place, et le construire absolument de la même manière. Il n'y a pas de raison pour s'écarter dans ce cas de ce qui est reconnu bon.

(205.) Les communications de l'ouvrage à cornes avec le corps de place se font par de doubles caponnières, munies de bonnes palissades. Les communications souterraines seraient sans doute plus sûres, mais elles coutent trop : il y faut renoncer. D'ailleurs ces moyens ne conviennent qu'aux petites places, gardées par de faibles garnisons ; et il est maintenant reconnu qu'on ne doit construire, du moins en pays ouverts, que des grandes places, capables de recevoir de fortes garnisons et même des corps d'armée ; or, avec de pareils moyens, ce n'est pas sous terre qu'on opère une retraite, quand on y est contraint ; mais à découvert, et en se retournant souvent pour châtier l'ennemi, quand il s'abandonne à une poursuite inconsidérée. Jamais cet adage : «petite place, mauvaise place,» ne fut plus vrai que de nos jours.

Couronne.

(206.) La *Couronne, fig. 7.*ᵉ, ne diffère de l'ouvrage à cornes qu'en ce qu'elle présente deux fronts au lieu d'un seul. La couronne serait double si elle présentait trois fronts, et triple si elle en présentait quatre.

14

(207.) La couronne est employée dans les mêmes circonstances que l'ouvrage à cornes, et lorsque l'espace à occuper est assez grand pour permettre le développement de deux fronts. Alors tout ce que nous avons dit pour l'ouvrage à cornes s'applique à la couronne, qu'elle soit simple, double ou triple. C'est-à-dire, qu'elle doit être fortement appuyée sur ses flancs, soit par la nature, soit par l'art; qu'il doit y avoir dans son intérieur quelques retranchemens; et qu'elle ne peut pas être considérée comme un simple ouvrage extérieur, mais comme un fort détaché, spacieux et susceptible de la plus vigoureuse résistance.

(208.) On se sert encore de la couronne pour agrandir quelque partie d'une enceinte, pour couvrir quelque faubourg; et comme alors cette nouvelle enceinte se rattache avec l'ancienne, qu'on laisse toujours subsister derrière, on a fait une légère distinction dans la dénomination de l'ouvrage, en l'appelant dans ce cas un *Couronné.* Ainsi, la couronne est un ouvrage essentiellement détaché et jeté en avant du corps de place; le couronné s'y rattache et fait partie de l'enceinte.

(209.) J'ajouterai à tout ce que je viens de dire, que les ouvrages à cornes, aussi bien que les couronnes, doivent être enveloppés d'un chemin-couvert; parce que leur capacité est assez grande pour que les garnisons nombreuses qu'ils peuvent renfermer, soient en état d'opérer des sorties et d'agir extérieurement. Il faut donc un chemin-couvert pour faciliter ces sorties et protéger la retraite; il le faut encore pour surveiller les ouvrages extérieurs; il le faut enfin pour que les secours qui se dirigeraient sur la partie de la place que couvre l'ouvrage avancé puissent s'y jeter, et se mettre à l'abri des poursuites de l'ennemi, N.° (10). Je le répète, ces dehors ont une telle capacité et sont si importans qu'on doit les considérer comme une partie de l'enceinte, et leur appliquer tout ce qu'on a jugé bon pour celle-ci.

Art. 3. *Lunettes.*

(210.) Pour forcer l'assiégeant à ouvrir la tranchée de plus loin, et retarder le moment où il couronne le chemin-couvert des demi-lunes, l'on a souvent exécuté des *Lunettes avancées ;* on les a placées sur les capitales des bastions ; et ce sont les demi-lunes collatérales qui sont chargées de les défendre avec le canon de leurs saillans, *fig.* 1.ᵉ (*Planche XIII*).

Si ces petits ouvrages entre lesquels on peut manœuvrer offensivement, comme dans les lignes à intervalles de la fortification de campagne, sont bien flanqués, bien conditionnés et mis à l'abri du coup de main ; il est clair que l'ennemi devra s'en emparer par une marche méthodique, avant que de procéder contre les demi-lunes· Mais dans le cas contraire il brusquera l'attaque et les emportera par la gorge ; c'est donc à éviter cet accident que l'Ingénieur doit mettre tous ses soins.

(211.) Les lunettes doivent être assez grandes pour contenir au besoin une garnison de 200 hommes ; et en même temps assez étroites pour ne pas offrir un emplacement favorable aux batteries de l'ennemi, quand une fois il s'en est rendu maître. C'est pour satisfaire à ces conditions qu'on leur donne 60 mètres de face et 20 mètres de flanc ; que leur rempart n'a que 10 mètres de largeur ; que l'on coupe leur terre-plein par un fossé de 4 mètres de largeur ; et qu'on forme derrière un réduit en palanques, dont le terre-plein n'est qu'une simple banquette de 2 mètres de largeur, avec un talus à 45° tombant jusque sur le terrrain naturel. Voyez les *figures* 2.ᵉ *et* 3.ᵉ

(212.) Il est évident que sur un terrain aussi hâché l'ennemi ne pourra jamais s'établir d'une manière avantageuse ; mais en supposant qu'il le fît, il faut éviter que le relief de la lunette soit assez grand pour lui faciliter la plongée dans le chemin-couvert de la demi-lune. La crête intérieure du parapet sera donc dans le même plan que celle du chemin-couvert, ou tout au plus sera-t-elle d'un mètre plus relevée. On voit par là que si le terrain ne s'abaisse pas, en partant de la place; ou, ce qui revient au même, si le plan de défilement du chemin-couvert ne se relève pas, il est impossible de construire des lunettes. Ce n'est pas avec un relief de trois à quatre mètres au-dessus de la campagne, qu'on peut mettre les lunettes à l'abri du danger d'être emportées par la gorge.

(213.) Pour empêcher cet accident, on ferme la gorge par un mur crénelé qui s'élève jusqu'à la crête intérieure du parapet, et dont la faible épaisseur fait que l'ennemi ne peut pas s'en servir comme d'abri. Ce mur de gorge pour être bon doit avoir au moins 5 mètres de hauteur et o,^m 80 d'épaisseur moyenne : il peut être percé de deux rangs de créneaux. On se servira du premier rang en montant sur une banquette en terre, et du second en établissant une galerie en planches sur corbeaux à demeure, comme le fait voir la *figure* 3.^e

(214.) Pour que l'escarpe de la lunette ne puisse pas être battue en brèche par les batteries éloignées de l'assiégeant, on la couvre d'un glacis qu'on tient le plus relevé et le plus rapproché qu'il est possible; c'est-à-dire que sa crête est seulement à 1,^m 80 au-dessous de celle du parapet, et que le fossé n'a que 12 mètres de largeur. L'escarpe a 7 mètres de hauteur et la contrescarpe au moins autant. Le fond du fossé se termine en rampe du côté de la place, et se raccorde avec le glacis, afin que le canon des demi-lunes puisse le défendre et que l'assiégeant n'y trouve aucun abri. *Figure* 2.^e

(215.) On ne donne point de chemin-couvert à la lunette parce que pour un pareil ouvrage le chemin-couvert est inutile, sinon nuisible; il rendrait l'attaque de vive force plus facile en diminuant la hauteur de la contrescarpe, et il découvrirait l'escarpe. Les mêmes raisons qui empêchent de donner un chemin-couvert aux ouvrages de campagne se retrouvent ici. Mémorial N.° (114).

(216.) On communique du corps de place dans la lunette, au moyen d'une poterne de 3 mètres de hauteur et de 2,"50 de largeur : un de ses débouchés est dans l'arrondissement de contrescarpe du bastion; l'autre sur un pallier à ciel ouvert, d'où part une rampe de 3 mètres de largeur qui va aboutir à la banquette du réduit. Cette rampe, ordinairement assez rapide, exigera des manœuvres de force pour hisser le canon dans la lunette. Du réduit au terre-plein du rempart, la communication se fait par un pont amovible placé en capitale, et dans le prolongement de la rampe. Cette disposition est bonne pour le transport de l'artillerie, mais la circulation habituelle doit se faire par deux autres petits ponts placés aux extrémités des flancs.

(217.) Le saillant de contrescarpe de la lunette est à l'intersection de la capitale du bastion, avec une droite partant de l'angle saillant de la demi-lune et faisant avec cette capitale un angle de 30°, tout en restant aussi directe que possible sur la face de la demi-lune, de manière à obtenir un angle de défense qui ne s'écarte pas trop de l'angle droit. Ce n'est qu'en faisant l'angle saillant de la lunette au minimum, qu'on peut porter cet ouvrage assez avant pour que l'ennemi ne puisse pas pénétrer dans le rentrant, et couronner à la fois la demi-lune et les deux lunettes latérales.

(218.) Ce serait se jeter dans des dépenses superflues, que de construire des lunettes sur les capitales des demi-lunes, comme on le fait sur celles des bastions; parce que ces ouvrages se trouvant très-avancés dans la campagne, et ne pouvant recevoir de défense que des lunettes collatérales seraient trop exposés, et l'assiégé ne les conserverait pas longtemps. De plus les lunettes en capitale des demi-lunes masqueraient les feux des bastions et pourraient servir d'abri à l'assiégeant. C'est ici une nouvelle preuve qu'il ne faut point abuser des bonnes choses; et que les meilleures dispositions deviennent vicieuses quand on les prodigue.

Lunette de Darçon.

(219.) Les lunettes dont on vient de parler, tirant leur défense des demi-lunes, sont dans une dépendance de position, qui empêche de les porter aussi avant qu'il serait quelquefois nécessaire de le faire, soit pour prendre des revers sur des parties faibles de la place, soit pour occuper des positions dominantes et dangereuses pour la place. Le général Darçon, célèbre par ses travaux et par ses écrits, a fait construire dans quelques places de France, et particulièrement à Besançon, des lunettes qui portent son nom et qui, au jugement de l'inventeur, sont susceptibles de se défendre par elles-mêmes, et peuvent être portées jusqu'à 5 ou 600 mètres de la place. Sans partager l'opinion que les lunettes de Darçon puissent se passer de toute protection de la place et soient à l'abri d'une attaque par la gorge, je dois en donner la description, puisque ce sont des ouvrages qui ont été exécutés et qu'il faut connaître.

(220.) La lunette de Darçon, *figures 4.ᵉ et 5.ᵉ*, a les mêmes dimensions que la lunette ordinaire : elle n'en diffère que par la forme qui peut varier suivant les localités, et par les accessoires dont nous allons parler. La forme peut être quelconque, parce que les fossés devant se défendre par eux-mêmes, il n'est plus nécessaire de les diriger sur les ouvrages en arrière; et par conséquent on peut faire l'angle saillant aussi ouvert qu'on le juge convenable, ou que le terrain qu'on veut occuper semble l'exiger. Cette indépendance de situation serait un immense avantage, s'il était démontré que la lunette en question pût être portée sans danger à de grandes distances de la place, et s'il ne restait pas toujours une partie morte vers les flancs.

(221.) La gorge fermée par un mur crénelé d'environ 6 mètres de hauteur est aussi pourvue d'un petit réduit en tour ronde de 15 mètres de diamètre extérieur, séparé du terre-plein par un fossé de 4 mètres de largeur. La corniche de cette tour s'élève jusqu'à la hau-

teur du parapet, qui doit couvrir toutes les maçonneries; immédiatement au-dessous de cette corniche sont de grandes ouvertures pour
l'évacuation de la fumée, et qui, au besoin, peuvent servir de machicoulis pour défendre le pied de la tour; sous les machicoulis est
un rang de créneaux percés à deux mètres au-dessus du sol. La
voûte dont la tour est recouverte a un mètre d'épaisseur; elle repose
sur quatre pilastres établis dans la circonférence et sur un pilier
central. Cette voûte est habituellement recouverte d'un toit; mais
au moment du siége ce toit, qui peut servir de point de mire à l'assiégeant, est enlevé, et remplacé par une couche de terre ou de fumier d'un mètre d'épaisseur au moins, laquelle amortira le choc des
bombes et garantira la voûte.

(222.) Dans un étage inférieur, débouche un longue galerie qui
conduit dans une *Casemate à feux de revers*, construite sous le
glacis, dans l'angle de contrescarpe. C'est cette casemate qui doit défendre le fossé, quand l'ennemi est parvenu à s'y jeter, et qu'il
cherche à planter ses échelles pour donner l'assaut. Un petit fossé
devant la casemate est uniquement destiné à empêcher l'ennemi
d'emboucher les créneaux. La grande poterne ou galerie de communication est percée dans sa partie supérieure d'une ouverture qu'on
peut fermer par une bonne trape, et qui sert d'entrée à un escalier,
montant jusque sur le terre-plein de la lunette, et établissant une
communication souterraine entre l'ouvrage principal et son réduit.

(223.) La lunette est partagée en deux parties par une
traverse voûtée qui fournit un abri aux défenseurs contre les
éclats de la bombe ou de l'obus, en même temps qu'elle empêche l'enfilade et les coups de revers; son relief dépassant assez
celui du parapet. Quatre portes, deux de chaque côté, servent tout
à la fois à établir la communication entre les deux moitiés de l'ouvrage, et à donner aux défenseurs des moyens de retraite. La traverse voûtée débouche dans le fossé de la tour, ce qui lui donne
de la lumière et empêche l'ennemi de s'y cacher, quand il est par-

venu à y pénétrer. La retraite s'opère par l'escalier dont nous avons parlé, et qu'on prolonge dans sa partie inférieure par quelques marches en bois, qui sont enlevées quand tout le monde est descendu et quand on veut fermer la trape.

(224.) Pour que les maçonneries de la tour soient moins vues du dehors, on place le centre de ce petit réduit dans l'intérieur de la lunette, de manière que la circonférence soit tangente à la ligne droite, qui joint les extrémités des flancs ; on dirige alors le mur de gorge au centre de la tour, afin d'avoir quelques créneaux pour le flanquer. Deux rampes circulaires conduisent du pied de la tour, dans le terre-plein de la lunette ; elles sont pourvues chacune d'une forte barrière à leur pied, pour en ôter l'usage à l'ennemi. La communication avec le corps de place, ou du moins avec quelque couvert dérobé aux coups de l'ennemi, est établie par le moyen d'une double caponnière bien palissadée, dans la longueur de laquelle on construit de distance en distance, des tambours avec traverses pour empêcher l'enfilade. La tour a une porte qui s'ouvre dans cette caponnière, et dont le battant est recouvert de plaques de fer et consolidé intérieurement par de fortes barres, afin que la hache n'y puisse rien.

(225.) Sans doute une communication souterraine de la lunette avec le corps de place, ainsi que Darçon lui-même l'a faite à Metz seroit plus sûre ; mais cela ne peut avoir lieu que dans le cas où l'ouvrage est rapproché de la place, ce qui n'est pas conforme à notre supposition ; car nous n'entendons parler maintenant que de lunettes portées très-loin et devant se suffire à elles-mêmes. Si la lunette est rapprochée de la place, elle en peut recevoir sa défense, il n'est donc plus nécessaire de sortir de l'ordinaire et de se jeter dans des constructions dispendieuses.

(226.) La lunette de Darçon lorsqu'elle est un peu éloignée de la place, me semble incapable de soutenir une attaque de vive force. En effet, l'ennemi après avoir dirigé des bombes sur son

réduit et canonné l'extrémité du flanc pendant une journée entière, continuera pendant la nuit à battre la tour, qui se trouvera découverte en partie par la chute du profil du flanc; en
même temps il ricochera les faces. Au point du jour il s'avancera sur trois colonnes, une dirigée sur le saillant, et les deux
autres contre la gorge et le réduit. La première de ces colonnes
jettera dans le fossé, contre la casemate, un grand nombre de fascines pour masquer les créneaux, et elle se servira de cette espèce de rampe pour descendre dans le fossé. Les soldats de cette
première colonne mettront le feu aux fascines, s'ils craignent
d'avoir encore des coups à essuyer de la galerie : les flammes et
la fumée chasseront certainement les défenseurs. Les deux autres
colonnes planteront quelques échelles contre les flancs qui sont
sans défense, entoureront le réduit, couvriront de feux ses créneaux et chercheront à enfoncer la porte à coups de bélier. Ils
n'ont pas grand chose à craindre de la place, même dans le cas
où la gorge est défendue par ses feux; parce que dans le désordre d'une attaque faite dans un moment, où d'un peu loin, il
n'est pas possible de bien distinguer les objets, l'artillerie de la
place ne fera pas feu, dans la crainte d'atteindre les défenseurs
aussi bien que les assaillans. Le Gouverneur de la place n'a d'autre
moyen de secourir la lunette, que de faire une sortie avec des
forces imposantes; mais l'assiégeant qui s'attend à cette manœuvre y a pourvu, et a disposé des réserves pour y répondre.
C'est alors au plus fort que l'ouvrage doit rester; il est donc
probable que ce sera à l'assiégeant.

Art. 4. *Avant-chemin-couvert.*

(127) Si à la queue des glacis, coule quelque ruisseau qui
rende les sorties difficiles sur une partie de l'enceinte; on construit au-delà, un autre chemin-couvert jouant le même rôle que

le premier. Les avant–postes s'y tiennent en permanence, pour surveiller les mouvemens de l'assiégeant ; les troupes destinées à agir offensivement s'y rassemblent pour y faire leurs préparatifs d'attaque ; et enfin ce sera dans cet *Avant-chemin-couvert* qu'elles se retireront et trouveront un refuge , dans le cas d'une chance malheureuse.

(228.) Si l'avant–chemin–couvert est situé sur une portion de l'enceinte dont les fronts soient à-peu-près en ligne droite ; si ses parties saillantes sont soutenues par des lunettes avancées, comme on le voit à la *figure 1.re* (*Planche XIV*); il offrira presque autant de difficultés à l'ennemi qui voudra s'en rendre maître , que le ferait un chemin–couvert ordinaire. La place aura donc gagné de ce côté puisque l'assiégeant après s'être emparé de l'avant-chemin-couvert et des lunettes , devra se livrer à de nouveaux travaux sur le second glacis, contre les demi-lunes et leurs chemins-couverts. Les lunettes défendues de plus près et mieux gardées , que dans le cas où elles ne sont point enveloppées d'un chemin-couvert général , ont aussi plus de valeur et sont susceptibles d'une plus longue résistance. Ces avantages de l'avant-chemin-couvert l'ont fait employer comme moyen d'accroître la force d'une place , même dans le cas où il n'était point nécessaire de se porter en avant d'une rivière ou d'un simple ruisseau.

(229.) Mais ces propriétés défensives ne tiennent qu'à la circonstance particulière , de fronts disposés en ligne droite ou à-peu-près droite , et appuyés par les extrémités à des obstacles naturels ; car, sans ces conditions, l'avant-chemin-couvert qui envelopperait une place toute entière, offrant un développement beaucoup plus considérable que le chemin-couvert ordinaire , aurait aussi des branches plus longues et plus faciles à ricocher. A cet inconvénient, se joint celui de n'être défendu que par les feux des lunettes ; ceux du corps de place devant se taire tant que l'avant-chemin-couvert est occupé. Disons encore que l'écartement entre les saillans qui doivent se protéger mutuellement devient considérable.

Un semblable ouvrage n'est donc pas difficile à enlever de vive force, et engage l'assiégeant à ne faire que deux parallèles et à ouvrir la tranchée à petite distance des saillans. Il n'y a donc pas de bénéfice réel pour l'assiégé, à construire un avant-chemin-couvert général ; et cependant la dépense aura été nécessairement augmentée.

(130.) Nous établirons donc en principe, que l'avant-chemin-couvert ne peut se construire que sur une portion de l'enceinte, et devant des fronts qui ne lui donnent point un trop grand excès de développement : alors il y a quelques soins à prendre dans sa construction. 1.° Il faut que la zône qu'on laissse subsister entre les deux chemins-couverts ait au moins 60 mètres de largeur dans ses parties les plus étranglées. 2.° Qu'il existe dans tout le pourtour une contrescarpe revêtue, plus haute toutefois dans les parties saillantes que dans les parties rentrantes ; laquelle doit forcer l'assiégeant à opérer la descente du fossé, et lui ôter la faculté de se jeter inopinément sur les lunettes et de les enlever par la gorge. 3.° Les places-d'armes rentrantes doivent être munies de petits réduits de sûreté, qui leur donnent assez de valeur, pour que les défenseurs des parties saillantes y trouvent un refuge assuré. 4.° L'avant-chemin-couvert ne doit pas s'élever à la hauteur de celui qu'il enveloppe, afin que l'ennemi établi sur les glacis du premier ne puisse pas plonger dans le second. 5.° Les faces des lunettes seront toujours flanquées par les parties saillantes des demi-lunes.

(231.) Toutes ces conditions sont bien difficiles à remplir en pays de plaine, et l'on n'y peut parvenir qu'en donnant au chemin-couvert de la place un relief plus considérable que de coutume, et en prolongeant ses glacis au-dessous du terrain naturel, pour les conduire jusqu'à la contrescarpe de l'avant-chemin-couvert, et

procurer à celle-ci une plus grande hauteur. Ce sera avec les terres
de cette excavation que l'on formera en grande partie le glacis de
l'avant-chemin-couvert, lequel n'aura que 2 mètres de commandement sur la campagne, tandis que celui de la place s'élèvera à 3^m, 5o.

Cette manière de baisser le terrain, en prolongeant les glacis, peut
être mise à profit dans l'établissement des simples lunettes pour
donner à leur mur de gorge une hauteur suffisante, sans élever la
crête de l'ouvrage trop au-dessus du terrain naturel; on y trouve
une grande économie de remblais.

Glacis-coupé.

(232.) Les parties saillantes de la fortification de la place se
trouvent vis-à-vis des parties rentrantes de l'avant-chemin-couvert;
il peut ainsi arriver qu'il n'y ait pas assez d'intervalle pour que le
glacis prolongé s'abaisse d'une quantité suffisante, et donne à la
contrescarpe une hauteur de 2 mètres au moins, dans les parties
rentrantes les plus basses. Pour remédier à ce vice, on fait aux parties saillantes du chemin-couvert de la place, ce qu'on appelle un
Glacis-coupé; c'est-à-dire qu'aulieu de prolonger indéfiniment le
glacis ordinaire, on en fait un véritable parapet de 6 mètres d'é-
paisseur ou davantage; on déblaie le terrain qui est en avant, en
manière de fossé sec, large et peu profond, dans lequel viennent
mourir les glacis ordinaires des parties rentrantes du chemin-
couvert : de cette manière, on peut gagner un ou deux mètres de
hauteur de contrescarpe.

(233.) Le glacis-coupé est donc un parapet ordinaire, véritable
couvre-face, situé sur le saillant du chemin-couvert de la demi-
lune; il a sa crête dans un même plan avec celle du chemin-couvert
ordinaire, et sa hauteur absolue dépend de la profondeur qu'on a
donnée au fossé qui le précède. Ce parapet est flanqué par les
parties rentrantes de la fortification, et il diminue de hauteur au-

dessus de son fossé, à mesure qu'on s'éloigne du saillant; parce que le glacis des places-d'armes rentrantes avec lequel le glacis-coupé finit par se raccorder, a une pente et se relève vers l'intérieur. On fait un fréquent usage du glacis-coupé dans la restauration de places mal défilées. On l'emploie aussi dans les ouvrages neufs lorsque le terrain ne permet pas de construire des glacis ordinaires, qui, quelquefois, exigent d'immenses remblais. Il est éminemment économique.

(234.) Le glacis-coupé semble favoriser le couronnement du chemin-couvert et l'établissement des batteries de brèche, puisqu'une fois que l'ennemi est arrivé dans son fossé, il n'a plus à craindre les coups directs dont il est garanti par le glacis-coupé lui-même; il n'a plus à se couvrir que des coups latéraux. Cela est vrai, mais cet inconvénient trouve bien sa compensation dans la difficulté que doit éprouver l'assiégeant à construire ses cavaliers de tranchée dans un terrain bas, réceptacle de toutes les grenades qui partent de la place; et dans la nécessité où il est de relever le terrain pour établir les plate-formes de ses batteries de brèche à une hauteur telle, qu'il puisse découvrir une partie suffisante de l'escarpe. Ces considérations nous conduisent à poser la question suivante : ne serait-il pas convenable de construire toutes les parties saillantes du chemin-couvert en glacis-coupé, et de ne laisser le glacis ordinaire qu'aux parties rentrantes? C'est aux grands maîtres de prononcer.

Art. 5. *Ouvrages inaccessibles.*

(235.) Quelquefois un ouvrage de la plus mince apparence vaut autant, par l'avantage de sa position, que le fort le mieux construit, pour prolonger la défense d'une place : une simple tour sur un rocher à pic, éloignée de 400 ou 500 mètres des points d'où elle peut être battue par l'artillerie; une redoute en terre, au milieu d'une bonne innondation, et prenant de revers les attaques sur les fronts voisins, sont très-souvent pour l'assiégeant des obstacles insurmontables.

(236.) On ne peut rien dire de ces tours élevées dont on tire souvent un très-grand parti. Leur forme et leur grandeur, dépendent entièrement des localités : il faut observer seulement qu'elles doivent être voûtées à l'abri de la bombe, et dérobées autant que possible au canon de l'ennemi ; qu'on en défend le pied par des machicoulis, à la manière des anciens, et que, si faire se peut, leur communication avec la place doit être souterraine. Les Ingénieurs Italiens ont construit un bel ouvrage de ce genre à Roca d'Anfo, sur les bords du petit lac d'Idro dans la Lombardie.

(237.) Les redoutes construites dans les lacs ou dans les inondations doivent avoir leurs faces principales obliques, relativement aux positions que l'ennemi peut prendre, afin que les boulets ne puissent pas pénétrer par les embrasures et démonter les pièces. On leur donne un parapet de 8 mètres d'épaisseur pour résister au grand nombre de projectiles qui seront dirigés contre elles. Il convient de munir ces ouvrages d'une caserne crénelée, pour servir tout à la fois de logement et de réduit intérieur ; on les enveloppe d'une digue élevée de $0^m,50$ au-dessus de la surface des eaux, ou simplement d'une file de pieux enchaînés, pour empêcher l'abordage des bateaux. Il faut que ces redoutes soient protégées de la place, non-seulement par le canon, mais encore par la grosse mousqueterie. La communication avec la place se fait à ciel ouvert et en double caponnière, laquelle prend elle-même des revers sur les attaques. Nous ne dirons rien de la forme de ces ouvrages qui n'a rien de fixe ; ce sont ordinairement des redoutes carrées : telle est celle qui est située dans l'inondation de la Seille à Metz.

Il est encore deux puissans moyens d'augmenter la force des places de guerre : ce sont les mines et les manœuvres d'eau dans les fossés ; mais nous ferons pour ces deux objets un chapitre particulier.

CHAPITRE IV.

DES CAMPS RETRANCHÉS ET DES CITADELLES.

§. 1.er *Des Camps Retranchés.*

(238.) Une des fonctions les plus importantes des places de guerre est de servir d'appui aux armées qui se tiennent sur la défensive, ou de refuge à celles qui ont essuyé des revers. Or il n'y a que les places du premier ordre qui soient susceptibles de recevoir dans leurs murs, je ne dirai pas une armée tout entière, mais seulement un corps d'armée de 25 à 30,000 ; et ces places ne sont qu'en très-petit nombre, soit à cause des sommes énormes qu'exige leur construction, soit par les garnisons nombreuses qu'il y faut tenir habituellement pour leur garde.

(239.) Puis donc que les places de moyenne grandeur et encore plus les petites places, ne peuvent, telles qu'elles sont, être considérées que comme des magasins destinés à renfermer le matériel militaire, et nullement comme des appuis sur lesquels une armée puisse compter, et contre lesquels les efforts de l'ennemi viennent se briser; il s'agit de savoir comment on peut donner à celles qui sont le mieux placées pour la défense des frontières, ce degré de force sans lequel elles sont, sous le point de vue stratégique, plus embarrassantes que vraiment utiles.

(240.) Vauban, si fécond en grandes vues, et à qui rien n'échappait de ce qui pouvait être utile à son pays, est le premier qui ait proposé de construire des camps retranchés sous les places de moyenne grandeur pour les rendre capables de la plus forte résistance. Alors l'ennemi ne peut plus passer outre, vu le danger qu'il court pour ses communications, en laissant sur ses derrières un corps de 15 à 20,000 hommes, que la place et son camp retranché peuvent renfermer. Il ne lui est plus permis de ne laisser qu'un simple corps d'observation devant la place pour paralyser la garnison ; il faut qu'il réduise une armée dont il a tout à craindre, quand elle se trouve, comme on le suppose, dans le voisinage de la ligne d'opération. Le voilà donc, contraint à faire la guerre des sièges ; à déployer, devant chaque place dont il veut s'emparer, le double ou le triple des forces qu'elle renferme ; et à perdre ainsi les avantages que lui donne la supériorité numérique.

(241.) La fortification du camp retranché est du genre de celle qui, tenant un milieu entre la fortification de campagne proprement dite et la fortification permanente, a été nommée par les Ingénieurs *Fortification mixte.* Le camp présente, suivant l'idée de Vauban, une enceinte continue s'appuyant à la place, *figure 2.ᵉ*, et formant, autant que le terrain peut le permettre, de grandes lignes droites, afin que les points d'attaque soient réduits au plus petit nombre possible. Les parapets doivent avoir au moins 3 mètres de hauteur, et les fossés 5 mètres de profondeur ; le tout est enveloppé d'un glacis, afin de relever la contrescarpe et de donner lieu à des fossés plus larges et plus profonds. Les parties les plus saillantes, où la fortification est redoublée, sont aussi fraisées et palissadées ; car c'est sur elles que l'ennemi dirigera probablement ses attaques. On emploie de préférence le tracé bastionné ; cependant, dans les parties qui joignent la place et qui, par cela même, forment un rentrant, on peut se contenter de la ligne à crémaillère, ou de la ligne à redans.

(242.) Les camps retranchés ne se construisent qu'au moment où la guerre est déclarée, et seulement sous les forteresses favorablement placées pour arrêter une invasion, et dont le terrain environnant se prête à ce genre de construction. Il serait ruineux pour un état de les bâtir d'avance, car pour les rendre durables, il faudrait y employer tous les moyens de la fortification permanente; et leur garde habituelle consommerait souvent en pure perte une grande quantité d'hommes; bien qu'on pût la confier en partie aux gardes nationales et aux vétérans.

Il est nécessaire que le terrain qui environne la place se prête à l'établissement du camp retranché, pour qu'il soit raisonnable de l'y construire; car un semblable ouvrage ne peut se faire que sur un plateau large, spacieux et non dominé; il y aurait trop de difficulté à défiler son vaste terre-plein dans toute autre situation; aussi toutes les forteresses ne sont-elles pas susceptibles de recevoir sous leurs murs des camps retranchés.

(243.) L'ennemi qui voudra faire le siège d'une place soutenue par un camp retranché, éprouvera d'abord une très-grande difficulté à l'investir, vu l'étendue de son développement; et il lui sera presque impossible d'arrêter tous les convois, s'il ne déploie pas autour de la place des forces considérables et très-supérieures à celles de l'assiégé; celui-ci, toujours concentré, peut se porter avec avantage, tantôt sur un point et tantôt sur l'autre, tant qu'il n'est pas serré de trop près, et qu'il lui reste encore quelque liberté de mouvement. L'ennemi se trouvera ensuite dans l'alternative de faire le siége de la place ou celui du camp retranché, ce dernier étant supposé à l'abri d'un coup de main. S'il se décide pour le premier parti, il éprouvera de grandes difficultés devant une garnison qui, chaque jour, peut être renouvelée par les troupes du camp retranché, et qui, en conséquence, fera de fréquentes et nombreuses sorties; défendra les glacis avec acharnement; se livrera coup sur coup à ces retours offensifs, qui donnent tant d'éclat à une défense bien dirigée; et disputera les brèches avec valeur et opiniâtreté. Il faudra donc qu'après avoir construit avec soin une ligne de contrevallation, et l'assiégeant ne saurait s'en dispenser, ayant à faire à forte partie;

16

il faudra, dis-je, qu'il ne marche qu'avec la plus grande circonspection; qu'il ouvre de loin la tranchée; qu'il construise parallèles sur parallèles; et qu'il renonce entièrement à ces moyens expéditifs, dont on peut et dont on doit faire usage devant les places ordinaires. Le siége traînant alors en longueur, les chances favorables à l'assiégé deviennent plus probables, et il a tout lieu d'espérer de se voir délivré par une armée de secours.

(244.) Pour éviter une partie de ces difficultés, l'assiégeant essaiera peut-être d'attaquer d'abord le camp retranché, dont les fortifications en terre ne paraissent pas à beaucoup près aussi redoutables que celles de la place. Il le fera, dans l'espérance qu'en forçant le camp, il refoulera dans la ville les troupes qu'il renferme, et accélèrera la reddition que doit amener promptement un entassement d'hommes dans un petit espace, se gênant dans leurs manœuvres, donnant une grande prise aux projectiles ennemis, empoisonnant eux-mêmes l'air qu'ils respirent, et consommant en un jour les approvisionnemens de plusieurs semaines. Telles sont les espérances de l'assiégeant; mais les troupes du camp, libres dans leurs mouvemens, que rien ne gêne, pourront par des manœuvres, soit à l'intérieur, soit à l'extérieur, défendre à outrance les parapets en terre, tout aussi bien et mieux peut-être que s'ils étaient revêtus. Elles construiront des retranchemens en retirade, dans ce vaste terreplein, où rien ne s'oppose à de semblables moyens de défense; et elles disputeront pied à pied tout le terrain, jusqu'à ce que manquant d'espace, elles se retirent définitivement dans la place; ou qu'elles s'échappent de nuit, en faisant une trouée pour aller joindre les corps qui tiennent campagne. Alors, l'ennemi maître du camp, doit encore faire le siége de la place qu'on a eu le temps de mettre dans le meilleur état, dont la garnison est au grand complet et qui, si les vivres ne manquent point, doit offrir encore une grande résistance.

(245.) La forteresse soutenue d'un camp retranché, offre donc à l'ennemi qui veut s'en emparer les plus grandes difficultés; soit qu'il dirige ses premières attaques contre la ville, soit qu'il force d'abord le camp pour faire ensuite le siége de la place. Et d'un autre côté, il est presque impossible de prendre par famine une semblable forteresse, vu la difficulté d'en faire l'investissement complet, et de s'opposer partout en forces suffisantes aux sorties nombreuses que peut faire la garnison. On voit d'après cela qu'il n'y a que les forteresses du premier ordre, et celles qu'accompagnent des camps retranchés, qui remplissent complètement leur but, en forçant l'ennemi à en faire le siége.

(246.) Les avantages énumérés ci-dessus ne sont pas les seuls dont jouissent les places soutenues par des camps retranchés; elles ont encore celui de rendre quelquefois l'assiégé maître de vastes terrains qu'il met en culture, et où ses bestiaux trouvent d'abondans pâturages. C'est ainsi que l'estimable chef, sous lequel je m'honore d'avoir fait mes premières armes, et dont les qualités militaires me serviront toujours d'exemple et de modèle, M. le général Baudrand, sut par d'habiles dispositions procurer à la garnison de Corfou l'avantage de rester maîtresse de la presqu'île de Chrysopolis, que l'industrie française mit en culture, et qui promettait des vivres pour plusieurs mois, quand le traité de Paris fit tomber la forteresse au pouvoir des Anglais. Les camps retranchés privent aussi l'assiégeant de la faculté d'amener une capitulation par un bombardement; car un pareil moyen ne peut réussir que dans les petites places où il y a entassement, et quand la bourgeoisie mal disposée est assez nombreuse pour en imposer à la garnison, ou pour lui dicter des lois. Ce moyen échouera complètement, quand l'assiégé pourra se soustraire aux ravages des projectiles incendiaires, en transportant au camp les objets combustibles.

(247.) On donne au camp retranché plus de valeur en le séparant complètement de la place, *figure* 3.ᵉ, pour laisser un intervalle que balayent les feux de la ville, ainsi que ceux du camp, et dans lequel il est par conséquent impossible que l'assiégeant vienne s'établir. Par cette disposition la circonvallation ou le simple blocus deviennent plus difficiles, puisque la place et son camp retranché occupent beaucoup plus d'espace; et en second lieu, la prise de la place n'entraîne plus celle du camp retranché, l'un étant indépendant de l'autre. Toutefois l'assiégé conserve la faculté de faire passer des secours du camp dans la place, et réciproquement; car il est toujours maître de la communication.

(248.) Une enceinte continue ne peut convenir au camp retranché, que dans le cas où l'armée qui doit s'y retirer est dans une très-grande infériorité, comparativement à celle qui la poursuit; dans tout autre cas, c'est la ligne à intervalles, *figure* 4.ᵉ, qui seule peut convenir, comme la plus économique, la plus promptement exécutable et la plus susceptible d'être défendue par de grandes masses. Une armée un peu nombreuse ne s'enferme pas; elle doit au contraire se ménager tous les moyens d'agir offensivement, et de profiter des moindres fautes de l'ennemi; et ce n'est que par de larges intervalles, que ses colonnes peuvent déboucher pour marcher à ce grand résultat. Les angles du polygone général, qui forment les points d'attaque, seront occupés par des fortins armés de gros calibre; et les espaces rectilignes qui les unissent, seront garnis de redans, de lunettes ou de redoutes, en se conformant toujours à ce qu'exigent les localités. Le grand Frédéric nous a laissé un bel exemple d'une semblable disposition dans son camp de Buntzelwitz, sous le canon de Scweidnitz; il s'y enferma avec une armée de 40,000 hommes, et les alliés en force triple ne purent l'y entamer. Ce camp fut tracé et construit dans l'espace de quatre ou cinq jours.

(249.) On est dans l'habitude de démolir les faubourgs qui se trouvent aux portes des places de guerre, lorsque celles-ci sont menacées d'un siége, parce que les maisons peuvent servir de couvert à l'ennemi et favoriser ses approches. Il est cependant quelquefois possible d'éviter un pareil malheur aux habitans, en s'arrangeant de manière à tirer parti pour la défense même, des maisons et des clôtures que l'on crénèle, pour en faire une espèce de camp retranché. Ce camp appuyé par quelques ouvrages en terre, se dispute pied à pied si l'ennemi l'attaque ; mais les maisons restent intactes si l'orage se dirige d'un autre côté. Le pire qui puisse arriver, est de voir s'écrouler quelques-unes de ces habitations sous le canon de l'ennemi ; mais du moins le plus grand nombre restera sur pied, et la place n'aura pas tenu un jour de moins. Il est du devoir de l'Ingénieur d'éviter toute destruction inutile, et de ne s'entourer de ruines qu'à la dernière extrémité ; comme aussi il ne doit plier devant aucune considération particulière ; et ses fonctions lui imposent l'obligation de rester inaccessible à toute sollicitation, à toute prière, quand l'intérêt de l'état exige quelques sacrifices de la part des citoyens. C'est dans cet esprit que Carnot propose de laisser debout tous les faubourgs, et de les envelopper d'un bon retranchement, que les habitans eux-mêmes auraient tout l'intérêt possible à construire et qui, par cela même serait promptement achevé. Ces faubourgs ainsi protégés formeraient de véritables camps retranchés à la manière de Vauban, c'est-à-dire, des camps attenant à la place.

(250.) Il est bien difficile que, de nos jours, une armée tout entière puisse se retirer dans un camp retranché ; elle est trop nombreuse pour cela. Des corps de 30 à 40,000 hommes au plus, peuvent seuls prendre ce parti. En 1814 le Duc de Dalmatie se retirant devant des forces doubles, se détermina à prendre position sous les murs de Toulouse, où il fortifia avec soin le camp qu'il avait choisi : le corps d'armée qu'il commandait était de 33,000 hommes. La victoire ne couronna pas d'habiles dispositions, mais la résistance fut énergique et bien honorable pour les troupes Françaises.

Tout ce que peut faire une grande armée est de s'adosser à une forteresse, ou d'y appuyer une de ses ailes pour porter à l'autre, l'élite de
ses troupes et combattre dans cette attitude, *figure 5.* L'aile refusée
très-affaiblie, privée de sa seconde ligne, de son artillerie, de sa cavalerie et souvent de ses compagnies de grenadiers, est cependant solide
par sa position retirée, et par l'appui qu'elle reçoit du canon de
la place. Toutefois il arrive que l'aile avancée, quelle que soit sa
force et l'excellence de sa composition, est en l'air et facilement
enveloppable, à moins qu'elle ne soit appuyée à quelqu'obstacle
naturel. Il faut donc pour remédier au vice de la position, construire
quelques ouvrages de campagne; mais l'ennemi, par un changement de direction, peut rendre ces premières dispositions inutiles,
en forçant l'armée défensive à abandonner ses ouvrages, pour opérer
de son côté des contre-manœuvres que nécessitent les mouvemens de l'attaquant. Il faudra donc que l'armée défensive, après
avoir pivoté autour de la place, fortifie encore son aile avancée,
qui de rechef se trouve exposée si le terrain ne la favorise pas.
Nouvelles peines, nouvelles fatigues, travaux rebutans, pour
une armée démoralisée par des revers et qui a le sentiment de son
infériorité.

(251.) Il serait donc à désirer, qu'il y eut dans les environs
des forteresses, des points d'appui pour favoriser les manœuvres
d'une armée sur la défensive, et entre lesquels elle pût changer
de front, sans danger, pour faire face à l'ennemi de quelque
côté qu'il se présentât. Le général Rogniat, a résolu le problème,
d'une manière simple et satisfaisante. « Je ne vois pas de meilleur
« moyen, dit-il, dans ses Considérations sur l'art de la guerre,
« pour remplir ces conditions, que celui d'établir quatre petits
« forts autour de chaque place, formant un immense quarré dont
« la place occuperait le centre. (*Voyez la figure 6.*) » Ces forts,
« fermés en tous sens, seraient établis sur les sommités les plus
« avantageuses des hauteurs, à environ douze ou quinze cents

« toises des ouvrages de la place, et espacés entr'eux de deux à
« trois mille toises. L'espace compris d'un fort à l'autre formerait
« un champ de bataille capable de recevoir une armée de cin-
« quante à cent mille hommes, qu'on pourrait regarder comme
« inexpugnable : les forts armés de canon de gros calibre, en ap-
« puyeraient parfaitement les aîles; quant au centre, sur lequel
« ils auraient peu d'action à cause de leur éloignement, on pourrait
« le renforcer par des ouvrages de campagne construits au moment
« même du besoin. Ainsi les quatre forts, circonscrivant chaque
« forteresse formeraient tout autour un vaste camp retranché,
« présentant quatre fronts ou quatre champs de bataille différens;
« de sorte que de quelque côté que l'ennemi arrivât nous pour-
« rions lui faire face avec notre armée. La garde ordinaire de
« ce camp retranché qui se réduit à celle de quatre petits forts,
« ne pourrait pas exiger plus de huit cents hommes, et la place
« qui en ferait le réduit mettrait en sûreté tous les établissements
« et les dépôts nécessaires à l'existence et à la réorganisation des
« armées..... Il est aisé de varier ce dispositif de fortification sui-
« vant l'assiette de chaque place, et de l'adapter au terrain, en
« profitant des positions qu'offre la nature.

(252.) Si la place est sur une rivière, comme cela arrive presque
toujours; il faut jeter plusieurs ponts en amont et en aval,
figure 6.ᵉ pour établir de nombreuses communications entre les
deux rives et donner la facilité de passer de l'une à l'autre, sur
plusieurs colonnes à la fois, et de se présenter d'un côté aussi bien
que de l'autre, en forces suffisantes, pour repousser toute agression de l'ennemi. Si le terrain est plat, deux des forts peuvent
être placés sur la rivière pour en commander le cours, tandis que
les autres sont jetés en avant dans la campagne, et forment comme
le sommet de deux triangles ayant la rivière pour base. Mais il est
rare qu'une semblable disposition, toute avantageuse à l'assiégé,
soit possible, parce que les rivières et les fleuves sont ordinaire-

ment accompagnés de hauteurs plus ou moins rapprochées, sur lesquelles les forts doivent nécessairement être construits.

(253.) Les places qui déjà sont pourvues de forts détachés à de grandes distances, et qui ont soutenu des siéges, ont prouvé dans les dernières guerres, que la théorie développée ci-dessus n'est point purement spéculative; et la belle défense de Dantzig en 1813 par l'armée Française, sous les ordres du général Rapp, est une preuve incontestable des avantages qu'on doit attendre, des dispositions que propose le général Rogniat. Ces dispositions ne sont néanmoins applicables qu'à celles des forteresses qui, par leur position géographique et par leur assiette, sont susceptibles de servir d'appui et de pivot aux armées défensives; et de présenter une barrière aux entreprises de l'ennemi.

(254.) Je terminerai ce que j'ai à dire sur les camps retranchés en rapportant textuellement une note que le capitaine d'Artois a insérée dans son intéressante relation du siége de Dantzig cité plus haut. Cette note formera une espèce de récapitulation que je ne crois point déplacée en cet endroit. « Le mode de défense « extérieure présente bien des avantages, dit cet officier. Il assure « de grandes ressources en vivres, en fourrages, en matériaux, « en travailleurs que peuvent fournir les faubourgs et les villages « que l'on occupera...... Les habitans eux-mêmes dont on a quel- « quefois à craindre le soulèvement dans une grande ville, prennent « une meilleure opinion de la garnison, lorsqu'elle n'est pas ré- « réduite à se cacher derrière ses murailles, et lui accordent plus « de confiance, ou du moins sont plus retenus dans le devoir « par l'idée qu'ils ont de sa force.

« Réduisons s'ils se peut le siége à une espéce de blocus ou à une suite de petits siéges partiels.

« Les défenseurs ayant l'avantage de la connaissance des lieux, « peuvent assurer toutes leurs positions en fortifiant quelques « points seulement. De cette manière ils tiendront l'ennemi à une

« grande distance et le forceront à un immense développement
« qui le rend faible partout.

« Il serait à désirer qu'on s'attachât plus qu'on ne le fait ordi-
« nairement, à empêcher l'établissement des lignes de contreval-
« lation, ou du moins qu'on obligeât l'armée attaquante à les
« construire fort éloignées. Plus vous conserverez de terrain, plus
« encore il vous sera facile de faire une pointe pour aller battre
« l'ennemi en détail ou pour vous ravitailler....

« Espérons que l'exemple donné à Dantzig ne sera pas stérile
« et qu'il servira à confirmer les excellens principes émis par Mr.
« Carnot, dans son ouvrage de la défense des places, qui conseille
« de conserver les faubourgs des villes de guerre et de les fortifier
« même pour les défendre, au lieu de les détruire à la simple ap-
« proche de l'ennemi comme on le fait généralement.

« Remarquons que ceci n'est point en contradiction avec la
« maxime adoptée par tout le monde, *de raser tout ce qui*
« *offusque la vue jusqu'à la portée du canon.* Car après avoir
« tenu autant que possible dans les faubourgs, hameaux, maisons
« isolées, etc, lorsqu'on sera sur le point de les abandonner, il
« faudra prendre toutes les précautions nécessaires pour détruire
« les abris favorables à l'ennemi, qui seraient trop près des for-
« tifications. Au moins, si l'on est obligé d'en venir à cette fâ-
« cheuse extrémité, on aura fait en agissant comme nous le
« prescrivons, tout ce qui dépendait de soi pour éviter de pareils
« désastres aux habitans. C'est ce qui est arrivé à Dantzig, lors
« de l'abandon des faubourgs d'Ohra et de Schidtitz qui ont
« été conservés intacts tant que l'on a pu les occuper. Par cette
« défense lointaine vous retardez le bombardement....

« Il nous paraît démontré que sous tous les rapports il con-
« vient de tenir l'ennemi le plus long-temps possible loin des
« remparts, dût-on faire de grands sacrifices pour parvenir à ce
« but : il en résulte, force morale pour la garnison et les ha-

« bitans , ressources en tous genres , facilité pour les sorties ,
« retard toujours précieux des maux incalculables qui accablent
« nécessairement une ville exposée au feu des batteries de toute
« espéce.

« Quand l'ennemi est irrévocablement établi dans la première
« parallèle et que ses batteries consolidées ne peuvent être con-
« trebattues avec succès par celles de l'assiégé ; que celui-ci mé-
« nage alors ses hommes et ses munitions pour la défense rap-
« prochée, qui consistera surtout en coups de main , pour ruiner
« les travaux de l'ennemi : voilà , ce que nous croyons la meil-
« leure manière de diriger la défense d'une place.

Forts extérieurs et avancés.

(255.) Comment doivent être construits ces forts qui , jetés en
avant des places de guerre , les rendent susceptibles de donner
un refuge à une armée tout entière , ou qui , du moins , procurent à un simple corps , la possibilité de rester maître long-
temps, de la campagne environnante, des faubourgs et des villages voisins ; et de porter ainsi à l'extrême la défense de la place ?
Voici à-peu-près l'idée que je m'en fais.

(256.) Sur un carré de 200 mètres de côté, *fig. 1.*^{re} (*Planc. XV*)
je construis un fort bastionné , en donnant à la perpendiculaire,
le neuvième seulement du côté extérieur, afin de rendre les angles
saillans plus ouverts : ils auront par cette construction 65.° La
longueur des faces est de 60 mètres, c'est-à-dire, un peu moins
que le sixième du côté extérieur , diminution nécessaire pour
laisser à la gorge du bastion une ouverture suffisante et pour
donner aux flancs un peu plus de longueur. Dans la même intention , l'angle de défense ne sera pas droit, mais légèrement obtus , de 100.° environ : tel est le tracé de la ligne magistrale. Le
fossé a sur les saillans 15 mètres de largeur , et sa contrescarpe est
dirigée sur les angles d'épaule de la magistrale.

(257.) La ligne de feu est à 8 mètres en arrière de la magistrale, de manière à avoir 6 mètres de plongée et 2 mètres de talus extérieur. Mais le parapet n'existe que sur trois côtés du carré; le quatrième côté que j'appelle la gorge, et qui est tourné vers la place, est pourvu d'une caserne défensive voûtée à l'épreuve de la bombe, dont la largeur est extérieurement de 10 mètres, et dont le plan présente une espèce de front bastionné, avec des flancs de 10 mètres seulement de longueur, et des faces de 60 mètres comme celles des autres fronts. Le fossé de la gorge n'a non plus, que 10 mètres de largeur.

(258.) Les maçonneries de la caserne défensive ne s'élèvent pas plus haut que les parapets du fort, afin de ne pas donner prise aux coups de l'ennemi, et ses deux extrémités sont terrassées intérieurement pour le même objet. La caserne est séparée du terre-plein du fort par un fossé de 8 mètres de largeur, soit pour la salubrité, soit pour en faire un réduit de sûreté, dans lequel la garnison puisse se retirer et y obtenir une capitulation après l'ouverture de la brèche. Pour que ce réduit ait une capacité suffisante, on le fait à deux étages : il est crénelé, soit du côté du fort, soit du côté de la campagne. Au-dessus des deux étages sont encore des caves, pour renfermer les approvisionnements de bouche nécessaires à la subsistance de la garnison pendant quinze jours au moins; une citerne construite également dans la partie basse, procurera aux défenseurs, une eau plus fraîche et plus salubre, que celle qui serait conservée dans des tonneaux.

(259.) La porte d'entrée du fort est percée au milieu de la caserne : un pont-levis la ferme du côté de la campagne et un autre du côté du fort. Les murailles qui forment le tambour entre les deux portes, sont également crénelées, pour que l'ennemi qui, dans une surprise aurait forcé le premier pont, et aurait pénétré jusque dans le tambour, pût cependant encore en être chassé. Une herse placée dans le milieu du tambour, comme cela se faisait jadis, donnera encore la facilité d'arrêter l'ennemi en la laissant tomber pour fermer le passage. Deux pièces de canon montées sur affut marin, et placées à chaque flanc dans l'étage inférieur, serviront à balayer le fossé, qui sera aussi défendu par les deux rangées de créneaux. Il y aura une communication par le bas entre la caserne et son fossé, communication qui sera fermée par une porte couverte de fer, et consolidée intérieurement par de fortes barres.

(260.) Le relief du fort au-dessus de la campagne est de 5^m, 50; son parapet a 3 mètres de hauteur au-dessus du terre-plein; et il est entouré d'un glacis général dont la crête est soumise de 2 mètres à celle du parapet. Voyez la *figure* 2.e L'escarpe dont le cordon est d'un demi mètre plus bas que la crête du glacis a 9 mètres de hauteur; la contrescarpe en a 8, et le fort est ainsi à l'abri de l'escalade.

(261.) De l'intérieur du fort on descend dans le fossé, soit par la caserne, comme je l'ai déjà dit, soit par une grande poterne sous le milieu de la courtine opposée, débouchant dans un tambour en maçonnerie; lequel, couvert de poutres et de terre, forme un blockhaus dans le fossé pour défendre la porte de communication : un petit intervalle sépare le blockhaus de la muraille; et c'est par là qu'on entre dans la double caponnière qui traverse le fossé, et conduit dans une galerie construite sous la contrescarpe, dans toute l'étendue du front le plus exposé. Cette galerie est uniquement destinée à donner à l'assiégé la faculté de faire usage des contremines pour sa défense; et trois rameaux d'attente seront préparés sous chaque saillant, communiquant avec la galerie et le fossé.

(262.) On construira dans l'intérieur du fort de nombreuses traverses voûtées, par exemple, deux sur chaque courtine et une grande dans le milieu, dépassant toutes d'environ un mètre le relief des parapets. Ces traverses sont destinées à servir de magasins pour la poudre et les artifices, et d'abri pour les troupes contre les coups de revers, les coups d'écharpe, et les éclats de la bombe ou de l'obus.

(263.) Disons enfin que la gorge est munie d'un chemin-couvert, parce que les créneaux de la caserne défensive se trouvent trop bas, pour faire feu par dessus le glacis et balayer la gorge; et qu'alors le chemin-couvert devient nécessaire pour donner une défense à cette partie. La gorge est d'ailleurs la partie sur laquelle les secours de la place doivent se diriger, et où par conséquent il faut qu'il y ait une place-d'armes et un chemin-couvert pour les recevoir et faciliter leur entrée. Ces raisons n'existent point pour les autres fronts, aussi les laisse-t-on sans chemins-couverts; ce qui procure l'avantage de conserver à la contrescarpe toute la hauteur dont elle est susceptible.

(264.) S'il arrivait que le fort avancé pût être entouré d'une inondation générale, il faudrait alors s'écarter de ce que nous venons de dire, et pour plusieurs raisons l'envelopper d'un chemin-couvert. 1.° parce que ne craignant point l'attaque d'emblée, on ne doit pas craindre non plus de diminuer la hauteur de la contrescarpe qui, par économie, se fait en terre dans la circonstance actuelle. 2.° Il faut pour empêcher l'abordage, construire une digue tout autour de l'ouvrage; et alors, autant vaut-il que ce soit le glacis d'un chemin-couvert qui remplisse cette fonction. 3.° Enfin, la communication du chemin-couvert avec l'ouvrage principal, ne pouvant en aucune manière être interceptée par l'ennemi, et l'assiégé ayant la faculté de faire sa retraite sans désordre et quand il le juge à propos; c'est tout avantage que de placer une partie des troupes dans le chemin-couvert; puisque de cette manière on leur fait occuper un espace plus grand, et qu'en conséquence elles sont moins exposées aux coups de l'ennemi. Il y a donc ici exception à cette règle, qui prescrit de ne point donner de chemin-couvert aux petits ouvrages détachés, dont les garnisons sont trop faibles pour opérer des sorties et dans lesquels on ne peut pas jeter des secours considérables. Nouvelle preuve que l'art n'a point de règle absolue, ou pour mieux dire, qu'il consiste en entier à savoir modifier les tracés et les dispositions aux cas infiniment variés qui peuvent se présenter; voilà ce qui en fait la grande difficulté; voilà pourquoi il n'est pas permis à tous d'y réussir également.

(265.) Il me semble maintenant qu'une garnison de deux à trois cents hommes peut bien suffire pour la garde habituelle du fort, comme le demande le général Rogniat; et que sept à huit cents hommes qu'il y faudrait jeter pour le défendre convenablement, y seront à leur aise et trouveront dans la caserne un espace suffisant pour se loger; car de ces huit cents hommes les deux tiers tout au plus se reposeront à la fois, tandis que l'autre tiers sera au bivouac dans le terre-plein du fort, et se mettra sous l'abri des traverses. Or, on peut aisément placer dans les deux étages de la caserne sept à huit cents mètres courans de lits de camp, qui suffiront bien pour le repos des deux tiers de la garnison, officiers et soldats.

Redoute.

(266.) Il peut arriver que le terrain sur lequel il est nécessaire de construire l'ouvrage avancé, manque d'espace pour recevoir le fort bastionné; on peut alors le remplacer par une redoute ou lunette fermée à la gorge, telle à peu près qu'elle est représentée par la *figure* 3.ᵉ Cette lunette, plus spacieuse que celle de Darçon, bien défendue à la gorge par le moyen d'une caserne défensive bastionnée, est aussi plus susceptible de jouer le rôle qu'on en attend. Ses faces ont 100 mètres de longueur ou environ, ses flancs 50 et sa gorge 120. Le terre-plein est partagé en deux parties par une grande traverse voûtée, construite sur la capitale pour servir de magasin de munitions, aussi bien que pour empêcher l'enfilade.

(267.) Le relief de l'ouvrage au-dessus du terrain doit être de 5 mètres environ, comme on le voit au profil, *figure* 4.ᵉ Le parapet a 3 mètres de hauteur au-dessus du terre-plein, qui va en s'abaissant jusqu'au fossé de la caserne défensive, de manière à favoriser l'écoulement des eaux, à fournir un abri plus sûr et à être mieux défendu par les créneaux du premier étage de la caserne. Les fossés seront profonds pour empêcher l'escalade; ils n'auront pas moins de 11 mètres, à compter de la crête du parapet; l'escarpe sera de 8ᵐ, 50 et la contrescarpe de 7ᵐ,50, cette dernière recouverte par un glacis dont la crête sera, comme dans le fort bastionné, soumise de 2 mètres à celle du parapet.

(268.) Le glacis ne peut s'étendre que sur les faces et sur les flancs de la lunette, afin de laisser aux feux de la caserne une action sur les approches de la gorge; il ne nous est pas possible, comme nous l'avons fait pour le fort, de construire un chemin-couvert sur cette partie, l'espace est trop resserré pour cela; et d'ailleurs la garnison serait trop faible pour tenir quelques troupes à l'extérieur et défendre ce petit chemin-couvert; ce serait compromettre la sûreté de la redoute, que d'attendre l'ennemi dans une position aussi resserrée, et si facilement abordable.

(269.) La caserne n'a que 8 mètres de largeur extérieurement, et 6 dans l'intérieur; elle est à deux étages comme celle du fort, dont elle ne diffère que par une largeur moindre; son fossé extérieur a 10 mètres de largeur, et son fossé intérieur 6 seulement; l'un et l'autre ont 6 mètres de profondeur. On se sert des créneaux de l'étage supérieur, en montant sur les lits de camp comme sur des banquettes; habituellement ces créneaux sont fermés par de petits volets intérieurs qu'on ôte au moment de l'action.

(270.) Par ces dispositions, il n'y a de fossé défendu dans notre redoute, que celui de la gorge; aussi faut-il indispensablement construire sur chaque angle d'épaule, et aussi bas que possible, une caponnière ou galerie crénelée, pour balayer dans toute leur étendue les fossés des faces et des flancs. Cette caponnière représentée en coupe par la *figure* 5.ᵉ sur la même échelle que les autres profils, a 3 mètres de largeur intérieurement, et 3ᵐ,50 de hauteur sous clef. De chaque côté est un petit fossé de 4 mètres de largeur et de 2 mètres de profondeur. Les créneaux sont à 2 mètres du fond de ce petit fossé, c'est-à-dire au niveau du fossé de la redoute. La voûte est recouverte d'une chappe inclinée, formant une arrête sur laquelle il n'est pas facile de marcher et qui, se trouvant de cinq mètres environ plus basse que le cordon de l'escarpe, ne peut pas servir à l'assiégé de moyen pour tenter l'escalade. On va dans les caponnières par des galeries sous les flancs, dont le débouché est dans le fossé intérieur de la caserne défensive.

(271.) On voit par la description de la redoute, que cet ouvrage, quoique susceptible par sa capacité et par son relief d'une assez forte résistance, doit cependant n'être pas trop éloigné des autres ouvrages qui le soutiennent; parce qu'autrement l'ennemi pourrait battre en brèche la caserne défensive, et prendre la redoute par la gorge. Je ne crois pas qu'on puisse sans danger porter la redoute à plus d'un kilomètre de la place. Si donc il était nécessaire de la construire plus loin, on l'appuyerait par quelques batteries en arrière et à bonne distance; et ces batteries peuvent être placées dans des lunettes à la Darçon, ou simplement dans des ouvrages de campagne.

(272.) S'il était démontré que les batteries casematées ou blindées, pussent soutenir un feu de quelque durée sans se remplir d'une fumée épaisse, et sans se détériorer elles-mêmes par l'ébranlement que produit chaque explosion; on pourrait construire, même en pays découvert, des forts détachés beaucoup plus petits que notre fort bastionné, et qui, donnant fort peu de prise aux coups de l'ennemi, seraient capables d'une assez grande résistance. Ils auraient sur le fort découvert l'avantage de pouvoir s'adapter à des localités plus resserrées; ils vaudraient mieux que notre redoute et ne couteraient pas beaucoup plus. Mais tant qu'il ne sera pas constaté qu'on puisse sans inconvénient tirer pendant quelques jours de suite, dans des batteries couvertes, leur emploi nous est interdit. Nous devons nous en tenir aux batteries découvertes, bien garanties par des bonnettes, par des traverses et par des reliefs bien prononcés.

Nous ne construirons de forts casematés, que dans les positions fortement commandées, et où la fortification découverte est inadmissible ; nous le ferons pour ainsi dire malgré nous, et seulement dans des localités où l'ennemi ne pourra pas déployer une grande supériorité d'artillerie. C'est ce qu'on verra au chapitre qui traite des forts en pays de montagnes.

§. 2. *Des Citadelles.*

(273.) En jetant un coup-d'œil sur la seconde figure de la planche XIV.ᵉ on se fera une juste idée de ce qu'est une citadelle par rapport à une place de guerre. Dans cette figure, le camp retranché représente la forteresse, et la place y tient lieu de citadelle. On voit donc qu'une citadelle est un grand ouvrage fermé, dont les fortifications sont tournées contre la ville tout aussi bien qu'à l'extérieur. Son objet est de servir de réduit à la garnison lorsque la place est attaquée sur un autre point, et d'épouvantail à la bourgeoisie qui, par le nombre, pourrait en imposer aux troupes régulières chargées de la défense, et les contraindre à une capitulation prématurée.

(274.) Dans les temps de la féodalité, où les peuples n'étant comptés pour rien, n'avaient non plus qu'un bien faible intérêt à défendre la cause de leurs maîtres, les habitans n'étaient point disposés à voir renverser leurs demeures, et encore bien moins à faire le sacrifice de leur sang, pour repousser des ennemis qui ne leur étaient pas plus étrangers que ceux sous le joug desquels ils étaient pliés. On conçoit que dans ces temps de barbarie, les rois et les grands seigneurs prissent autant de précautions contre leurs sujets qu'envers les ennemis du dehors : les intérêts des uns étaient opposés aux intérêts des autres ; la seule force de l'habitude retenait les sujets dans le devoir ; et ce faible lien pouvait se rompre à chaque commotion politique. De là, ces forteresses au sein des forteresses, ces châteaux menaçans, ces donjons sinistres, ces orgueilleux créneaux, dont les canons, toujours braqués, tonnaient au moindre signe de mécontentement. Mais aujourd'hui que les peuples sont comptés pour quelque chose dans les gouvernemens, leurs intérêts sont liés à ceux des chefs des états, et il n'est plus nécessaire de tant de précautions pour les tenir dans la ligne du devoir. Les citoyens sont portés de cœur à faire des sacrifices à la patrie; et dans les dangers pressans, ils se réunissent aux troupes nationales contre un ennemi commun ; ils bravent les périls; ils supportent les privations. Ce ne sera qu'à la dernière extrémité que, peut-être, les malheureux habitans d'une ville assiégée feront entendre leur voix pour demander une capitulation; mais dans ces momens pénibles, alors que le soldat aussi bien que le bourgeois manque de tout, des cris de soumission peuvent être écoutés ; il n'y a point de honte à négocier.

(275.) Ainsi donc, sous le point de vue politique, les citadelles me paraissent inutiles. Elles me le paraissent encore sous le point de vue militaire : en effet, une place couverte par des dehors, fortifiée d'une bonne enceinte, avec retranchemens intérieurs, pourvue enfin d'une bonne garnison, doit résister assez longtemps pour que toutes les ressources en vivres et en munitions se trouvent épuisées au moment où l'ennemi pénètre dans la place; et alors la capitulation ne peut plus être différée. Si le contraire arrive; s'il lui reste encore des ressources, que fera la garnison? Elle se retirera, nous dit-on, dans la citadelle pour soutenir un nouveau siége; mais par cette mesure la troupe fait séparation d'intérêts avec les habitans; c'est à coups de canon qu'elle les récompense des sacrifices de tous genres qu'ils s'étaient imposés; car les coups qu'elle destine à l'ennemi tombent également sur des frères, et les habitations que le feu de l'assiégeant avait jusqu'alors épargnées sont renversées par celui de la citadelle. Quel rôle plus odieux pourrait-on faire jouer à des braves ? Et quelque disciplinés qu'on les suppose, croit-on que l'obéissance passive l'emporte alors sur un devoir plus sacré, sur un sentiment de la nature, sur l'amour des amis et des proches ? Il y a donc une grande probabilité que la citadelle, si elle existe, sera mal défendue, ou ne le sera point du tout ; ainsi elle est inutile. Je dis plus maintenant, elle est dangereuse et affaiblit la valeur réelle de la forteresse, en établissant nécessairement une défiance réciproque entre la garnison qui veut faire son devoir et la bourgeoisie qui craint de voir tourner contr'elle ces mêmes armes qui ne semblent faites que pour la protéger. Alors l'intérêt particulier reprend tout son empire ; les citoyens esquivent les corvées, éludent les contributions, contrarient les mesures défensives, et souvent pour abréger leurs souffrances, facilitent l'entrée de l'ennemi, ou du moins le secondent sourdement et l'appellent par leurs vœux.

(276.) Si en dernière analyse, il y a plus à perdre qu'à gagner dans l'existence des citadelles ; si elles sont anti-nationales, nous nous garderons bien d'entrer dans les détails qui les concernent, et nous prêcherons pour qu'on fasse partout, ce qu'on a fait à Metz, pour qu'on renverse ceux de leurs parapets qui sont dirigés contre les villes et menacent la bourgeoisie. J'attaque ici une opinion bien généralement reçue, et j'entends déjà ses partisans me reprocher la coupable intention de mettre le salut de l'état dans le plus grand danger, en ôtant aux garnisons tout moyen de contenir les bourgeois qui, toujours, ont intérêt à ouvrir leurs portes pour se soustraire au bombardement.

Mais quand je n'aurais pas une foule d'exemples où la bourgeoisie a pris une part très-active à la défense ; lorsqu'il serait certain que tous les habitans ne pussent songer qu'à leur tranquillité, dans les grandes crises, je dirais encore : les citadelles sont inutiles et dangereuses. En effet avec notre manière de faire la guerre, les siéges doivent se borner à ceux des forteresses principales, les seules où les citadelles puissent se rencontrer. Or, ces forteresses se défendent avec de nombreuses garnisons, qui tiennent long-temps la campagne ; disputent les villages environnans, et les faubourgs ; ne cèdent le terrain que pied à pied ; et ne se retirent dans la place que comme dans un réduit, qu'elles défendent jusqu'à la dernière extrémité, mais dont la prise amène une capitulation définitive. La catastrophe est inévitable, à cette époque du siége ; soit à cause de l'épuisement des troupes, soit par l'impossibilité où se trouvent un grand nombre d'hommes, de se retirer dans une citadelle, ordinairement très-resserrée et dans laquelle, les maladies feraient autant de ravages que les bombes et les boulets de l'ennemi. Ces remparts élevés à grands frais contre les citoyens, n'auront donc servi à rien, si ce n'est à augmenter la charge des défenseurs.

Supposons actuellement, que la place soit tombée entre les mains de l'ennemi et qu'on s'efforce de la lui reprendre. C'est alors que la citadelle sera funeste : elle tiendra dans une absolue soumission, et les citoyens les plus dévoués et ceux que les vexations de l'étranger ont ramenés à des sentimens patriotiques ; elle comprimera tout élan de leur part ; toute coopération de l'intérieur deviendra impossible. Les canons de la citadelle, seront entre les mains de l'ennemi, un moyen d'obtenir des habitans tout ce qu'il lui plaira d'en exiger ; et s'il abandonne sa proie, ce ne sera qu'après l'avoir à moitié dévorée.

Placez-vous dans une supposition contraire et défendez une forteresse, dont les habitans par leur mauvais esprit, semblent légitimer des précautions ; ou je me trompe fort, ou votre position est aggravée, par l'existence même d'une citadelle. Vous ne pouvez attendre que froideur et résistance inerte, d'une bourgeoisie, dont les mauvaises dispositions s'accroîtront en raison des mesures hostiles qu'on veut prendre contr'elle. Aucun lien d'affection ne la retient plus ; c'est un ennemi intérieur qu'il faut comprimer ; et bien qu'en présence d'une garnison nombreuse, ses coups de main ne soient point à craindre, il faut cependant multiplier les gardes et les patrouilles; redoubler de vigilance à l'extérieur ; se fatiguer en un mot pour empêcher les attroupemens populaires et déjouer les trahisons. Ces mêmes hommes, qui n'eussent été que des spectateurs indifférens de la lutte, nourissent dans leurs cœurs des sentimens haineux que vos mesures impolitiques y ont fait naître.

Ce sont là des inconvéniens réels, de bien graves inconvéniens, qu'on doit mettre en opposition, avec les avantages présumés d'une plus longue résistance. Je le répète donc, les citadelles sont inutiles et dangereuses.

CHAPITRE V.

Des Manoeuvres d'eau et des Mines.

(277.) Il reste encore deux puissans moyens à l'assiégé, d'augmenter la valeur des places : l'un , est l'emploi des eaux pour tendre de vastes inondations, et pour produire dans les fossés des torrens artificiels, auxquels les travaux de l'assiégeant ont bien de la peine à résister. Les mines constituent l'autre moyen , qui ne le cède guère au premier quand on l'emploie avec dicernement ; il force toujours l'attaquant à ne s'avancer qu'avec la plus grande circonspection et une extrême lenteur. Je serai bref, sur ces deux objets , car les auteurs qui en ont déjà parlé, ne laissent que peu à dire après eux.

§. 1.er *Des manœuvres d'eau.*

Art. 1.er *Inondations.*

(278.) Le premier effet d'un barrage **A** (*Planche XVI*) fait au travers d'une rivière, est de produire en amont une inondation d'autant plus considérable que la digue est plus élevée , et que le terrain a moins de pente ; alors les fronts supérieurs de la place seront couverts en grande partie par cette inondation et rendus inabordables ; l'ennemi ne pourra donc plus s'avancer que sur les fronts du milieu et sur ceux du bas. Mais si tout-à-coup par un moyen quelconque, on enlevait le barrage **A** , toutes les eaux retenues se précipiteraient à la fois dans la partie inférieure et le lit ordinaire de la rivière ne suffirait pas pour les contenir; il y aurait donc débordement; et si par hasard l'assiégeant avait dirigé ses attaques sur les fronts d'aval, ses tranchées seraient inondées, ses poudres ruinées, ses épaulemens endommagés; et pour peu que les bords de la rivière fussent bas, ces ravages s'étendraient à une assez grande distance. On voit par là que les eaux de la rivière employées convenablement, forcent l'ennemi à s'éloigner de ses bords, soit en amont, soit en aval, pour attaquer par les fronts intermédiaires, lesquels peuvent alors être disposés de la manière la plus convenable pour une bonne défense, tandis que les autres se réduisent à peu de chose.

(279.) Quand toute l'eau de l'inondation supérieure s'est écoulée, on rétablit le barrage et les mêmes manœuvres peuvent se répéter s'il est nécessaire. L'inondation reproduite empêche de nouveau les corps ennemis placés sur les deux rives, de communiquer entr'eux; elles éloigne les lignes de contrevallation et de circonvallation; et si elle est assez considérable, elle donne à l'assiégé les moyens d'employer pour la défense des barques armées, lesquelles se portant rapidement tantôt sur un point, tantôt sur un autre, inquiétent l'ennemi et l'obligent à partager son attention. Cette navigation rend l'assiégé maître des petites îles qui peuvent se trouver dans l'inondation; elle facilite l'arrivée des convois. On dira que l'assiégeant armera de semblables bateaux, pour disputer la possession de ce lac artificiel : cela est vrai, mais comme celui qui se défend a grand soin d'enlever tous les bateaux qui peuvent servir à cet objet, il faut que l'assiégeant fasse les frais de ceux dont il a besoin, ou que du moins, il les fasse venir de très-loin; et quand il est parvenu à se les procurer, il est obligé de les laisser exposés aux orages, alors que l'assiégé peut retirer les siens dans un port sûr.

(280.) Il arrive quelquefois que les eaux de l'inondation élevées à une certaine hauteur, prennent leur écoulement par le côté et se répandent dans la campagne, pour aller se jeter dans leur lit naturel, après avoir fait le tour de la ville soit d'un seul côté, soit des deux à la fois. Si cette rivière de circonstance a de la largeur, toute la partie de l'enceinte qu'elle enveloppe est à l'abri des entreprises de l'ennemi; mais le plus souvent cet effet n'a pas lieu, parce que les berges des fleuves sont ordinairement plus élevées que le barrage construit dans l'intérieur de la ville; de sorte que les eaux arrivées à la hauteur de la digue qui les retient, s'écoulent, se déversent par dessus, en continuant de couler dans leur lit inférieur.

(281.) Le barrage **A** est ordinairement construit entre les piles d'un des ponts qui communiquent d'une partie de la ville à l'autre; il faut alors que ce pont soit muni d'un radier général qui le préserve des affouillemens, et que ses piles soient très-solides pour résister à la grande pression des eaux. La fermeture se fait par le moyen de grandes vannes, qui tombent entre des coulisseaux pratiqués dans la hauteur des piles, et qui sont manœuvrées chacune, par deux treuils ou deux vis de manière qu'en employant le nombre d'hommes suffisant, elles puissent être levées promptement et toutes à la fois, quand il est question de lâcher le torrent contre les attaques de l'ennemi. L'assiégeant qui connaît ordinairement l'endroit où se fait la retenue, y lance une grande quantité de bombes; c'est pourquoi il convient de construire les vannes à double, sous chaque arche du pont, afin que l'une étant rompue l'autre puisse la remplacer.

(282.) Une inondation n'aurait point de valeur si l'ennemi pouvait, sans beaucoup de peine, la saigner, c'est-à-dire, pratiquer un canal qui en détournât les eaux. Cette dérivation ne peut avoir lieu que dans le cas où les eaux sont fournies par un ruisseau, ou par une petite rivière d'un courant peu rapide. Il est quelquefois possible de l'empêcher, en construisant quelqu'ouvrage près des endroits où un semblable travail serait le plus facile. Cette précaution est surtout nécessaire, lorsque la saignée tout en vidant l'inondation, priverait la place des eaux nécessaires à l'entretien de la garnison et des habitans ; car on a vu quelquefois l'assiégeant, prendre ainsi par la soif une place qui, par son assiette, par ses fortifications et par les nombreuses troupes qu'elle renfermait, aurait pu soutenir un siége de longue durée.

Art. 2. *Courans dans les fossés.*

(283.) Les inondations ne sont pas les seuls avantages que la défense puisse retirer des eaux qui traversent une place ; il est encore possible de jeter dans les fossés habituellement secs, des torrens qui les nettoyent et enlèvent tous les travaux de l'assiégeant prêt à joindre la brèche et à donner l'assaut. Quand le torrent s'est écoulé, le pied de la brèche est balayé, il n'y reste plus que les plus grosses décombres ; elle n'est plus praticable ; l'assiégeant doit donc se livrer à de nouveaux travaux, afin de se procurer une rampe accessible, et pour faire de son épaulement dans le fossé une véritable digue, capable par sa solidité de soutenir le poids des eaux, et assez élevée pour les faire refluer en arrière. Mais pour arriver à ce but il faut du temps et de la peine ; l'assiégé peut respirer et réunir tous ses moyens pour défendre énergiquement la brèche.

(284.) Voyons maintenant comment on produit à volonté ces torrens dans les fossés : des écluses B et C dérobées aux vues de l'ennemi et dont le mécanisme est couvert par des voûtes à l'épreuve de la bombe, donnent entrée à l'eau de l'inondation dans les fossés de la place, ou l'empêchent de s'y jeter, suivant qu'elles sont ouvertes ou fermées. On voit que les deux digues B et C doivent être plus hautes que la digue A, et notablement plus hautes, afin que le déversement ne se fasse pas par dessus. D'autres écluses F et G servent à retenir les eaux dans les fossés, ou à les laisser échapper suivant qu'on le juge convenable ; elles s'appellent *écluses de fuite* ; les premières sont les *écluses de chasse.*

(285.) Lorsque l'ennemi est sur le point d'entrer dans le fossé, ou pour mieux faire, lorsqu'il y est déjà et qu'il y a affermi son débouché de descente de fossé, on cesse de lui disputer le passage ; on se retire, mais c'est pour ouvrir les écluses de chasse en laissant fermées les écluses de fuite. Le fossé se remplit alors d'une eau calme mais perfide qui, d'abord, délaye les premiers travaux de l'assiégeant et le force peut-être à relever sa descente de fossé et à construire une digue élevée, et qui, lorsque ce travail est à-peu-près achevé, se met en mouvement et renverse tout par sa masse. L'assiégé ouvre les écluses de fuite, et les eaux s'y précipitent ; il tient en même temps fermées les écluses de chasse, s'il veut économiser le fluide destructeur ; ou bien il les ouvre aussi, quand il n'a pas besoin de ménager les ressources qu'un fleuve abondant lui présente et qu'il veut produire un plus grand effet. Le courant des eaux dans les fossés sera considérable, car la hauteur de chute peut être au moins de deux mètres.

(286.) Crainte d'accident à une des écluses, on en peut construire une intermédiaire telle que H, laquelle procure en outre le moyen d'augmenter la force du courant dans les fossés inférieurs, en remplissant d'abord la partie B H et en laissant à l'eau moins d'espace à parcourir. Une autre attention qu'on doit avoir, est de faire l'ouverture des écluses de fuite plus grande que celle des écluses de chasse, afin que les eaux ne soient pas retenues et que leur courant ne soit pas détruit en partie.

(287.) Pour qu'il soit possible d'établir à volonté des courans d'eau dans des fossés habituellement secs, et par conséquent susceptibles d'être défendus préalablement par des sorties et des

coups de vigueur ; il faut que leur fond soit de o,^{m}3o environ
au-dessus du niveau des plus grandes eaux de la rivière, lorsque
rien ne gêne son cours. Le barrage **A** se fait alors assez haut
pour que l'inondation s'élève de 2 mètres au-dessus du point
que nous venons d'indiquer ; et avec cette condition, lorsqu'on
ouvrira les écluses, les eaux ne se répandront que dans les
grands fossés et n'iront pas perdre leur force dans les fossés des
demi-lunes ou des autres ouvrages extérieurs, dont le fond est
comme on a vu relevé de deux mètres au-dessus de celui du
grand fossé. Mais il est bien difficile d'empêcher toute filtration
des eaux soulevées ; il est donc nécessaire de pratiquer dans le
milieu du grand fossé une cunette pour recueillir les eaux et
leur donner un écoulement ; sans cette précaution ces fossés
ne tarderaient pas à devenir fangeux et impraticables; ils per-
draient ainsi leur principal avantage, celui de procurer malgré
les eaux, une communication facile avec les ouvrages extérieurs,
tant que l'ennemi n'en est pas maître et qu'on n'en est point encore aux derniers expédiens.

(288.) Pour conserver à la ville l'avantage d'un courant d'eau
nécessaire aux usines de toute espèce et surtout aux moulins
constamment en activité pendant un siége, on peut construire
un petit canal **DE** prenant ses eaux en amont, par le moyen
d'une petite écluse **D** qu'on ouvre ou ferme à volonté. Si le canal
prend ses eaux à la hauteur ordinaire de la rivière, il pourra
servir en temps de paix aussi bien que pendant le siége; il va
sans dire qu'il sera assez étroit pour que sa dépense ne soit jamais égale à ce que peut fournir la rivière. Ce canal pourra encore servir de déversoir dans les crues subites : en l'ouvrant en
entier, il donnera aux eaux un moyen de plus pour s'écouler,
sans se répandre dans les fossés, et sans occasionner d'accident.
On peut même en connoissant bien le régime de la rivière,
donner au *déversoir* une largeur telle qu'il puisse suffire à l'é-
vacuation du trop plein produit par les plus grandes crues.

(289.) Pour que les courans des fossés ayent tout leur effet, il faut que les écluses puissent s'ouvrir promptement en laissant à l'eau de larges ouvertures. Or ce n'est pas une chose bien facile, que de donner tout-à-coup, aux eaux, un passage suffisant; car pour ouvrir les vannes des écluses ordinaires, il faut vaincre un effort qui est toujours très-considérable. Voici de tous les moyens proposés pour y parvenir, celui qui m'a paru le plus simple, et par lequel la même force qui tient habituellement la porte fermée, la fait ouvrir quand il en est besoin : je ne sache pas que ce moyen indiqué par Bousmard, ait jamais été employé ; toutefois il est ingénieux et mérite qu'on en fasse l'épreuve.

(290.) Imaginons entre deux piédroits une porte A B *figure 2.ᵉ* tournant autour d'un pivot C plus rapproché de A que de B. Les deux parties A C et B C étant inégales, ne supportent pas une pression égale de la part de l'eau qu'elles soutiennent ; la partie B C étant plus grande, la porte reste fermée. Mais sur le milieu de cette partie est une petite vanne *m n* qu'on peut ouvrir à volonté au moyen d'un cric et qui, lorsqu'elle est levée, rend la surface de la partie B C plus petite que celle de la partie A C. Dans cet état la porte s'ouvre, vient s'appliquer contre un heurtoir où on la fixe, et l'eau entre dans le fossé par toute la largeur A B. Pour fermer de nouveau la porte, il ne s'agira que de baisser la vanne *mn* et d'aider un peu le mouvement. On conçoit que la vanne *m n*, pourra être aussi petite qu'on le voudra, et par conséquent très-facile à manœuvrer, puisqu'on est maître de faire les deux parties A C et B C aussi près d'être égales qu'on le juge à propos. Il faut dire cependant que ce genre d'écluses doit offrir les plus grandes difficultés, sous le point de vue de l'exactitude dans la construction et sous celui de la solidité.

(291.) Nous avons dit que le fond du grand fossé doit être au-dessus des plus grandes eaux naturelles de la rivière, afin de se ménager l'avantage de le tenir sec pendant tout le temps que

doit durer la défense extérieure. Mais il peut arriver que la ville
soit construite sur un terrain si bas, que cette condition devienne
impossible à remplir. On est alors contraint à tenir continuellement de l'eau dans les grands fossés, ce qui gêne considérablement les communications et rend les sorties bien difficiles. Il faut
s'arranger alors pour que l'eau des fossés soit habituellement
courante, car les fossés remplis d'eau dormante sont les plus
mauvais de tous; ils gênent les communications de l'intérieur
avec l'extérieur, sans offrir à l'assiégeant plus de difficultés
réelles pour le passage, que ne le font les fossés secs; de plus
ils se gèlent facilement en hiver et facilitent ainsi les surprises
ou les escalades.

(292.) Quand les fossés doivent être constamment pleins, il
faut faire ensorte que ce ne soient que ceux du corps de place,
et que les fossés des demi-lunes restent secs, mais à fleur d'eau.
Cette dernière condition empêche l'assiégeant d'y construire des
tranchées; celle d'être secs, permet à l'assiégé de défendre le
passage et la brèche par des sorties. Les communications du
corps de place avec les ouvrages extérieurs se font avec des ponts
sur chevalets, avec des radeaux ou des bateaux. On a soin alors
de construire à la gorge de chaque demi-lune, des havres circulaires, pour abriter les bateaux.

§ 2. *Des Mines.*

Art. 1.er *Effets.*

(293.) Mon intention n'est point de donner ici la description
détaillée des effets de la poudre dans les mines; je les suppose
connus; je ne veux parler que des dispositifs de contre-mines
qui me semblent le plus propres à remplir le but de la défense

souterraine, qui est de forcer l'ennemi à ne s'avancer qu'avec la plus grande circonspection, à se livrer à des travaux qui', par leur nature sont pénibles et d'une longue exécution. Dirai-je tout ce qui a été proposé ou fait à cet égard? Décrirai-je ces dispositifs compliqués à double, à triple étage, ces laby-rinthes souterrains où le défenseur doit se perdre, et qui sup-posent des approvisionnemens de poudre si considérables, que l'ima-gination en est effayée? je ne m'en sens pas le courage. Mais heu-reusement que tout cet échafaudage, s'écroule devant la méthode actuelle d'attaquer et de défendre les places.

Quand on se bornait à la défense passive, ou du moins à la dé-fense rapprochée, il pouvait être bon de multiplier les volcans sous les pas de l'ennemi, et de chercher à bouleverser plusieurs fois le même terrain; mais à présent que c'est surtout à l'exté-rieur que la défense d'une grande forteresse s'opère, il nous suffit de quelques dispositifs très-simples sur les parties les plus me-nacées, surtout sous la contrescarpe des forts avancés, qui se trouvent exposés aux surprises et aux attaques de vive force.

(294.) Messieurs Gumpertz et Lebrun dans leur excellent traité des mines, ont clairement démontré que les mines défen-sives doivent être situées dans un même plan; que depuis l'in-vention des globes de compression, les systèmes à plusieurs étages ne présentent qu'une complication dangereuse, et ne méritent plus la réputation dont ils ont joui pendant quelque temps. Je suis complètement de cet avis, parce que dans la disposition qu'in-diquent ces officiers, il y a simplicité et économie; mais quand ils ajoutent, que tous les fourneaux doivent être placés au plus bas du terrain, afin que l'assiégeant ne les puisse pas prendre par dessous, je ne suis plus d'accord avec eux.

Il me semble que l'assiégé en se tenant à une profondeur modérée, ne s'expose pas plus qu'en descendant plus bas, et qu'il conserve le triple avantage, de l'économie dans la consommation de la poudre, d'un moindre travail dans l'opération du bourrage, et d'une grande facilité à tenir les rameaux secs, par la pente qu'on leur donnera en arrière. Cette opinion contraire à ce qui est généralement reçu a besoin d'être développée.

(295.) Je rappellerai d'abord les résultats d'un beau mémoire de Mr. Dobenheim ancien professeur de fortification. Ce mémoire est inséré dans les notes du traité des mines, cité dans le Numéro précédent; il mérite la plus grande confiance. Voici ce qu'il contient : 1.° Si un fourneau A, *figure* 1.ᵉ (*Planche XVII*) placé à une certaine profondeur A B dans un terrain homogène, est faiblement chargé; son effet peut se réduire à une rupture intérieure dans toute l'étendue d'une sphère, dont le rayon est d'autant plus petit que la charge est plus faible. Cette sphère de rupture *mno* est ce que les mineurs ont appelé un *camouflet*.

2.° Si la charge est suffisante, il y a une explosion à l'extérieur en vertu de laquelle le fluide élastique, éprouvant moins de résistance dans la partie supérieure que dans la partie inférieure, réagit moins contre celle-ci que sur les côtés où les résistances se contrebalancent; en sorte que le solide de rupture, celui dans lequel les terres sont pulvérisées et les galeries détruites, n'est plus une sphère, mais un ellipsoïde ou du moins un solide de forme analogue.

3.° Le fourneau est *ordinaire*, lorsque son entonnoir a un rayon BC, égal à la ligne de moindre résistance AB; il est *surchargé*, lorsque son rayon BD est plus grand que la ligne AB : on ne peut point faire d'entonnoir dont le rayon dépasse le triple de la ligne de moindre résistance; mais l'effet intérieur est sans limites.

4.° Pour l'ellipsoïde de rupture produit par un fourneau ordinaire, on a en faisant la ligne de moindre résistance AB égale à l'unité, on a, dis-je, pour les deux axes, $Aa = 1,7$ et $Ab = 1,3$.

5.° Pour le fourneau surchargé au maximum dont le rayon BD de l'entonnoir est triple de AB, on a $Aa' = 4,36$, et $Ab' = 1,40$; c'est-à-dire que le demi grand axe de l'ellipsoïde est environ quadruple de la ligne de moindre résistance, tandis que son demi-petit axe vaut à peu-près une fois et demie cette même ligne (*)

8.° Enfin, dès qu'un fourneau agit à l'extérieur, son action en dessous ne s'accroît que faiblement avec l'augmentation des charges, tandis que latéralement elle devient assez considérable.

(296.) Soit maintenant MN, *figure* 2.° le niveau des eaux; B,B' deux fourneaux de mines défensives placés au plus bas du terrain, et nous supposerons que ce soit à dix mètres de profondeur; soient encore C,C',C,''C,''' d'autres fourneaux défensifs placés à moitié profondeur des premiers, espacés comme eux du double de leur ligne de moindre résistance. L'assiégeant qui s'est aussi enfoncé au plus bas du terrain, et que nous supposons placé en A le plus près possible des fourneaux B et C, construira son fourneau surchargé ou *globe de compression.* Les ellipsoïdes de rupture des fourneaux B et C sont indiqués par les lignes ponctuées; on voit qu'ils retiennent l'ennemi à la même distance, quand le premier fourneau C du système supérieur est avancé dans la campagne de quelques mètres de plus que le premier fourneau B du système inférieur. Le mineur assiégeant s'efforcera de donner à son fourneau A la plus grande action, c'est-à-dire, qu'avec une charge de six à sept milliers, il le rendra capable de produire un ellipsoïde de rupture, dont l'axe vertical Ab sera un peu plus grand que la ligne de moindre résistance, et dont l'axe horizontal Aa sera égal à quatre fois au moins la même ligne. Or, pour les fourneaux ordinaires le demi-axe horizontal des sphéroïdes de rupture étant d'environ une fois et demie la ligne de moindre résistance; il s'ensuit que de B' en o, il y a environ trois fois et demie la ligne de moindre résistance, et que par-conséquent le second fourneau B', aussi bien que le premier B, sera écrasé par la même explosion.

(297.) Quant aux fourneaux supérieurs, il y en aura trois d'en-

____

(*) Voyez la note huitième.

veloppés dans la destruction; le quatrième C''' étant en dehors de
l'ellipsoïde de rupture, ne sera qu'ébranlé et ne sera point détruit.
Ainsi, en supposant tous les fourneaux chargés, les deux inférieurs
B,B', exigeant chacun 3000 livres de poudre, il y aura pour l'assiégé
six mielle livres de perdues; et les fourueaux supérieurs C,C',C',C'',
n'exigeant chacun que 400 livres, il n'y aura de perte que douze
cents livres. Et si l'on fait entrer en ligne de compte les frais de
bourrage et de constructions en charpente pour les rameaux, qui
sont nécessairement plus considérables dans les deux grands fourneaux que dans les trois petits; on verra que le même coup de l'assiégeant aura occasionné à l'assiégé établi défensivement au plus
bas, une perte au moins quintuple de celle qu'il aurait éprouvée en
ne construisant ses fourneaux qu'à moitié profondeur. La différence
relative est encore plus considérable, si l'on ne suppose chargés que
les premiers fourneaux B ou C. Ainsi donc sous le point de vue des
pertes inévitables que doit supporter l'assiégé, la disposition défensive
C,C',C'', l'emporte sur la disposition B, B'.

(298.) D'un autre côté, le fourneau C agissant de haut en bas,
empêche l'assiégeant de passer par dessous, et l'arrête à la même
distance bb', que le fait le fourneau B; l'un et l'autre atteindront l'ennemi, s'il dépasse la ligne bb'; avec cette différence toutefois, que le
premier C utilisera pour ainsi dire toute sa force et ne coûtera à
l'assiégé que 400 livres de poudre, tandis que l'autre dépensant une
partie de son effort à pulvériser inutilement le terrain inférieur, coûtera huit fois autant. C'est pour n'avoir pas tenu compte de l'effet
des mines dans le sens vertical, qu'on est tombé dans l'erreur que
je relève, savoir, que l'assiégé doit toujours occuper le plus bas du
terrain. La disposition supérieure exigera, il est vrai, des galeries
poussées plus en avant et qui, par conséquent, coûteront davantage, toutes choses égales d'ailleurs; mais peut-on comparer une
dépense, faite à l'époque de l'établissement des contre-mines, avec
celle qui peut résulter d'une consommation considérable de

poudre, dans un moment où l'on est presque toujours à court, et où cette munition décuple de valeur, quand on est assez heureux pour se la procurer. Et d'ailleurs, cette prolongation des galeries dans la campagne n'est pas perdue pour l'assiégé, parce que l'ennemi qui la connaît, bien mieux qu'il ne peut connaître la profondeur des fourneaux, s'arrêtera et établira plus loin son grand fourneau A.

(299.) Si aux avantages énumérés ci-dessus, dont jouissent les fourneaux de moyenne profondeur, nous ajoutons ceux d'un bourrage plus prompt; d'une plus grande salubrité, en vertu de l'écoulement qu'on peut donner aux eaux; et de l'economie dans la première construction, économie qui résulte de ce que les galeries étant plus rapprochées du sol, on peut les construire à ciel ouvert; on verra que le choix ne peut pas être douteux entre les deux systèmes C,C',C'' et B,B'. Nous adopterons donc le premier, et nous établirons en principe : *que les fourneaux des mines défensives doivent se construire dans un même plan, dont la profondeur peut varier de 4 à 6 mètres. Quant aux galeries qui y conduisent , elles seront dans un autre plan, partant du fond du fossé pour se relever et couper le premier sous la queue des glacis.* Ce dernier plan aura toujours une pente en arrière favorable à l'écoulement des eaux, et à l'assainissement des galeries, tant que le terrain qui environne la place n'aura pas une pente contraire bien considérable.

Les fourneaux établis, comme nous venons de le dire, dans un même plan peuvent être immédiatement dans les galeries, lorsque celles-ci se rapprochent assez de la surface du glacis, mais ordinairement ils communiqueront avec elle par des rameaux descendans. Dans le premier cas, qui est très-particulier, le *plan des fourneaux* se confondra avec le *plan des galeries.*

Art. 2. *Description des galeries.*

(300.) Après avoir posé le principe précédent, il nous reste à donner la description des galeries et des rameaux, et à expliquer comment ils doivent être distribués autour d'un ouvrage qu'on veut défendre par les mines. On donne le nom de *galerie majeure*, ou *galerie magistrale* à celle ABC, *fig.* 3.ᵉ, qui sert de base à tout le système des contre-mines. Celle qui comme DEF est parallèle à la galerie majeure, ou qui du moins, court à peu près dans le même sens et entoure l'ouvrage qu'elle doit défendre, s'appelle *galerie d'enveloppe.* Toutes les galeries *mn*, qui vont de la galerie majeure à la galerie d'enveloppe, s'appellent des *galeries de communication ;* et toutes celles *q,q* qui s'avancent dans la campagne en présentant la pointe à l'ennemi, sont des *galeries d'écoute.*

Galerie majeure.

(301.) La galerie majeure a occupé des emplacemens divers dans les différens systèmes de contre-mines, savoir, sous la banquette du chemin-couvert, sous le milieu du terre-plein de cet ouvrage, et enfin immédiatement contre le revêtement de contrescarpe. On est d'accord généralement que ce dernier emplacement est préférable, parce qu'il y a économie, parce que la galerie peut être facilement éclairée, et parce qu'elle se trouve moins exposée que partout ailleurs aux terribles effets des globes de l'assiégeant. La galerie majeure établie dans l'emplacement que je viens d'indiquer, reçoit plus particulièrement le nom de *galerie de contrescarpe.*

(302.) La galerie de contrescarpe n'est point dirigée en ligne droite, parce que le revêtement se répaissit sous les traverses où il a une plus grande hauteur, ainsi qu'on le voit dans la *figure* 4.ᵉ Partout où le revêtement a moins d'épaisseur, on le perce de créneaux qui, ayant vue dans le fossé, procurent l'avantage de le défendre

à coups de fusil, en même temps qu'ils donnent à la galerie de l'air
et de la lumière. Les débouchés des galeries de communication dans
le fossé, sont pourvus de portes à un battant qui se ferment dans
l'intérieur par de bons verroux, et qui permettent aux défenseurs
de la galerie de s'isoler, lorsque par un coup de tête, l'ennemi parviendrait momentanément jusqu'au fossé. Des petits magasins *a,a* construits en aussi grand nombre que possible, et principalement à
l'entrée des galeries de communication, procurent au mineur assiégé
des espaces commodes pour déposer les outils, les bois de coffrage
et les sacs remplis de terre pour le bourrage. Quelques-uns de ces
petits magasins, les plus secs et les mieux fermés, sont uniquement destinés à contenir les approvisionnemens de poudre nécessaires pour l'emploi des mines. Des portes crénelées et à coulisses
donnent le moyen de fermer les galeries de communication, quand
l'ennemi s'est rendu maître de leurs extrémités les plus éloignées de
de la place; ces portes recouvertes d'une plaque de tôle, et représentées par la *figure* 5.ᵉ sont manœuvrées par deux pitons et retenues en place au moyen d'une simple cheville de fer, qui traverse
à la fois la porte et le piédroit.

La galerie de contrescarpe doit avoir 2 mètres de largeur et
3 mètres de hauteur, ou au moins deux mètres et demi.

Galeries d'enveloppe.

(3o3.) Les galeries d'enveloppe ont le grand inconvénient de
présenter le flanc aux globes de l'assiégeant, et d'être ainsi facilement détruites. Or, comme elles servent de base à des dispositions
défensives, il s'en suit que toutes ces dispositions deviennent inutiles,
quand l'assiégeant est parvenu à renverser la galerie d'enveloppe vers
ses deux extrémités; heureux les mineurs qui, dans cette circonstance, peuvent échapper au terrible danger d'être ensevelis tout
vifs. Les galeries d'enveloppe ont encore l'inconvénient de servir de

base au mineur assiégeant qui s'en serait rendu maître. Il poussera
en avant avec autant de facilité en partant de cette galerie, où il
approvisionnera tout ce qui lui est nécessaire, que l'assiégé en s'appuyant sur sa galerie de contrescarpe; le mineur assiégeant et le
mineur assiégé seront à deux de jeu, ce qui est certainement contraire à l'esprit d'une bonne défense.

(304.) Je sais qu'on reproche encore à la galerie d'enveloppe de
ne pouvoir pas être enfilée du canon de la place, et de servir de tranchée à l'assiégeant. J'avoue que je ne comprends pas cette objection,
et que je ne me fais pas une idée de la possibilité d'enfiler des galeries
de mine avec le canon de la place, non plus que de l'avantage que
l'assiégeant pourra trouver dans une tranchée de cinq ou six mètres
de profondeur, qui exigerait, pour être déblayée, un travail énorme.
Qoiqu'il en soit, les inconvéniens signalés dans le Numéro précédent,
sont bien assez grands pour engager les mineurs à réprouver la galerie d'enveloppe, et à la proscrire des systèmes défensifs : ils ne la
tolèrent que si elle n'existe que par petits fragmens. Ces petites
portions d'enveloppe, lorsqu'on jugera convenable de s'en servir,
auront 2 mètres de hauteur et 1^m, 5o de largeur.

Galeries de communication.

(3o5.) Les galeries de communication existent toutes les fois
qu'il y a enveloppe ou portion d'enveloppe; leurs dimensions doivent être les mêmes que celles de l'enveloppe, parce qu'elles doivent, comme cette dernière, servir à une circulation active, et aux
dépôts momentanés de tous les objets nécessaires à la confection des
fourneaux et au bourrage des mines. De distance en distance, on
pratique dans les piédroits des rainures *b,b, figure* 4.ᵉ, afin de pouvoir interrompre la communication par un barrage en poutrelles
appuyé de sacs à terre, lorsque le mineur assiégeant est parvenu
jusque dans la galerie d'enveloppe. Ces petits barrages donnent·en-

core le moyen d'accélérer la charge d'une mine qu'on serait pressé
de faire jouer.

(3o6.) En cas d'une irruption soudaine du mineur assiégeant,
il conviendrait de pouvoir fermer les galeries de communication
à leur débouché dans l'enveloppe, par une porte à coulisses,
comme on le fait du côté de la galerie majeure; et cette disposition est facile à imaginer. *Voyez la figure 6.*ᵉ dans laquelle
aa représente la galerie d'enveloppe, et *b* la galerie de communication; l'espèce de petit cabinet *cc* nécessaire pour la manœuvre
de la porte *d*, servira de dépôt pour les outils tant que l'assiégé
sera maître de la galerie *aa*. Deux créneaux de chaque côté de
la porte, permettront de faire le coup de pistolet, et de chasser
l'assiégeant, si l'on ne veut point abandonner définitivement la
galerie *aa*; dans le cas contraire, on appuye avec des sacs à
terre la porte *d*, et l'on remplit le petit cabinet *cc*.

Galeries d'écoute.

(3o7.) C'est par le moyen des galeries d'écoute qui s'avancent jusqu'au pied des glacis et quelquefois plus loin, que le mineur assiégé va à la découverte; en se plaçant dans le fond et en prêtant
l'oreille, il entend les coups du mineur ennemi, juge de la direction de sa marche, et commence aussitôt un petit bout de rameau, pour prendre par le flanc celui de l'assiégeant. On voit
par-là d'où vient le nom qu'on a donné aux galeries d'écoute.

(3o8.) Les coups de pioche de l'ennemi ne peuvent guère s'entendre qu'à une vingtaine de mètres, c'est pourquoi, il ne faut pas
laisser entre les galeries d'écoute plus de 35 à 4o mètres d'intervalle
pour être sûr que le mineur assiégeant ne passera pas entre deux,
sans être aperçu. Le nombre 4o sera donc un maximum pour
l'espacement des galeries d'écoute. Mais ces galeries ne sont pas
seulement destinées à donner connaissance de l'approche de l'en-

nemi, c'est sur elles encore que roule toute la défense souterraine. Si donc nous supposons un fourneau préparé dans deux
écoutes consécutives, et que ces fourneaux ayent cinq mètres de
ligne de moindre résistance, ils enlèveront tout l'espace compris
entre les deux écoutes, si celles-ci ne sont qu'à douze mètres d'intervalle, *figure* 7.ᵉ Mais si l'on se rappelle que l'effet destructeur d'un fourneau ordinaire, s'étend dans le sens horizontal jusqu'à une fois et demie la ligne de moindre résistance, N.° (295),
on verra que les écoutes pourraient être à 15 ou 18 mètres de distance, d'axe en axe, et empêcher également le mineur assiégeant
de passer entre deux. Nous établirons donc qu'avec la profondeur
moyenne de cinq mètres qu'il paraît convenable de donner aux
mines défensives, deux écoutes parallèles auront 16 mètres pour
minimum d'écartement, d'axe en axe; et dans cette position la
figure 8.ᵉ montre par un profil, de quelle manière les fourneaux défendent tout l'intervalle, et combien il faut que l'assiégeant s'enfonce pour éviter leur effet. Les fourneaux sont à
13 mètres de distance, centre à centre, vu la longueur des bouts
de rameaux qui y conduisent.

(309.) Les écoutes ne peuvent pas s'étendre bien loin, sans
devenir inhabitables; l'expérience a fait voir que l'air qu'elles renferment est méphitique et tout-à-fait impropre à la respiration,
quand elles ont plus de 45 mètres de longueur. Il faudra donc
que la disposition des contre-mines procure des courans d'air, et
que les galeries n'ayent pas plus de 40 mètres de longueur sans
se recroiser.

(310.) Les écoutes présentant la pointe à l'ennemi, ont la
position la plus favorable, pour éviter autant qu'il est possible les
effets destructeurs du globe de compression. Toutefois, lorsque
l'assiégé peut savoir que l'assiégeant travaille à un globe de compression qui devra jouer de loin; il fait usage de ses premiers fourneaux, non pas pour écraser son ennemi, qui se trouve hors de

portée., mais pour faire une espèce de coupure en travers, dans l'intention d'amortir l'effet du globe, dont la force ira se perdre dans un terrain déjà remué. Voilà le premier effet des mines défensives ; il se réduit à parer un coup dont on est menacé. Mais ensuite, lorsque le premier globe a joué, lorsqu'on connaît tout le mal qu'il a produit, qu'on a découvert la route qu'a prise le mineur. assiégeant, en partant de son vaste entonnoir ; on prépare quelque nouveau fourneau, soit immédiatement dans les piédroits des galeries d'écoute, soit en poussant de ces galeries quelque bout de rameau. Et comme ce travail peut être achevé avant que l'assiégeant ait chargé son globe, on prend l'offensive, et l'on porte à son tour un coup qui doit écraser le mineur ennemi ou arrêter son travail.

(311.) On voit d'après cela, que la galerie d'écoute, tantôt, servira de rameau pour le fourneau construit dans ses piédroits, tantôt de communication avec un rameau proprement dit, construit au moment du besoin ; il faut donc qu'elle n'offre pas de très-grandes difficultés pour le bourrage, et qu'elle présente cependant une communication assez facile avec le rameau de la mine. C'est pour remplir cette double condition, qu'on ne donne aux écoutes les plus avancées que $1,^m 5o$ de hauteur avec $1,^m oo$ de largeur ; qu'on les construit comme disent les mineurs, en *demi-galeries*.

(312.) Pour pouvoir établir des fourneaux à différentes distances, ou amorcer des rameaux, les piédroits des galeries d'écoute sont percés de nombreuses ouvertures dans les dimensions voulues pour les rameaux de mines, hors d'œuvre, c'est-à-dire d'environ $0,^m 9o$ de hauteur et $0,^m 75$ de largeur. La terre est retenue dans le fond de ces ouvertures par une petite maçonnerie facile à renverser. Entre ces ouvertures, sont de fréquentes rainures nécessaires pour le bourrage, quand le fourneau s'établit dans le piédroit de la galerie même. Ce dispositif donne un grand avantage pour prévenir l'ennemi, par la promptitude avec laquelle on peut préparer un fourneau dans un endroit voulu; et cet avantage est d'autant plus sensible qu'il y a moins de rameau à construire, pour arriver jusqu'à l'emplacement du fourneau. Aussi l'Ingénieur doit-il faire son possible pour que dans la position la plus défavorable, le mineur assiégé n'ait pas à construire plus de quatre à cinq mètres de rameau, ce qui peut se faire dans vingt-quatre heures. Le mieux serait que tous les fourneaux pussent s'établir dans les piédroits des galeries ; l'avantage de l'économie et du moindre travail se réunirait alors à celui d'une plus grande célérité dans l'emploi des contre-mines, et de beaucoup moins de fatigue pour les mineurs; mais cela multiplierait trop les écoutes et augmenterait beaucoup les frais de premier établissement.

(313.) Nous avons dit que les fourneaux doivent pouvoir se placer tout le long de la galerie d'écoute, afin d'avoir le choix de leur position suivant les circonstances. Il ne faut pas cependant que les fourneaux les plus rapprochés entraînent dans leur explosion la crête du glacis, et mettent ainsi les défenseurs à découvert. Les centres de ces derniers fourneaux, quelle que soit leur profondeur, seront donc placés sur un plan AB incliné à 45°, parallèle à la crête du glacis *figure* 1.ᵉ (*Planche XVIII*) et passant à 8 mètres de cette crête; de telle sorte qu'après l'explosion, il restera pour couvrir le défenseur, une épaisseur de parapet de six à sept mètres environ, quand le bord de l'entonnoir aura pris la pente de quarante-cinq degrés. Ce sont ces derniers fourneaux qui sont destinés à faire sauter les batteries de brèche, quand l'ennemi a l'imprudence de les construire avant de s'être rendu maître de la partie inférieure du terrain, par l'explosion de quelque fourneau surchargé. Leur position étant déterminée, les rameaux qui y conduisent peuvent être construits d'avance. On ne cherche pas à faire des mines sous le terre-plein du chemin-couvert, parce que l'assiégeant ne s'y établit pas ordinairement, et parce que leurs entonnoirs faciliteraient la descente du fossé.   21

Des Cases.

(314.) Au point de recroisement de deux galeries principales, comme seraient une enveloppe avec une galerie de communication, on a coutume de construire de petites chambres voûtées, que représente en plan et en coupe la *figure* 2.ᵉ Ces chambres ou *Cases* sont nécessaires pour faciliter le passage dans les tournans ; elles servent d'entrepôt aux mineurs pour les outils et les matériaux ; c'est dans ces endroits que se font les stations des ouvriers qui transportent les terres à la brouette, et que se remplissent les sacs pour le bourrage. La voûte des cases est quelquefois percée pour communiquer avec l'extérieur, par le moyen d'un soupirail *a* destiné à amener l'air dans les galeries et à faciliter les courans. Les cases se font circulaires, comme celle de la *figure* 2.ᵉ ; ou rectangulaires, quand les galeries se coupent à angle droit, *figure* 3.ᵉ ; ou sur un plan lozange, quand les galeries se croisent obliquement, *fig.* 4.ᵉ Dans le premier cas, elles sont recouvertes par une voûte sphérique, et dans le second elles le sont par des voûtes d'arrête. La case sera toujours circulaire lorsqu'elle servira de nœud à trois galeries, *figure* 5.ᵉ

(315.) Il est une autre espèce de case qui se fait dans le milieu du cours d'une longue galerie, afin que les mineurs qui vont et viennent puissent se croiser en cet endroit, même dans le cas où ils portent des objets d'un grand volume, sans se heurter et sans être contraints à déposer leurs fardeaux pour éviter des accidens. Cette case, *figure* 6.ᵉ fournissant d'ailleurs tous les avantages des cases construites aux croisées des galeries, n'est autre chose qu'un rélargissement de la galerie, recouvert par une voûte cylindrique plus relevée que celle de la galerie, et concentrique avec elle ; l'enfoncement à droite et à gauche est de 0ᵐ, 80 environ ; il suffit pour qu'un mineur puisse s'y placer avec sa charge, lorsqu'il veut laisser passer un autre travailleur. La case donne la facilité de fermer la galerie par une porte à un battant *ab*, lorsqu'on veut interrompre subitement et momentanément toute communication. C'est une autre manière d'atteindre le but qu'on s'est proposé au N.° (306).

Mines au Corps de place.

(316.) Ce n'est pas seulement sous les glacis que l'on peut faire des contre-mines; on doit encore, lorsque la chose est possible, tirer parti de ce puissant moyen de défense pour retarder le logement définitif de l'assiégeant dans les bastions, et pour disputer la brèche. A cet effet, on construit à 15 ou 20 mètres en arrière de l'escarpe une galerie parallèle ABC, *figure* 7.ᵉ communiquant avec le fossé du retranchement intérieur, ou avec la place, au moyen d'une galerie en capitale BD, et de deux autres galeries parallèles aux flancs. Cette galerie sert de base à un dispositif de rameaux, conduisant à des fourneaux *a,a,a....b,b,b*, situés, les premiers sous les décombres des brèches, et les seconds sous les logemens que l'assiégeant fait ordinairement vers le haut. En faisant jouer ceux des fourneaux *a,a,a*, qui se trouvent sous la brèche, on enlève les décombres, et pour peu que ces fourneaux aient été surchargés, les débris sont lancés au loin contre l'ennemi, et la brèche devient impraticable. Les fourneaux *b,b,b*, peuvent jouer au moment de l'assaut, pour engloutir les assaillans, ou seulement après que ceux-ci sont parvenus à construire le nid de pie.

(317.) Les fourneaux *a,a,a* sont construits assez bas, tandis que les autres *b,b,b* sont à mi-hauteur de revêtement; il faut donc que la galerie d'escarpe A, *figure* 8.ᵉ représentant le profil de la disposition, soit à une hauteur telle qu'il ne faille pas trop descendre pour arriver au fourneau B construit au pied de la brèche, ni trop monter pour parvenir au fourneau C. Si l'on suppose par exemple, que la hauteur d'escarpe soit de 10 mètres; que le fourneau C soit à mi-hauteur; le fourneau B de 3 mètres plus bas que le fond du fossé ; et que la galerie d'escarpe soit à 20 mètres de distance de l'escarpe ; le sol de cette dernière devra être élevé d'environ 2 mètres au-dessus du fossé de l'ouvrage, pour que les rameaux AB et AC aient des pentes égales et accessibles.

La même figure montre les effets des fourneaux B et C sur la rampe de la brèche.

(318.) On fait quelquefois communiquer la galerie d'escarpe avec celle de contrescarpe, par le moyen d'une galerie passant par dessous le fossé ; mais ce genre de communication n'est point commode, parce qu'il se fait au moyen d'escaliers ou de rampes très-rapides ; et que la galerie de communication, beaucoup plus basse que les deux autres, se remplit facilement d'eau et devient inhabitable. Cette disposition a cependant quelques avantages, lorsqu'on veut disputer la descente du fossé par une guerre souterraine ; parce que la galerie en question conduit, sans être vue, et par un chemin court, à l'endroit où travaille le mineur assiégeant. Sans la galerie souterraine, il faudrait dans cette circonstance, traverser à découvert le grand fossé pour arriver dans la galerie de contrescarpe ; et comme l'ennemi se trouve maître du chemin-couvert, ce passage n'est pas sans de grands dangers. Il est vrai que la galerie de contrescarpe faisant quelquefois le tour de tous les ouvrages, on peut arriver souterrainement des parties non exposées à celles que l'ennemi menace ; mais outre qu'il faut alors faire de longs détours, il est prudent d'interrompre la circulation et de couper la galerie de contrescarpe, par de bonnes barricades ou barrages en terre, afin d'isoler la partie attaquée ; de faire, dis-je, ces barrages dès l'instant que l'assiégeant menace la contrescarpe, et qu'on a fait jouer les derniers fourneaux. Sans cette précaution, il se pourrait que, par le moyen d'une forte explosion, la galerie de contrescarpe se trouvât entamée, et que le mineur assiégeant s'y glissât accompagné de quelques grenadiers, pour delà, se répandre à droite et à gauche, et menacer d'une surprise les différentes poternes du corps de place.

(319.) Puis donc que la galerie de contrescarpe ne donne pas toujours à l'assiégé un moyen sûr d'arriver sur le mineur assiégeant, quand celui-ci travaille à la descente de fossé, il ne reste d'autre ressource que de s'exposer beaucoup en traversant le fossé, ou de faire usage de la galerie de commnnication dont nous parlons. Lors donc qu'on s'est décidé à la construire; il faut pratiquer dans son milieu un *Puisard, figure* 9.ᵉ, dans lequel les eaux de filtration vont se perdre, et qui, en tenant sèches les deux moitiés de la galerie en pente de son côté, fournit un moyen d'interrompre la communication, lorsqu'on enlève les màdriers dont il est habituellement recouvert. On conçoit que les galeries sous les fossés ne peuvent se construire que dans les terrains élevés, et nullement dans les terrains bas où l'eau se trouve dès qu'on creuse à une petite profondeur.

Les puisards dont j'ai parlé s'emploient toutes les fois que des galeries, soit à cause de la forme extérieure du terrain, soit à cause du peu de hauteur de la contrescarpe, ou d'une disposition de fourneaux au plus bas du terrain, ou pour toute autre raison, n'ont pas de pente en arrière, et que l'eau ne trouve pas son écoulement au dehors.

(320.) Les dimensions de la galerie de commnnication doivent être les mêmes que celles des communications ordinaires; c'est-à-dire qu'elle aura 2 mètres de hauteur et 1ᵐ, 50 de largeur. Mais sa maçonnerie doit être un peu plus épaisse, parce qu'étant construite aussi près du sol qu'il est possible, elle a à craindre le choc des bombes; sa voûte ne doit pas avoir moins de 0ᵐ, 80 d'épaisseur. La figure neuvième indique qu'on pratique des rainures immédiatement derrière le puisard, afin d'établir un barrage qui empêche toute communication, lorsqu'on se décide à abandonner définitivement la défense souterraine de la contrescarpe. Disons enfin qu'il convient d'établir deux cases semblables à celles de la figure 6.ᵉ afin que les transports se fassent plus facilement, et qu'on ait des moyens d'intercepter subitement le passage dans le cas d'une surprise.

Art. 3. *Système de Contre-mines.*

(321.) Il est temps de donner l'application des principes précédens à la défense souterraine d'un front moderne. Et d'abord je dirai que, vu la grande saillie des demi-lunes, il serait superflu d'adapter aux parties rentrantes, des dispositions de contre-mines toujours très-couteuses. L'ennemi ne s'avancera point dans les rentrans, si ce n'est au dernier moment, pour y établir ses contre-batteries vis-à-vis les flancs; mais alors l'assiégé, chassé de tous les ouvrages extérieurs, est relégué dans le corps de place; il ne peut plus rentrer dans la galerie de contrescarpe sans courir les plus grands risques; donc les dispositions souterraines dans les rentrans sont inutiles, à moins qu'il ne soit possible d'établir avec elles une communication par dessous le fossé, comme nous l'avons dit ci-dessus; mais la construction d'une galerie aussi basse est rarement exécutable.

(322.) Cela étant, nous devons nous contenter d'une disposition aussi simple que possible, sous les glacis du chemin-couvert de la demi-lune. Or, en adoptant les reliefs ordinaires, la hauteur de la contrescarpe de la demi-lune est de 5 mètres environ, et ce même nombre donne la profondeur du fossé au-dessous du terrain, que nous supposerons horizontal comme nous l'avons fait jusqu'à présent. Soit donc ABC, *fig.* 1.ᵉ (*Planche XIX,*) le profil d'un chemin-couvert avec son glacis, dans lequel les dimensions verticales sont sur une échelle de celle double des dimensions horizontales, afin que les différences de niveau soient plus sensibles à l'œil. Soit MN le plan à 45° dans lequel doit se trouver le dernier fourneau F, N.ᵒ (313), et C la queue des glacis à 60 mètres de distance horizontale du point B.

(323.) Nous fixerons d'abord le *plan des galeries* DE, en le faisant passer par les horizontales parallèles D et E, représentées sur le plan, *figure* 2.ᵉ, en *mn* et *pq ;* la première au niveau du fossé, c'est-à-dire, à 5 mètres au-dessous du sol, et la seconde à 4ᵐ,50 seulement. Ce plan aura ainsi 0ᵐ, 50 de pente en arrière, sur une largeur de 70 mètres, ce qui est bien suffisant pour un prompt écoulement des eaux de filtration. Si le terrain, aulieu d'être horizontal, avait une pente en avant, il serait plus difficile de donner au plan des galeries une inclinaison convenable; on y parviendrait cependant, soit en baissant de 0ᵐ, 50 le point D, soit en relevant d'autant le point E, soit enfin en raccourcissant la distance DE ; et si tous ces moyens réunis ne suffisaient pas, il faudrait bien se résoudre à donner au plan une contre-pente, et à employer le moyen de desséchement indiqué dans le N.º (319).

(324.) Le plan des galeries, sur chaque face de la demi-lune, étant déterminé comme nous venons de voir; on fait de même sur le saillant, c'est-à-dire, que par la ligne *qr,* perpendiculaire à la capitale, à même profondeur que *pq,* et située à 60 mètres environ de l'angle saillant du glacis, ou plus exactement, à 120 mètres de celui de la demi-lune; par cette perpendiculaire, dis-je, et par le point S milieu de l'arrondissement de contrescarpe, on fait passer un plan, dans lequel se trouveront toutes les galeries construites sur le saillant.

(325.) Quant au *plan des fourneaux,* il se détermine par les deux droites horizontales *pq, xy,* de la figure 2,ᵉ, représentées en E et F dans le profil. La première est dans le plan des galeries, et la seconde dans le plan MN, à la profondeur de 5ᵐ, 50 au-dessous du glacis; de telle sorte que le fourneau F a une ligne de moindre résistance plus longue d'un mètre que celle du fourneau E. Les lignes *pq, xy,* dans le cas d'un terrain incliné, seraient toujours parallèles à la crête du glacis.

D'après ce que nous venons de voir, le plan des fourneaux FE se trouvera au point F, d'environ un mètre et demi plus relevé que le plan des galeries; en sorte que pour passer de l'un à l'autre, il faut donner au rameau qui conduit au fourneau de la mine, une pente assez considérable, si l'on ne veut pas le faire très-long; et cette grande pente est un inconvénient. Or, on la peut diminuer en amorçant le rameau dans le haut de la galerie, comme le représente la *figure* 3.ᵉ, aulieu de le percer dans le bas, ainsi que cela se pratique ordinairement. Et si l'on fait attention que les premières galeries ont 2 mètres de hauteur, tandis que les rameaux n'ont que $0^m, 90$, on verra qu'on peut gagner au moins un mètre, et réduire à environ un demi-mètre la pente du rameau; ensorte qu'en le faisant de 6 ou 7 mètres de longueur, il ne sera point trop rampant. Par ce moyen, le mineur n'aura pas trop d'ouvrage à faire pour atteindre l'emplacement de son fourneau; il lui suffira de construire un bout de rameau, dont la longueur est encore diminuée, si l'amorce faite à l'avance, a comme dans la figure une certaine longueur.

Le plan des fourneaux dans le secteur S*qr* sera assujetti à passer par la ligne *qr*, située à même profondeur que *pq*; et par la ligne *yz* menée à la même distance du pan-coupé, que la ligne *xy*, l'est de la crête du glacis; c'est-à-dire, à 14 mètres environ, la dite ligne étant aussi à même profondeur que *xy*.

Tracé.

(326.) Passons maintenant au *Tracé* des galeries. Ce tracé, *figure* 2.ᵉ, aussi simple qu'il m'a été possible de le combiner, est un mélange des systèmes de Lebrun et du général Marescot. Toute la partie saillante est conforme aux idées du premier, et la partie latérale diffère peu des dispositions du général. Le tout est arrangé de manière à procurer des courans d'air, et à ne laisser au mineur que peu d'ouvrage à faire pendant le siége, pour l'établissement de ses fourneaux. Les galeries se présentant de pointe offrent le moins de prise possible aux globes du mineur assiégeant.

Voici la construction : on trace en arrière, à 36 mètres d'intervalle, la ligne **AB** parallèle à *qr ;* à la même distance de **AB**, on trace la seconde ligne **CD**; l'une et l'autre indiquant l'emplacement de portions d'enveloppes. Ces galeries transversales, ne sont pas dangereuses, vu leur peu de longueur et leur position retirée ; et elles sont nécessaires pour établir une bonne circulation d'air, dont les écoutes plus avancées ont un grand besoin. Sur la ligne **CD**, on prend à partir de la capitale, deux longueurs de 20 mètres, et l'on joint les extrémités **C** et **D** avec les points *q* et *r*, par des droites qui seront les axes des deux grandes écoutes **C**q et **D**r; lesquelles jouent en même temps le rôle de galeries de communication, ainsi que la grande écoute en capitale. Entre celle-ci et les deux autres, sont deux écoutes qui, s'appuyant sur l'enveloppe **AB**, occupent le milieu des intervalles, et se trouvent ainsi à une distance moyenne de 17 mètres, c'est-à-dire, dans le voisinage du plus grand rapprochement N.° (308). Ainsi, les rameaux que le mineur assiégé aura à faire dans cet endroit, n'auront pas plus de deux à trois mètres de longueur ; ce qui est très-convenable, car la partie saillante étant la plus menacée, il faut pouvoir préparer très-promptement les fourneaux, partout où ils deviennent nécessaires, pour arrêter la marche du mineur assiégeant.

(327.) Quant à la disposition latérale, elle est encore plus simple. On porte sur la ligne *pq,* des parties *q*E, EF, etc. de 25 mètres de longueur ; puis on joint EC; et l'on mène par les autres points des parallèles à cette ligne, lesquelles donneront, d'axe en axe, l'écartement des écoutes latérales. L'écartement de ces écoutes étant d'environ 24 mètres, ne laissera à faire que des rameaux de cinq ou six mètres de longueur au plus, pour atteindre le mineur ennemi en quelqu'endroit qu'il s'avance entre deux écoutes; il sera donc toujours possible de le prévenir. Toutes les écoutes autres que EC, au nombre de quatre, débouchent dans la galerie de contrescarpe, et la dernière communique avec le fossé. Elles auraient trop de longueur pour être habitables à leur extrémité, si on ne les recroisait pas par des galeries telles que IK, partant de la contrescarpe et recoupant les premières, à mi-distance de la crête du glacis à la ligne *pq*. Ces galeries IK, sont tout à la fois des galeries de communication et des écoutes, desquelles peuvent partir des rameaux, suivant le besoin. Par cette construction, les parties les plus avancées des écoutes, n'ont pas plus de 35 mètres de longueur au-delà du recroisement, et par conséquent l'air y doit être très-respirable. La dernière écoute ne s'avance qu'à moitié glacis, parce qu'elle n'est pas recroisée; la première EC, ayant une assez grande longueur, on la coupe par une transversale AL, qui lui donne de l'air. Voilà pour le glacis ; voyons maintenant ce qu'il y a à faire dans les ouvrages en arrière.

(328.) Sous le saillant de la demi-lune, on construira tout simplement deux T, de chaque côté, à la faveur desquels, il sera possible de faire sauter le logement de l'assiégeant sur la brèche. Les petites galeries qui conduisent à ces fourneaux, ont leur entrée dans le fossé du réduit. S'il n'y a pas d'eau dans le grand fossé de la place, on pourra construire d'autres rameaux en T, au-dessous du niveau du fossé, pour enlever les décombres de la brèche ; et l'on pourra de même, pratiquer souterrainement, des galeries de communication entre le fossé du réduit et la galerie de contrescarpe. Ces dernières dispositions sont ponctuées dans la figure.

(329.) Quant aux mines défensives dans les bastions, elles ne présentent pas plus de complication que ce qui précède. Une galerie d'escarpe MN, sur laquelle s'appuyent trois rameaux en T, dont les fourneaux sont à 6 mètres de l'escarpe; une galerie en capitale MPO; et une transversale PQ, liant la première avec la seconde, composent tout l'appareil. La galerie d'escarpe MN est à 20 mètres de distance du parement extérieur de l'escarpe.

Quand il sera possible de creuser des galeries au-dessous du fond du grand fossé, on pratiquera d'autres fourneaux sous le pied des brèches ; dans ce cas, la profondeur de la galerie d'escarpe devra être telle, qu'il ne faille pas trop monter pour aller aux premiers fourneaux, ni trop descendre pour aller aux seconds N.º (317). Mais lorsqu'il n'y aura que les fourneaux supérieurs, on fera le sol de la galerie à moitié hauteur de l'escarpe. Dans la même supposition d'un terrain sec et élevé, on construira une portion de galerie de contrescarpe, vers l'arrondissement, pour servir d'appui à quelques fourneaux destinés à renverser les contre-batteries de l'assiégeant, si celui-ci les établit sans avoir préalablement pulvérisé le terrain par l'explosion de quelques globes de compression. En même temps qu'on établira les rameaux et galeries dont je parle, on fera en capitale, sous le fossé, la galerie de communication qui doit en assurer le jeu. Voyez sur le plan, les lignes ponctuées au bastion de droite.

(330.) Il est inutile de dire que dans notre tracé, comme dans tout autre, les galeries n'ont pas toutes les mêmes dimensions, et que les plus avancées sont les plus petites. Les amorces des rameaux dans les écoutes, doivent être très-multipliées, afin de pouvoir atteindre le mineur ennemi partout où il se logera; on les fera de huit en huit mètres.

Le nivellement et l'établissement des galeries seront extrêmement faciles, en vertu de la simplicité du dispositif, et de la détermination rigoureuse et géométrique des plans des galeries et des rameaux.

Attaque.

(331.) Les grandes écoutes s'avançant jusqu'à l'emplacement ordinaire de la dernière parallèle, l'assiégeant, s'il connaît le système de mines défensives, établira cette parallèle 45 mètres plus en arrière ; et il partira de là pour diriger sur les points q et r, deux rameaux, qu'il arrêtera à la distance de 30 mètres, et auxquels il donnera 7 à 8 mètres de profondeur. Il chargera leurs fourneaux de trois à quatre mille livres de poudre; et par l'explosion, il entamera les extrémités des premières écoutes; car l'effet d'un fourneau surchargé comme nous le supposons, peut s'étendre horizontalement jusqu'à quatre fois la ligne de moindre résistance; distance qui est ici de 3o à 32 mètres.

L'assiégeant partira ensuite des vastes entonnoirs qu'il vient de produire, et s'avancera de chaque côté simultanément, en dehors des écoutes latérales, pour préparer des explosions pareilles aux premières. Quand celles-ci auront eu lieu, et que les écoutes E, F seront entamées, il cherchera à pénétrer plus avant dans le système défensif, pour établir un troisième fourneau, à l'emplacement duquel il ne parviendra néanmoins, qu'après avoir eu à supporter quelques décharges du mineur assiégé. Le troisième fourneau ayant joué, donnera à l'assiégeant le moyen d'en préparer un quatriéme qui renversera la contrescarpe, et annullera toute défense souterraine de la part de l'assiégé. Mais ce grand résultat, l'attaquant ne l'obtiendra que par *quarante jours*, au moins, de travaux difficiles; par la perte de plusieurs mineurs intelligens, hommes précieux dans une armée; et par une dépense de trente-deux milliers de poudre, avec tout le matériel qu'il a fallu pour la confection des rameaux et pour le bourrage des mines.

(332.) On voit par ce qui précède, le prodigieux accroissement de force qu'une place peut recevoir, par l'emploi de la défense souterraine; puisque, sans compter l'effet des mines préparées sous les brèches, la durée de la défense est plus que doublée N.° (134). On ne m'objectera pas, je pense, d'avoir supposé trop de timidité au mineur assiégeant, alors que je le fais entrer tête baissée dans le labyrinthe volcanisé des contre-mines. On ne m'objectera pas non plus de le faire cheminer trop lentement, quand on saura qu'il n'est guère possible de faire plus de quatre mètres courans de rameaux dans les vingt-quatre heures, surtout lorsqu'on travaille avec précaution pour ne pas être entendu: or, les quatre rameaux sur chaque attaque, comprennent une longueur totale de 120 mètres au moins; ils exigent donc trente jours de travail, non compris les retards occasionnés par la défense de l'assiégé, lesquels, peuvent bien s'évaluer à cinq jours sans exagération; auxquels, ajoutant encore cinq jours pour la charge et le bourrage, on a les quarante jours annoncés ci-dessus.

Il est temps de faire connaître comment on fixe les reliefs de la fortification en terrain irrégulier, et par quels procédés on se défile des hauteurs environnantes.

CHAPITRE VI.

DE LA FORTIFICATION PLIÉE AU TERRAIN, DU DÉFILEMENT ET DU RELIEF.

§ 1.er *De la fortification pliée au terrain.*

(333.) LA fortification ne serait pas un art bien difficile, si on ne l'appliquait jamais, qu'à des terrains plats et horizontaux, dépourvus de toute espèce d'accidents : ses régles seraient alors fixes et invariables. Mais il en est bien autrement, quand on en fait usage sur des sites accidentés ; elle exige une grande sagacité pour modifier les règles, et apprécier jusqu'à quel point l'exception doit faire loi. Il faut des ressources et du génie pour surmonter les difficultés de tous genres qui se présentent dans les terrains variés ; il faut de l'adresse pour éviter un écueil sans se jeter sur un autre ; il faut de l'habitude pour le calcul, car les problèmes qu'on doit résoudre, sont entièrement du ressort des mathématiques ; il faut enfin, une connaissance approfondie de la guerre, pour ne rien faire qui soit en désacord avec les différentes armes ; et le coup-d'œil militaire n'est pas moins nécessaire pour faire un heureux choix des positions.

Considérée sous ce point de vue, la fortification est encore plus une science qu'un art ; car elle exige bien plus de tête que de main ; elle est du moins un art assez difficile, pour que ceux qui y réussissent ne soient pas très-nombreux. Comment osé-je donc, jeune encore, donner quelques préceptes sur une partie aussi élevée de l'art militaire et dans laquelle je me suis acquis si peu de réputation? Voici mon excuse: ce n'est pas dans les préceptes que gît la difficulté de la fortification : elle est toute entière dans leur application, et il y a peut-être plus de mérite à bien exécuter le moindre petit fort, qu'à écrire un traité complet. Celui-là seul peut aspirer à la réputation de bon officier de notre arme qui, dans de nombreuses constructions, a fait preuve de talent et de génie. On peut être savant dans la fortification, avoir beaucoup lu, beaucoup écrit, et n'être point Ingénieur. Je crois maintenant pouvoir continuer le travail que je me suis imposé.

(334.) Nous savons que deux causes contribuent à altérer la régularité des formes dans la fortification, savoir : la contexture même du sol sur lequel elle est assise, et l'influence des hauteurs environnantes.

(335.) Il est impossible de donner des règles précises pour plier la fortification au terrain, car chaque cas particulier exige des dispositions particulières.

Je me contenterai de dire, qu'il faut occuper les hauteurs, et suivre autant que possible les crêtes des plateaux, afin d'élever les remparts avec plus d'économie et d'éviter des travaux quelquefois immenses, que nécessite la ridicule prétention de conserver, en dépit de tous les obstacles, les formes régulières si séduisantes pour les ignorans On doit s'arranger de manière à avoir des portions d'enceinte fortes de leur nature, soit par l'assiette, soit par le tracé; et jeter les saillans qui seront en aussi petit nombre que possible, sur des parties du terrain où l'ennemi ne puisse que difficilement construire ses tranchées, par exemple dans des lieux bas et humides accessibles aux inondations, sur un roc vif et pelé, ou sur un terrain graveleux et peu maniable. Par ces artifices, on contraint souvent l'ennemi à attaquer par les parties fortes, et l'on augmente considérablement la valeur d'une place, sans dépenser un sou de plus.

Ne craignez pas de faire, quand il le faut, un bastion plus grand qu'un autre; d'allonger ou de raccourcir un flanc; de briser une courtine; de jeter de côté une demi-lune, de la *gauchir* ou de *l'épâter*, si cela est nécessaire, pour éviter l'enfilade ou pour toute autre raison. Agrandissez les dimensions ordinaires du front, ou diminuez-les pour placer vos bastions sur des points saillans qui vous échapperaient, en restant dans les mesures ordinaires; supprimez les demi-lunes pour vous rapprocher des escarpemens; remplacez même un front peu exposé, par une crémaillère ou par une muraille crénelée. Tout cela sera bon si le terrain le commande; et vos écarts seront légitimes, si vous les avez faits avec discernement, et sans jamais blesser les lois du flanquement.

(336.) Tâchons maintenant de faire connaître les principales règles du défilement. Mais auparavant, disons comment on représente le terrain sur lequel il faut opérer; comment on le représente avec une exactitude suffisante, pour que l'Ingénieur puisse dans le calme du cabinet, travailler sur le plan comme il le ferait sur le terrain, et avec infiniment plus de facilité.

Le plan en question doit comprendre tout le terrain qui environne la place, jusqu'à la distance de 1500 à 2000 mètres au-delà de l'enceinte présumée des fortifications; et il doit être tellement circonstancié que rien n'y soit omis. Ainsi, il fera connaître les ruisseaux, les ravins, les chemins, les habitations, les clôtures, les fossés, etc; et par dessus tout, il donnera d'une manière rigoureuse, les hauteurs et les différentes inflexions du sol; car c'est principalement de ces dernières que doit dépendre le projet.

(337.) Les hauteurs et les moindres inflexions se représentent par des courbes horizontales équidistantes, tracées au niveau sur le terrain, et relevées exactement à la planchette. L'écartement des courbes dans le sens vertical est arbitraire, ainsi que le plan auquel on les rapporte et duquel on est parti pour le nivelle-

ment; elles sont ordinairement à un ou deux mètres d'intervalle,
et le *plan de comparaison*, c'est-à-dire, celui d'où l'on est parti,
est pris de telle sorte que toutes les cotes de nivellement soient
positives, et que celles qui correspondent aux points les plus élevés
soient les plus fortes; ainsi , par exemple, on prend au bord de
la mer ou d'un lac, le niveau des eaux pour plan de comparaison.

A côté de chaque courbe , on met un numéro qui indique sa
hauteur au-dessus du point de départ. (*Planche XX*) *figure* 1.re
On s'élève donc par le moyen de ces courbes, de quantités connues et comme par degrés, jusqu'au point culminant dont la hauteur est indiquée par une cote particulière. En intercalant à vue
d'autres courbes entre les premières, on peut avoir approximati-
vement la hauteur des points intermédiaires; par exemple, on
verra que les points M et N sont à un mètre de hauteur, et que
le point P est à un mètre et demi.

Si l'on doit indiquer des points situés au-dessous du plan de
comparaison, on le fait par des cotes négatives, ainsi — 2 indi-
querait un point enfoncé de deux mètres au-dessous du plan de
comparaison ; et si l'on veut faire mieux encore, on écrit en
noir les cotes des points situés au-dessus du zéro, et en rouge
celles des points situés au-dessous; on évite par-là les erreurs de
signes.

(338.) Maintenant, comment représente-t-on des plans inclinés ? C'est par une convention analogue plus simple que celle
des Géomètres, comme on va le voir. Un plan *rampant*, c'est le
nom que l'on donne au plan incliné, un plan rampant étant
coupé par une suite de plans horizontaux équidistans, donne des
droites parallèles, dont l'écartement dans le sens horizontal dépend de la plus ou moins grande inclinaison du plan rampant ;
de telle sorte que, si ce plan est vertical, toutes les droites en
question se projettent en une seule qui n'est autre chose que sa
trace horizontale. Soient donc *ab, a'b'*, etc. , *figure* 2.e les hori-

zontales d'un plan rampant ; on saura que , d'une horizontale à l'autre le plan s'élève d'une quantité constante , marquée par les cotes des horizontales ; comme dans la représentation des hauteurs , les courbes font connaître l'élévation des différens points.

Si l'on coupe les horizontales *ab, a'b'*, etc. , par une perpendiculaire **AB**, cette ligne supposée dans le plan , indiquera sa plus *grande pente ;* c'est elle qui mesure l'inclinaison du plan. La ligne de plus grande pente **AB**, est coupée en parties égales par les horizontales ; et la longueur de ces parties , mesurée sur l'échelle du dessin , et comparée avec la différence de niveau d'un point de division au suivant, fait connaître la pente du plan incliné ; si par exemple , cette longueur mesurée sur l'échelle du dessin , est de 12 mètres, et que la différence de niveau de deux horizontales successives soit de 2 mètres , le plan aura une pente du sixième. Mais au lieu de tracer toutes les horizontales *ab, a'b'*, etc., qui chargeraient trop le dessin, on se contente de tracer leur perpendiculaire **AB**, avec les divisions par lesquelles les horizontales doivent passer ; et cette perpendiculaire, qu'on appelle *échelle de pente,* suffit à elle seule pour faire connaître la hauteur d'un point quelconque du plan. Ainsi on verra qu'en menant par le point **M** une perpendiculaire à l'échelle de pente, on trouve la cote 5 pour le point **M**; car la ligne **M** 5 est une horizontale. Or , en subdivisant l'échelle en parties décimales, on aura en mètres et fractions de mètres , pour tout autre point du plan rampant donné en projection, la quantité dont il est élevé au-dessus du plan de comparaison , et par conséquent la connaissance exacte de sa position. Il ne faut donc qu'une seule ligne divisée pour représenter rigoureusement un plan quelconque, tandis qu'il en faut deux pour arriver au même résultat par les procédés de la géométrie descriptive.

(339.) Résolvons quelques problèmes, qui nous seront nécessaires par la suite.

1.er **Problème.** *Faire passer un plan par trois points dont les cotes sont données.*

Soient A, B, C, *figure* 3.e les trois points donnés dont les cotes respectives sont par exemple 3, 5, o. On joint ces points par des droites qu'on partage en autant de parties égales, qu'il y a d'unités de différence entre la cote d'un point et celle de l'autre. Ainsi dans ce cas actuel, on partage AB en deux parties et BC en cinq. Puis on joint deux points quelconques portant la même cote, par une droite telle que AD, qui est évidemment l'horizontale du plan cherché. Elevant alors sur cette droite, et en un point quelconque, une perpendiculaire MN, on a la direction de l'échelle de pente; projetant ensuite B et C sur cette droite, on a les cotes 5 et o, et par conséquent aussi les divisions de l'échelle. Si l'on a bien opéré la division 3 doit se trouver sur la ligne AD.

Lorsque les cotes des trois points sont fractionnaires, on doit prendre pour unité dans la division des lignes qui joignent les points, la plus grande commune mesure des trois cotes; ainsi le procédé reste le même; son application seule présente quelquefois un peu de difficulté.

(340.) 2.e **Problème.** *Trouver l'intersection de deux plans dont les échelles de pente sont connues.*

Soient AB, CD, *figure* 4.e les échelles de nos deux plans. Par deux points de même cote, pris sur chacune des échelles, on mène des horizontales dans les plans respectifs. Or les deux premières menées par la cote zéro, se trouvant à même hauteur, doivent se couper en un point N; les deux autres menées aussi par une même cote, doivent également se couper en un point M; donc les deux points M et N sont communs aux deux plans; donc ils appartiennent à l'intersection commune; et cette intersection est MN. L'intersection forme *arête*, si les points M et N se trouvent aux sommets d'angles tournés du côté où les échelles s'élèvent; au contraire elle forme *goutière*, lorsque ces angles sont dirigés en sens contraire.

(341.) Lorsque les deux échelles de pente sont parallèles, leurs perpendiculaires le sont aussi, et par conséquent ne se coupent pas; l'intersection des deux plans ne peut donc pas se trouver par le moyen indiqué ci-dessus; mais dans ce cas, il suffit d'avoir un point de cette intersection, car les deux plans ayant leurs horizontales parallèles, leur intersection sera évidemment perpendiculaire aux échelles de pente. Or, en ayant recours à un profil, le point se trouve assez facilement de la manière suivante.

Au point **A** de l'échelle **AB**, *figure 5.* j'élève une perpendiculaire **AD**, égale à la cote écrite au point **A**; je joins le point **D** avec le point **B** marqué zéro sur la même échelle; et **DB** me donne le profil du premier plan. Je projette ensuite les points de mêmes cotes de la seconde échelle, sur le plan du profil chacun à sa hauteur, le premier en **E**, et le second en **F**; et la ligne **EF** donne le profil du second plan. Or, les deux lignes **DB**, **EF**, se coupent en un point **O** qui, se trouvant à la fois sur les deux plans, est évidemment le point cherché; donc la ligne **OM** perpendiculaire à **AB**, est l'intersection demandée.

(342.) J'ai dit que **AD** doit être de 4 mètres de longueur, si le point **A** est coté 4 sur l'échelle de pente; mais si l'échelle des projections horizontales, ou ce qui est la même chose, si l'échelle du dessin dont les divisions sont ordinairement beaucoup plus petites que celles des échelles de pente, ne donne pour **A D** qu'une longueur telle, que les deux obliques **DB**, **EF** ne se coupent que sous un angle très-aigu; on peut, pour obvier à cet inconvénient, augmenter **AD** à volonté, pourvu que le point **E** soit toujours pris à même hauteur, comme on le voit en **D'E'**, et que les points **B** et **F** restent toujours sur la ligne **AB**. Le point **O'**, intersection des deux nouvelles obliques **D'B**, **E'F** se trouvera situé sur la même droite **MO** avec le premier, et par conséquent pourra servir comme lui à déterminer cette droite.

Cette propriété des lignes qui se coupent sous la condition énoncée, et dont l'Ingénieur tire un si grand parti pour la construction de ses profils, comme nous l'avons déjà vu au N.° (322), tient uniquement à ce que la portion ADEBF de la figure est un profil droit, fait dans les deux plans; tandis que la portion AD'E'BF est un profil analogue, fait par un plan oblique passant par la droite AB supposée horizontale à la hauteur zéro, et ayant avec le plan vertical du premier profil cette droite pour intersection. Il est clair alors que les intersections des mêmes horizontales avec les plans des deux profils doivent se trouver sur les mêmes lignes perpendiculaires à AB; et que de plus, leurs hauteurs relatives dans les deux profils doivent être les mêmes; ainsi ON, dans le premier profil comparé à AD, donne la même hauteur que O'N dans le second profil comparé à AD'.

(343.) 3.ᵉ **Problème.** *Trouver l'intersection d'une hauteur et d'un plan.*

La hauteur *figure* 6.ᵉ est représentée par courbes horizontales, et le plan par son échelle de pente AB. Par tous les points de division, on mène des horizontales telles que PMN, qui coupent en des points M et N les courbes horizontales cotées des mêmes numéros que les points correspondans P; et ces points sont à la courbe cherchée; car il est clair qu'ils se trouvent à la fois, et sur la surface du terrain et dans le plan. C'est ainsi que la courbe SMRNQ a été trouvée. Toute la portion de terrain qu'elle renferme se trouve au-dessus du plan, et tout le reste est au-dessous.

(344.) On peut savoir combien chaque point, considéré sur la surface de la portion de terrain enlevée par le plan, se trouve élevé verticalement au-dessus de ce plan. Prenons pour exemple le point X, qui est élevé de deux mètres au-dessus du plan de comparaison, puisqu'il est sur la courbe cotée 2; par ce point, nous mènerons la ligne XY perpendiculaire à l'échelle AB, qui nous indiquera une division sur l'échelle; or cette division fait connaître la hauteur du point X, considéré dans le plan donné; retranchant donc cette hauteur de la première, on aura ce qu'on cherche. Dans l'exemple actuel, la ligne XY passant par la division 1ᵐ, 5o, le point X de la surface du terrain se trouve élevé verticalement de 0ᵐ, 5o au-dessus du point correspondant du plan donné.

Cette recherche est utile lorsqu'on veut calculer le volume du terrain enlevé par le plan.

(345.) 4.ᵉ **Problème.** *Construire le profil d'un terrain coupé par un plan vertical quelconque.*

La ligne AB, *figure* 7.ᵉ représente la direction du plan vertical coupant, ou en d'autres termes, elle en est la trace. Nous supposerons que ce plan tourne autour de AB, comme charnière, pour se rabattre sur le plan de la figure; alors, tout point d'intersection tel que P, d'une courbe avec le plan du profil, se meut dans un plan vertical PM perpendiculaire à la charnière AB, et se trouve en rabattement, à une hauteur PM indiquée par la cote de la courbe correspondante. Répétant l'opération pour tous les points, on obtient la courbe demandée AMN.

Remarquons ici que l'échelle sur laquelle on prend les longueurs PM, peut être quelconque et toute différente de celle du dessin; ordinairement on la prend grande, pour que les différences de niveau soient plus sensibles. Les soutangentes de ces courbes sont constantes, quelle que soit la grandeur de l'échelle sur laquelle on a mesuré leurs ordonnées, et cette utile propriété, analogue à celle reconnue au N.º (342), résulte de ce qu'en projetant le profil droit sur des plans obliques, ayant la ligne AB commune, ces projections conservent les mêmes abscisses, tandis que leurs ordonnées croissent d'autant plus que les plans sur lesquels se font les projections sont plus obliques, tout en conservant entr'elles, dans chaque plan, les mêmes rapports qu'elles ont dans le premier.

(346.) 5.ᵉ **Problème.** *Par un point donné, construire un plan tangent à des hauteurs relevées exactement et représentées par courbes horizontales.*

Soit A, (*Planche XXI*), *figure* 1.ʳᵉ le point donné, dont la cote doit être connue. Par ce point, nous ferons passer une suite de plans verticaux AB, AB', AB", etc., dans chacun desquels nous construirons le profil du terrain, comme nous l'avons fait dans le N.º précédent; et sur chacun de ces profils nous ferons ce que nous allons indiquer pour l'un d'eux. Du point A, porté à la hauteur convenable AA' dans le profil, on mène la ligne A'C qui touche en D la courbe de section *m*D*n* du plan vertical AB avec le terrain; cette tangente se projette horizontalement sur AB, et le point de contact D se projette en D'. L'ensemble de toutes les tangentes, telles que A'C, en supposant les profils très-rapprochés, forme une surface conique dont le sommet est au point donné A, et qui touche le terrain suivant une courbe dont la projection horizontale est la ligne D'ZD' qui joint ensemble tous les points de contact D'.

Il est clair maintenant que si l'on mène un plan tangent à cette surface conique, il sera aussi tangent au terrain; et comme d'ailleurs il passera par le point A, ce sera le plan demandé.

Pour faire cette construction, il faut couper en travers la surface conique par un plan vertical quelconque XY; il en résultera une courbe QMNMQ, dont la tangente RS déterminera conjointement avec le point A, le plan tangent demandé; car cette tangente n'est autre chose que la trace du plan tangent à la surface conique, qui elle-même a pour trace sur le même plan XY, la courbe QMNMQ.

On a les points M de la courbe trace du cône, en élevant par les points P intersections des lignes AB avec la trace XY, des perpendiculaires PM égales aux perpendiculaires PO; ces dernières étant menées par les mêmes points P sur les lignes AB, et marquant pour ces points, la hauteur des tangentes au-dessus du plan de comparaison.

Si la courbe QMNMQ, au lieu de présenter deux convexités, comme dans l'exemple actuel, n'en présentait qu'une seule; on pourrait mener plusieurs tangentes à la courbe; le problème serait indéterminé, et il y aurait une infinité de plans qui répondraient à la question.

(347.) 6.ᵉ **Problème.** *Par une droite donnée mener un plan tangent à des hauteurs données.*

La ligne AB, *figure* 2.ᵉ est la droite donnée; on a les cotes de deux de ses points A et B, ainsi, en portant ces cotes perpendiculairement en A*a* et B*b*, on a la ligne *ab* pour projection verticale de la droite donnée. Actuellement, nous coupons le terrain par une suite de plans verticaux CD parallèles à AB, et dans chacun des profils qui en résultent nous menons des tangentes EF aux courbes de section, parallèles à la ligne *ab*. L'ensemble de toutes ces tangentes forme une surface cylindrique dont les génératrices sont parallèles à la droite donnée dans l'espace, et qui touche le terrain suivant une courbe *ggg*, qu'on détermine comme on a fait dans le problème précédent pour avoir la courbe de contact du cône avec le terrain.

Le plan tangent à la surface cylindrique, et passant par la ligne donnée AB, touchera aussi le terrain, et sera par conséquent le plan demandé. Or, si l'on coupe la surface cylindrique par un plan vertical XY perpendiculaire aux lignes CD, on aura une courbe MMM qui sera sa trace sur ce plan; menant donc du point T où la ligne donnée perce le même plan XY, une tangente TQ, on aura la trace du plan tangent à la surface cylindrique passant par la ligne AB; et par conséquent le problème sera résolu.

On a le point T en portant la hauteur L*t* en LT; et les points M de la courbe, en portant de même les longueurs PO en PM. Le point de contact Q, projeté en *q* sur la ligne de contact *ggg*, fait connaître le point *q* du terrain qui est touché par le plan qu'on vient de construire. On aurait pu également, dans l'exemple précédent, trouver les points de contact par une construction tout-à-fait semblable.

Pour trouver l'échelle de pente du plan tangent, il faut prendre sur la ligne TQ, un point I à une hauteur déterminée, le projeter en K, et se servir de ce point K ainsi coté, conjointement avec les points A et B cotés aussi sur la ligne donnée, pour déterminer le plan par le procédé du N.° (339).

(348.) Le problème se simplifie beaucoup lorsque la ligne A B est horizontale, parce qu'alors il n'y a qu'à mener directement, et sans construire de profils, des tangentes OP, *figure* 3.ᵉ aux courbes horizontales, parallèlement à la ligne donnée AB; leur ensemble formera la surface cylindrique qui touchera le terrain suivant la courbe OO. Faisant ensuite un seul profil XY, pour avoir la trace MDM de la surface cylindrique; et menant à cette trace une tangente CD par le point C où la droite AB perce le plan du profil, on a la trace du plan tangent cherché, et par conséquent le problème est résolu.

§. 2. Du Défilement.

(349.) Le relief assure les effets promis par le tracé, lorsqu'il est tellement ménagé que les défenseurs se trouvent partout dans l'intérieur des ouvrages, parfaitement à couvert des vues et des coups de l'ennemi. L'art du *Défilement* consiste à déterminer le relief de manière à ce que cette condition soit parfaitement remplie, condition sans laquelle le meilleur tracé n'a aucune valeur; et avec laquelle au contraire, il acquiert quelquefois des propriétés qu'il n'aurait pas en terrain plat. Les grands reliefs dans lesquels il faut quelquefois se jeter, procurent l'avantage de plonger dans les travaux rapprochés de l'assiégeant, et de le forcer ainsi à élever de grandes masses pour se couvrir; ils donnent la facilité de construire des lunettes avancées, sans masquer les feux de la place; enfin, les boulets ennemis endommagent moins des parapets élevés, parce qu'ils ne les écrêtent pas.

(350.) Il est clair que le défilement est d'autant plus facile que l'espace à couvrir a moins de profondeur; il faut donc, autant que le terrain sur lequel la fortification est assise peut le permettre, tracer les ouvrages sur une ligne à peu près parallèle aux chaines des hauteurs dominantes; je dis autant que le terrain peut le permettre, car il est possible que d'après ce que nous avons vu au N.° (335), la forme du terrain à laquelle il faut se plier pour suivre la *loi des convenances*, s'oppose à la direction parallèle que commande la *loi du défilement*. Il faut alors un grand tact pour savoir à quelle loi obéir de préférence, ou pour prendre une direction intermédiaire, ou enfin (quand on ne peut sans inconvénient prendre aucun de ces partis), pour porter la forteresse en entier sur un autre point où son but stratégique soit également atteint, et où les difficultés de son exécution ne soient pas aussi grandes.

Quoiqu'on fasse pour diriger les fronts parallèlement aux hauteurs, et pour que les zônes étroites comprises entre la fortification et les habitations des particuliers, soient parallèles à ces mêmes hauteurs, on n'empêchera jamais que les demi-lunes ne présentent leurs pointes, et n'ayent souvent leurs faces dirigées vers quelque partie du terrain environnant dont on cherche à se défiler. Nous allons donc examiner ce qu'il y a à faire pour garantir un ouvrage composé de deux faces, des coups de plein fouet partant des hauteurs voisines; je dis des coups de plein fouet, car on ne se défile pas des coups plongeans, cela est impossible; tout ce qu'on peut faire, c'est de s'éloigner des hauteurs pour rendre les ricochets plus difficiles.

Art. 1.er *Définitions et moyens.*

(351.) On nomme *plan de défilement*, celui qui renferme la crête de l'ouvrage, et qui passe au-dessus des points dominans à une hauteur telle que l'ennemi ne la puisse atteindre par des constructions ordinaires. Je crois que pour donner au défilement toute sa valeur, l'élévation du plan au-dessus de la hauteur dominante doit être de 3 mètres, quoique à la rigueur elle puisse être réduite de moitié, et qu'on soit dans l'habitude de le faire.

Le *plan de site* est celui qui est parallèle au plan de défilement, et qui est en même temps tangent aux hauteurs dominantes; il passe donc, dans les ouvrages, à 3 mètres au-dessous de la crête des parapets. Ces terre-pleins déterminés par les plans de site, et se trouvant ainsi abaissés de 3 mètres au-dessous du plan de défilement, seront parfaitement garantis par la masse des parapets des coups de plein fouet, lors même que leur trajectoire aurait une courbure assez prononcée. C'est la considération de cette courbure qui m'a engagé à donner 3 mètres de relief aux parapets au-dessus des terre-pleins, au lieu de 2^m, 5o comme on le fait ordinairement.

(352.) On cherche d'abord à établir la crête de l'ouvrage dans un seul plan de défilement; et si cela n'est pas possible, on en construit deux, un pour chaque face. Quand ces plans se coupent en gouttière, on fait une traverse pour garantir les défenseurs de la face droite des coups qui partent de gauche, et les défenseurs de la face gauche de ceux qui partent de droite.

Pour résoudre le problème du défilement, il faut se donner de position en arrière de l'ouvrage ou sur sa gorge, un point ou une ligne droite par lesquels le plan de défilement doit passer. Si l'ouvrage se rattache à d'autres avec lesquels il doit se coordonner, on ne se donne qu'un seul point à la gorge, parce que le problème conservant dans ce cas de l'indétermination, on peut *balancer* le plan de défilement pour satisfaire aux conditions du raccordement avec les ouvrages voisins; mais s'il est seul, on se donne plutôt une ligne qu'un point, et l'on peut ainsi remplir à la fois deux conditions de convenance, soit sous le point de vue du minimum de remblai, soit sous celui d'un relief convenable en deux endroits de l'ouvrage. Le problème est alors entièrement déterminé.

(353.) Examinons les différentes circonstances du premier cas qui est le plus fréquent.

Soit BCD (*Planche XXII*), *figure* 1.ᵉ la projection horizontale d'un ouvrage composé de deux branches, qu'il s'agit de défiler au moyen d'un ou deux plans passant par un point A, dont la cote est connue et dépend des convenances locales. Le plan, ou les plans de site parallèles aux plans de défilement, passeront par le même point A abaissé de trois mètres, et iront toucher les hauteurs environnantes. Construisons donc, par le procédé du N.ᵒ (346), la surface conique tangente aux hauteurs dominantes, et ayant son sommet au point A rabaissé; soit XY, le plan vertical d'un profil quelconque fait au travers de cette surface. Toute tangente à la courbe MNP, déterminera avec le point A un plan de site qui pourra résoudre la question; ainsi, on choisira d'abord la tangente horizontale EF, comme celle qui doit donner des reliefs plus égaux sur la droite et sur la gauche; et pour peu que le terrain à la gorge de l'ouvrage soit horizontal, il est probable que le plan ainsi déterminé sera le plus convenable. Mais il pourrait arriver que le terrain s'élevât d'un côté, comme on le voit dans le profil BD*mn*, dans lequel la ligne *ef* est la trace du plan tangent, et où *a* est le point donné rabaissé, dont la cote est par conséquent A*a*. Alors le plan en question peut donner un relief trop fort sur la gauche, et trop faible sur la droite; et cette circonstance aura lieu toutes les fois que la trace *ef* du plan tangent passera, d'une part, au-dessus des points *p* et *q* marquant le minimum et le maximum d'élévation que comporte le plan de site à l'extrémité de la face gauche, et d'autre part, au-dessous des points correspondans *p′* et *q′* marquant les mêmes limites pour la face droite. Nous ferons connaître ces limites qui dépendent du maximum et du minimum de relief, des convenances d'économie, et du raccordement avec les ouvrages voisins.

Dans le cas actuel, il faut donc balancer le plan en faisant tour-

ner sa trace autour du point *a* jusqu'à ce qu'elle prenne une position *e′ f′* , telle qu'elle se trouve à la fois entre les points *p* et *q* d'un
côté , et les points *p′* et *q′* de l'autre. Le plan tangent qui passe par
e′ f′ et qui par conséquent doit convenir , a pour trace sur le plan
XY, la ligne E′F′ parallèle à *e′ f′* et tangente à la section MNP; donc
il est complètement déterminé , et l'on a son échelle de pente au
moyen des cotes du point A, et de deux points pris à volonté
sur la ligne E′F′ , et projetés sur XY; par exemple , les points E′ et
F′ projetés en G et H.

(354.) Il peut arriver encore que la ligne *ef* ne puisse pas passer
à la fois entre les points *p* et *q*, *p′* et *q′*, comme on le voit au
profil B′D′, dans la même figure, lequel profil est celui de la gorge
de l'ouvrage, qu'on a transporté à cette place pour plus de clarté. Il
faut alors baisser le point A, puis recommencer l'opération ; ou si sa
position est tellement déterminée qu'on n'y puisse rien changer, non
plus qu'aux limites, on brisera le plan de site, et l'on construira
deux plans tangens, au lieu d'un seul; les tangentes à la courbe
MNP, qui serviront à déterminer ces plans, seront parallèles aux
lignes *ab*, *ad*. Les plans formant arête, la brisure n'a aucune espèce d'inconvénient; elle apporte au contraire de l'économie dans la
construction, en diminuant les reliefs; il faut cependant, pour qu'elle
soit admissible, que les plans n'aillent pas couper le terrain environnant à une distance trop rapprochée , parce qu'alors les parties
du terrain qui se trouveraient au-dessus des plans, pourraient découvrir l'intérieur de l'ouvrage.

Si le point *a*, au lieu de se trouver trop haut, se trouvait trop
bas pour que la ligne *e′ f′* pût passer à la fois entre les limites de
droite et de gauche ; il n'y aurait aucune espèce d'inconvénient à le
relever , parce qu'en défilant le point le plus élevé, l'autre ne s'en
trouverait que mieux couvert.

(355.) Si la section du cône avait sa principale convexité en
dehors des prolongemens des deux faces de l'ouvrage, comme on le

voit à la *figure* 2.ᵉ la hauteur serait plus dangereuse: 1.° parce qu'elle verrait à dos les défenseurs de la face droite, au moment où ils monteraient sur la banquette; 2.° parce qu'on n'a pas la même liberté pour balancer le plan de site, et pour faire un bon choix, en sorte qu'il est plus rare de bien satisfaire à toutes les conditions, et que le défilement reste imparfait. Cela arrive surtout lorsque la courbe *mn* dans le profil **BD**, a une pente contraire à la courbe **MN** dans le profil **XY**.

(356.) Les difficultés sont bien encore plus grandes si la section du cône présente, comme dans la *figure* 3.ᵉ deux convexités en dehors des prolongemens des faces; car alors, on n'a de choix qu'entre les plans qui laissent, à la fois, les deux hauteurs au-dessous d'eux; le plus souvent, on ne se tire d'embarras qu'avec deux plans de défilement formant gouttière; et lors même que le hasard en fournit un qui remplit à lui seul les conditions, cela ne dispense pas de construire une traverse, car les défenseurs sont toujours pris à revers sur les deux faces, quand ils montent sur es banquettes.

(357.) Il résulte des remarques précédentes que si l'on est entièrement maître du tracé de l'ouvrage, il faut le faire assez obtus, pour qu'il comprenne toutes les hauteurs entre les prolongemens de ses faces; parce qu'alors, les coups à craindre ne sont plus que des coups d'écharpe, moins terribles que les coups de revers, mais aussi plus dangereux que les coups de front dont il est facile de se garantir.

On diminue l'effet de ces coups d'écharpe en s'éloignant, autant que possible, des hauteurs dominantes; et cette attention rend en général toutes les opérations du défilement plus faciles.

Ce n'est pas assez d'éviter les hauteurs par le tracé; il faut encore les éviter par le relief, en choisissant des plans de défilement tels que les prolongemens des faces qu'ils renferment, l'élèvent autant que possible au-dessus des hauteurs, et principa-

lement quand elles se trouvent à la portée du tir à ricochet, c'est-
à dire, à cinq ou six cents mètres. Ce n'est qu'en s'élevant ainsi
qu'on parvient à éluder en partie, les ravages que fait l'artillerie
par ses feux courbes et d'enfilade.

En général un ouvrage doit être disposé de manière à rendre
le défilement le plus simple et le plus facile qu'il est possible;
et l'on est assuré qu'une place est dans une mauvaise position
lorsque les opérations du défilement sont pénibles et compliquées.
Voyons donc comment doit se présenter aux hauteurs, une fortification allongée, telle que celle qui est inscrite dans le rectangle ABCD, *figure* 4.ᵉ et qui comprend plusieurs fronts bastionnés; voyons, dis-je, comment il faut la présenter pour rendre le
défilement plus facile.

(358.) Soit d'abord un seul point culminant **M**, *figure* 5.ᵉ et
supposons qu'on ait la liberté de faire tourner le rectangle ABCD
autour de son centre O; il est clair que la position la plus favorable qu'on puisse lui donner, est celle où le grand côté AB est perpendiculaire à la ligne MO; et que la plus désavantageuse est celle
où ce côté est parallèle à MO; cela n'a pas besoin de démonstration.
La ligne MO ne suffisant pas dans ce cas pour déterminer le plan,
on se donne la direction et l'inclinaison de **AB**.

S'il y a deux points culminans **M** et **N** à même hauteur *fig.* 6.ᵉ
la droite qui les joint est horizontale, et la position la plus favorable du rectangle ABCD, est celle où son grand côté est parallèle à MN, parce qu'alors l'échelle de pente du plan de site étant
dans la direction de PO, les points D et C sont à la même hauteur, et à une hauteur peu différente de celle des points A et B;
tandis que pour le rectangle A′B′C′D′ oblique à la ligne MN, il
y aura entre les points D′ et B′ une différence de niveau, d'autant
plus grande, que le plan de site aura plus de pente, ce qui apportera des reliefs considérables dans la partie A′D′. Dans le cas
actuel les trois points M, N, O, fixent la position du plan de site.

et l'on ne se donne point l'inclinaison de **AB** : sa direction seule est définie par la condition du parallélisme.

Supposons en troisième lieu que les points **M** et **N** *figure* 7.ᵉ ne soient pas à même hauteur, mais que la ligne qui les joint soit inclinée, et vienne percer en un point **P** le plan horizontal qui passe par le point **O**. En joignant les points **P** et **O** par une ligne **PO**, on aura l'horizontale du plan de site ; et la ligne **EF** qui lui est perpendiculaire, convenablement divisée, est l'échelle de pente du même plan. On voit par là, que la position la plus avantageuse de notre rectangle est celle où le grand côté **AB** est parallèle à la ligne **OP**, car dans toute autre position **A'B'C'D'** il y aura plus de différence de niveau entre les points **A'** et **C'**, qu'il n'y en a entre les points **A** et **D**.

(359.) On voit par ce qui précède, que les hauteurs qui sont à la portée du canon, c'est-à-dire, jusqu'à 1500 mètres environ, n'influent pas moins sur le tracé général d'une fortification et sur le tracé particulier de tous ses ouvrages, que ne le font les accidens mêmes du terrain sur lequel elle est assise. S'il convient d'occuper les hauteurs, de suivre les crêtes, et d'éviter les bas-fonds ; il faut aussi que les ouvrages se disposent de manière à ce que leur direction générale soit autant que possible parallèle aux hauteurs, lorsque celles-ci forment une chaine à peu près horizontale ; ou qu'elle converge avec elles, lorsque l'inclinaison de leur chaîne est bien prononcée. Il faut encore que les prolongemens des faces des pièces principales évitent les hauteurs ; et il est nécessaire, bien souvent, de s'écarter des formes régulières et des tracés ordinaires pour atteindre cet objet important.

Mais il est temps d'indiquer comment on construit les traverses pour se garantir des coups de revers.

ART. 2. *Construction des Traverses.*

(36o.) Examinons d'abord le cas où il n'y a qu'une seule face qui puisse être prise à dos : soit **BCD** *figure* 8.ᵉ, un ouvrage déjà défilé, mais dont la face droite **DC** est vue de revers, par une hauteur qui a donné lieu à la convexité **M**, dans la section de la surface conique tangente au terrain. Soit **MP** la trace du plan de site de l'ouvrage **BCD** sur le plan **XY** du profil, soit **RS** l'échelle de pente du même plan de site, déterminée par les cotes connues du point **A** et de la ligne **MP**. En abaissant sur cette échelle des perpendiculaires **C**c, **D**d, on aura les cotes des points **D** et **C**; et par conséquent la ligne **DC** sera connue de position. Or, la traverse que nous voulons construire doit préserver des coups à dos, les hommes placés sur la banquette de la face **CD**; il faut donc que sa partie supérieure se trouve dans un plan de défilement passant au-dessus de la tête de ces hommes, c'est-à-dire à environ un mètre au-dessus du parapet (*); le plan de site qui lui est parallèle et qui doit toucher le terrain, passe donc par une droite parallèle à **CD**, et d'un mètre ou au moins de *soixante centimètres* plus élevée qu'elle. Le problème est ainsi ramené à celui du N.° (347).

Supposons donc que la surface cylindrique tangente au terrain et dont les génératrices sont parallèles à la ligne **CD** convenablement relevée, ait été construite; et que **X'M'Y'** soit sa section par le plan vertical **X'Y'** perpendiculaire à la projection **CD**. Du point *a* trace de la ligne **CD** sur ce même profil, on mène la tangente *a***M'** laquelle, conjointement avec *a***D**, détermine le plan qui doit être parallèle au plan de défilement de la traverse. Le relief de la traverse est donc déterminé; il ne s'agit plus que de donner à ce parados la

---

(*) Je dis un mètre quoique la moitié puisse suffire; c'est afin que le défilement soit plus parfait; en fortification de campagne on se contente du demi-mètre. *Voyez le Mémorial* N.° (133).

direction la plus convenable, pour que l'espace intérieur soit le moins gêné par son massif. Ordinairement on construit les traverses en capitale: soit donc CA la projection de l'axe de celle qui nous occupe; le plan de site qu'on vient de construire, et dont l'échelle est xy donne les hauteurs des points C et A, lesquelles, augmentées de 3 mètres font connaître le relief absolu de la traverse. Le problème est ainsi résolu.

(361.) Voyons ce qu'il y a à faire lorsque la traverse doit garantir d'un double revers. BCD (*Planche XXIII*) *figure* 1.re est toujours la projection horizontale de l'ouvrage à défiler, et XY la trace du plan vertical, qui donne la courbe MmN pour section de la surface conique ayant son sommet en A et enveloppant le terrain. Nous supposerons que l'ouvrage n'a pas pu être défilé par un seul plan, et que les tangentes MP, NP sont les traces verticales des deux plans de site employés. Le point P, projeté horizontalement en Q, et le point A, appartiennent tous deux à l'intersection commune, qui est ainsi la ligne AQ, laquelle passe ordinairement assez près du saillant C. Lorsque l'ouvrage aurait été défilé par un seul plan, la gouttière AQ n'existerait pas, mais la traverse serait également nécessaire, car les revers ont toujours lieu; ainsi ce que je vais dire s'applique également à ce cas.

La ligne RS est l'échelle de pente du plan de site pour la face BC, la ligne R'S' est l'échelle semblable pour la face CD. Ces échelles font connaître les hauteurs des lignes BC et CD, et comme elles ne donnent généralement pas pour le point C la même cote, on voit que ce point, considéré sur une face ou sur l'autre, est à des hauteurs différentes; ensorte que les deux faces font un ressaut au saillant; et c'est pour faire disparaître ce ressaut que l'on construit la traverse, suivant la capitale CA plutôt que dans la gouttière AQ.

On fera pour chacune des faces CD, CB ce que nous avons dit dans le N° précédent; c'est-à-dire que l'on construira pour chacune de ces droites relevées d'un mètre environ, un plan tangent aux hauteurs M et N qui les voient de revers ; soit xy l'échelle de pente de celui qui passe par la face droite, et touche la hauteur M ; soit aussi $x'y'$, l'échelle de pente de celui qui passe par la face gauche, et touche la hauteur N. Chacun de ces plans coupe le plan vertical CA, suivant une droite, qui indique la hauteur de la traverse relativement à chaque face. On choisit donc celle des deux qui est la plus élevée ; et si elles se croisent, on fait passer une troisième ligne par les extrémités supérieures des deux premières ; et l'axe de la traverse dans sa partie supérieure se trouve ainsi déterminé, après qu'on a relevé de 3 mètres la ligne dont je viens de parler.

(362.) On a dit, qu'ordinairement les deux faces forment un ressaut au saillant, et que c'est pour le masquer que l'on construit la traverse en capitale plutôt que dans toute autre direction. On le fait sans doute disparaître par cet artifice, mais ce n'est pas une raison de ne pas s'efforcer, dans le balancement des plans de site, de rendre le ressaut aussi faible que possible, parce que plus il est fort, plus la traverse a d'élévation au-dessus de la partie basse du terre-plein, et plus elle devient embarrassante par la grandeur de ses talus. Le maximum du ressaut est *d'un mètre* pour un ouvrage étroit, tel qu'une redoute, une lunette, une demi-lune, etc. ; on le porte *jusqu'à deux* pour les ouvrages plus spacieux d'un corps de place. Les terre-pleins devant être construits dans les plans de site, forment également des ressauts que la traverse rachète.

(363.) On se sert des méthodes précédentes pour corriger des fortifications défectueuses et déjà existantes. Il y a une quantité d'anciennes places où les lois du défilement sont violées sur chaque point, et dont cependant il faut tirer parti. Il ne reste alors à l'Ingénieur d'autre ressource, que de raser la sommité des hauteurs environnantes, lorsque ce travail n'est pas au-

dessus des moyens dont il peut disposer ; ou de relever les parapets jusqu'à de meilleurs plans de défilement ; ou de baisser les
terre-pleins à 2^m, 5o de profondeur pour le moins, au-dessous des
mêmes plans ; ou enfin de combiner ces trois moyens.

Les terres nécessaires pour relever les parapets ou construire
les traverses, se prennent dans les terre-pleins ; on profite alors de
ce déblai pour donner aux terre-pleins des pentes réglées sur
celles des plans de défilement ; et s'il n'est pas possible de pratiquer la fouille dans toute l'étendue des terre-pleins, on la fait
au moins tout autour de l'ouvrage, sur une largeur de quinze à
vingt mètres, afin que dans cette zône, les défenseurs trouvent
tous les avantages d'un bon défilement.

On est aussi appelé à faire quelquefois l'inverse, c'est-à-dire, à
remblayer des parties basses, pour amener les terre-pleins à la
hauteur des plans de site; mais cela n'est indispensable que pour
éviter des amas d'eaux, ou pour combler des excavations dangereuses; car si la surface du terrain est assez unie et a une pente
en arrière qui favorise l'écoulement des eaux de pluie, rien ne
force à y toucher.

Aʀᴛ. 3. Défilement d'un front moderne.

(364.) Ordinairement, dans l'établissement d'une forteresse, on
est obligé de défiler chaque front en particulier; et il est bien rare
qu'on puisse élever plusieurs fronts , ou seulement deux fronts
successifs , sur un seul plan de site. Appliquons donc les règles
précédentes au défilement d'un front moderne dans lequel les
deux branches du chemin-couvert de demi-lune remplaceront
les deux faces de l'ouvrage qui, jusqu'à présent, a été pris pour
exemple.

Il faut d'abord établir les conditions auxquelles le plan de défilement du chemin-couvert doit satisfaire. On a déjà dit dans la

description du tracé moderne, qu'en fortification horizontale, le chemin-couvert doit avoir $2^m,80$ de commandement sur la campagne ; ici, pour plus de sûreté, nous le porterons à 3 mètres au saillant, et nous conviendrons que ce plan pourra, suivant les besoins, se baisser en ce point jusqu'à $2^m,00$ pour minimum, ou s'élever jusqu'à $4^m,00$ pour maximum, toujours en passant à 3 mètres au-dessus des hauteurs dont on se défile ; en sorte que le plan de site, à l'endroit du saillant, s'enfoncera de $1^m,00$ au-dessous du terrain dans le premier cas, et s'élèvera d'autant au-dessus dans le second. Voilà donc déjà deux limites entre lesquelles le plan de site doit s'établir, et qui fixent jusqu'à un certain point sa position ; mais c'est principalement sur les parties latérales où se font les raccordemens avec les fronts voisins que des limites sont nécessaires, pour n'avoir pas des ressauts trop considérables en passant d'un front au suivant.

Or, les chemins-couverts des bastions, doivent s'élever de $0,^m 50$ au-dessus de ceux des demi-lunes, N.° (73) donc leurs plans de site sont connus ; ils sont parallèles aux premiers et à la distance verticale de $0,^m 50$. Lors donc qu'on a choisi un plan de site pour le chemin-couvert de la demi-lune, on sait en quels points, les verticales élevées aux saillans des chemins-couverts des bastions sont coupées par les plans de défilement de ces chemins-couverts ; et l'on voit en même temps si ces points sont placés entre ceux qui doivent servir de limites sur ces mêmes verticales. Mais les convenances du raccordement exigent que le ressaut d'un plan à son voisin, soit en dessus soit en dessous, n'ait pas plus *d'un mètre*, parce que le chemin-couvert est un ouvrage étroit N.° (362).

On commencera donc le défilement de la place, par celui de tous les fronts qui laisse le moins d'arbitraire, et l'on rattachera tous les autres à celui-ci par la condition que je viens d'énoncer. Ainsi le plan de site de chaque front doit s'établir de manière à passer entre des points connus, sur les trois saillans du chemin-couvert, et comprenant entr'eux des intervalles de deux mètres.

(365.) Lorsque le plan de site s'élève jusqu'au maximum, sur le saillant du chemin-couvert de la demi-lune, il convient pour éviter des remblais trop considérables, de faire des glacis coupés, N.° (232), car un relief de quatre mètres pourrait porter bien loin des glacis ordinaires, surtout si le terrain allait en s'abaissant à l'extérieur, comme cela arrive quand la place est située sur un plateau séparé des hauteurs dominantes par un vallon ou quelque terrain bas.

Quand il y a ressaut au saillant du chemin-couvert du bastion, il faut en général construire une traverse en capitale pour éviter les coups de revers; mais cette traverse est toujours embarrassante dans un chemin-couvert, où il n'y a déjà que trop d'obstacles à la circulation; il faut donc faire son possible pour l'éviter. Remarquons cependant que dans le tracé moderne, les chemins-couverts des bastions craignent peu le ricochet, parce qu'ils ont peu de longueur et qu'il arrive même souvent que les demi-lunes les en garantissent complètement; il sera donc permis quelquefois de ne point construire de traverse malgré le ressaut; et quelquefois aussi pourra-t-on se borner à ne faire qu'un bout de traverse, en laissant une partie du terre-plein libre d'obstacle pour la circulation.

Si les plans de défilement des faces des bastions étaient toujours à même hauteur au-dessus des plans de défilement des chemins-couverts correspondans, le saillant du bastion offrirait toujours le même ressaut que celui du chemin-couvert. Mais les deux faces d'un même bastion ayant souvent à défendre des points très-inégalement situés, ne peuvent pas conserver toujours le même rapport de situation avec leurs chemins-couverts, quoiqu'en restant toujours dans des plans parallèles aux leurs; ensorte que les resauts des bastions peuvent être très-différens de ceux des chemins-couverts, soit en plus, soit en moins; ils peuvent aller jusqu'à *deux mètres*, N.° (362).

Le plan de défilement d'un front peut donc, vers le saillant du bastion, se balancer entre deux points éloignés de 4 mètres sur la même verticale ; le premier à deux mètres au-dessus du plan de défilement du front voisin, et le second à deux mètres au-dessous.

Cette grande latitude est bien utile pour plier la fortification au terrain, et pour la garantir des feux latéraux sur certains fronts très-exposés.

(366.) Le plan de défilement du chemin-couvert de la demi-lune détermine la hauteur d'escarpe de cet ouvrage, car c'est une condition essentielle à remplir, qu'aucune partie des maçonneries ne soit vue du dehors, tout en leur conservant le plus de hauteur possible (*). De même, le plan de défilement du chemin-couvert du bastion, élevé de $0^m,5o$ au-dessus du premier, fixe la hauteur de l'escarpe du corps de place. Le plan de site général passe donc à $3^m,5o$ au-dessous du cordon d'escarpe sur le corps de place; or, l'expérience a démontré que l'escarpe, pour être à l'abri de l'escalade, doit avoir au moins 8 mètres de hauteur, on lui en donne ordinairement 10 pour le corps de place; le fond du grand fossé est donc de $6^m,5o$ au-dessous du plan de site général; mais en même temps ce fossé est ordinairement creusé d'environ 7 mètres dans le terrain, pour que le déblai balance à peu près le remblai; il suit delà que l'on connaît d'avance et aproximativement quel est le point, sur le milieu de la courtine, par lequel le plan de site doit passer; et c'est ce point qu'on choisit pour sommet de la surface

---

(*) A la rigueur, les murailles ne doivent être couvertes des vues du dehors, qu'à la distance où il est possible de faire brèche; passé cette limite, il importerait peu que les maçonneries fussent vues, puisque l'ennemi ne pourrait pas les entamer, et qu'il perdrait son temps s'il s'amusait à les battre. Mais le plus sûr est de couvrir les maçonneries le mieux qu'on peut, parcequ'on n'est pas d'accord sur la distance à laquelle on cesse de pouvoir renverser un revêtement, avec de fortes batteries de siége: Cormontaigne et Bousmard, fixent cette distance à 3oo mètres, cependant les siéges d'Espagne ont démontré que l'on peut ouvrir en quelques jours, une grande brèche, à plus de 4oo mètres ; et peut-être le pourrait-on faire à 5oo mètres. Cela dépend au reste en grande partie, de la qualité et de l'âge des maçonneries.

conique, tangente au terrain, au moyen de laquelle on construit le plan de site .Rarement, le point ainsi choisi, s'écartera de la surface du terrain, pour peu qu'elle soit uniforme; car en adoptant les données ci-dessus, il se trouve de $0^m,50$ en terre, dans la fortification horizontale.

En considérant la position fixe et déterminée du sommet du cône, et les deux limites assez resserrées entre lesquelles le plan de site doit passer au saillant du chemin-couvert; on verra que l'on doit éprouver de grandes difficultés à établir un front sur un terrain qui descend du côté de l'ennemi, quand celui-ci est établi lui-même sur une contrepente ou sur un plateau opposé : on doit tout faire pour éviter une semblable position.

(367.) On prend le sommet du cône sur le milieu de la courtine : 1.° parce que ce point est placé symétriquement dans le tracé du front; 2.° parce qu'étant situé dans la partie la plus réculée, il donne au plan de site le moins de pente possible; 3.° parce qu'il ne serait pas aussi facile de se donner *à priori* la position de tout autre point sur la capitale. On est cependant obligé, lorsque le plan de site passe au-dessus du maximum d'élévation qu'on lui a fixé au saillant, de le rompre, et de n'en conserver que la partie qui se rapporte aux chemins-couverts des bastions et aux places-d'armes. Le plan de site des longues branches du chemin-couvert s'abaisse alors de manière à passer au-dessous de la limite maximum, et le ressaut qui résulte de cette différence de niveaux se fait aux premières traverses, vers les places-d'armes rentrantes. La brisure devenue nécessaire pour éviter de trop grands remblais, n'a point d'inconvénient, puisque nous avons vu qu'il faut donner un commandement au chemin-couvert du bastion sur celui de la demi-lune; il arrive seulement alors que ce commandement est plus fort, et il n'y a point de mal.

(368.) Les plans de site des chemins-couverts de la demi-lune et des bastions, étant déterminés comme il a été dit, soit que ces plans conservent le parallélisme, ce qui est le cas ordinaire, soit qu'ils aient été construits chacun à part, comme dans le N.° précédent, les plans de défilement du corps de place et des ouvrages extérieurs leur sont respectivement parallèles, et sont menés à des hauteurs fixées par les convenances du relief, convenances que nous ne tarderons pas à faire connaître.

La représentation de ces plans parallèles est facile, car toutes leurs échelles doivent être parallèles et divisées également. Ainsi donc, lorsque la première, celle du plan de site, est connue, l'*échelle de défilement* du chemin-couvert (c'est ainsi qu'on appelle l'échelle du plan de défilement), lui est parallèle; et leurs divisions se correspondent , avec cette différence, que la même horizontale menée par le zéro de la première passe par la troisième division de la seconde, parce que le plan de défilement est élevé de trois mètres au-dessus du plan de site. De même, si l'on a jugé convenable de donner à la demi-lune deux mètres de commandement sur son chemin-couvert, la même horizontale passera par la cote 5 de son échelle de défilement; de même aussi, elle passera par la cote 5^m, 6o de l'échelle de défilement du réduit, si ce dernier ouvrage a sur la demi-lune un commandement de 6o centimètres, etc.

(369.) Il sera quelquefois impossible de défiler, par un seul plan, les parties droite et gauche d'un même front; alors on emploiera deux plans qui formeront sur la capitale une arête ou une gouttière; et dans ce dernier cas, il faudra construire des traverses pour arrêter les coups de revers; mais ces traverses n'ont pas assez de longueur pour garantir toute l'étendue des faces , en sorte que c'est une assez mauvaise chose que d'être contraint de recourir à cet expédient.

Art. 4. *Résumé des principes relatifs au Défilement.*

(370.) 1.° On se défile d'autant plus facilement qu'on est plus éloigné des hauteurs dominantes.

2.° Une grande hauteur éloignée n'est pas plus à craindre qu'une petite hauteur plus rapprochée; cependant celle-ci est dangereuse, malgré le meilleur défilement, lorsqu'on en est à la portée du ricochet. Il faut donc, autant que possible, éviter ces commande-mens rapprochés, quelle que soit la facilité qu'on ait de se garantir des coups de plein fouet qui en pourraient partir.

3.° Evitez d'établir un front sur un terrain dont la pente géné-rale est dirigée du côté des hauteurs.

4.° Dirigez les faces ricochables de telle manière que leurs pro-longemens passent à droite et à gauche des hauteurs dominantes, et s'élèvent autant que possible au-dessus d'elles. Et, s'il est impos-sible de remplir cette condition, ne vous soumettez qu'à un seul revers, car les revers sont toujours très-à craindre.

5.° Les ouvrages épâtés sont les plus faciles à défiler, non-seule-ment parce qu'ils évitent plus facilement les hauteurs, mais en-core parce que les espaces qu'il faut couvrir ont moins de pro-fondeur.

6.° Lorsqu'une enceinte est devant une chaine de hauteurs, il faut s'efforcer de la faire parallèle à cette chaîne, si sa crête est à peu près horizontale; ou de diriger le tracé général du côté où celle-ci plonge, lorsqu'elle est sensiblement inclinée.

7.° Chaque portion d'enceinte doit être tournée directement en face de la hauteur dont il faut la défiler, quand elle n'a en oppo-sition qu'un seul point culminant.

Conséquences.

8.° « Lorsqu'une enceinte traverse un vallon, il faut mettre « dans le fond des ouvrages obtus, et les reculer le plus qu'on « peut par rapport aux ouvrages qui occupent les hauteurs de « part et d'autre du vallon.

9.° « Si l'on établit une enceinte sur une pente qui borde une « plaine horizontale, et qu'on puisse assigner les points les plus

« éloignés où l'ennemi puisse s'y établir, il faudra se défiler de
« cette plaine, comme d'une véritable hauteur, et prendre comme
« points culminans ceux dont je viens de parler. » (Mémoire sur
« le défilement par H. Say.)

§ 3. *Du Relief.*

(371.) Les anciens Ingénieurs réglaient le relief par la condition que le plan de site fut battu et vu de la même manière que
le plan horizontal du terrain l'est dans la fortification horizontale ; mais cela ne suffit pas, parce que ce n'est point sur le
plan de site que l'ennemi s'établit, mais bien sur le terrain que
ce plan laisse au-dessous de lui. C'est donc le terrain qu'il faut
découvrir et battre, plutôt que le plan de site. On voit par là
qu'il est impossible de régler le profil de chaque ouvrage d'une
manière invariable, comme on le fait en fortification horizontale.

(372.) La condition de battre le terrain environnant n'est pas
la seule à laquelle un profil doive satisfaire : il faut encore que
les ouvrages en arrière soient à l'abri des vues de l'assiégeant supposé établi sur la crête du glacis ; on doit donc leur donner au
moins 1^m, 5o de commandement sur cette crête. Il faut de plus
que la plongée soit dirigée vers le bord de la contrescarpe, ou
tout au moins à 1^m, 5o au-dessus, pour que l'ennemi ne trouve
pas d'abri dans le terre-plein de l'ouvrage qui précéde.

Le parapet doit être à l'épreuve du boulet de vingt-quatre,
et l'expérience a démontré qu'il fallait pour cela lui donner 6
mètres d'épaisseur.

Le maximum d'inclinaison de la plongée est fixé au *sixième*,
quoiqu'en terrain horizontal on ne le porte ordinairement qu'au
neuvième ; mais cette latitude est nécessaire, pour parvenir à
battre les terre-pleins quand les ouvrages ont un grand relief,
comme cela est souvent nécessaire en fortification défilée.

Le talus extérieur doit être à terre coulante, c'est-à-dire, à 45° dans le cas le plus ordinaire.

Les escarpes seront verticales, afin d'être moins dégradées par les pluies et la végétation ; ou, si on leur donne un talus, il ne dépassera pas le vingtième de la hauteur.

Le cordon d'escarpe aura $0^m,25$ de saillie sur le nud de la muraille, et il sera arrondi dans sa partie supérieure, afin qu'on ne puisse pas se glisser dessus.

Le sommet des escarpes revêtues, ainsi que nous l'avons déjà dit, ne doit pas être élevé au-dessus des plans de défilement des ouvrages qui précédent.

(373.) Dernière condition : l'artillerie des ouvrages intérieurs et la mousqueterie des chemins-couverts doivent, autant que possible, agir simultanément. Il faut remarquer pour cela, que le boulet doit passer à $0^m,90$ au moins, au-dessus de la tête des défenseurs du chemin-couver, pour que ceux-ci soient en sûreté ; et que la taille moyenne de l'homme étant de $1^m,70$, sa tête dépasse le parapet de $0^m,40$ et que par conséquent les coups de l'artillerie doivent être dirigés à $1^m,30$ au-dessus de la crête du glacis, c'est-à-dire, à une hauteur précisément égale à celle de cette même crête au-dessus de la banquette.

Il n'est pas toujours possible de remplir la condition de simultanéité de feux ; mais il faut de toute nécessité que la ligne de tir de l'artillerie passe à $0^m,30$ au-dessus de la crête du glacis, pour que les coups ne soient pas arrêtés, et que les palissades du chemin-couvert ne soient pas endommagées.

Occupons-nous maintenant de la construction graphique des différens profils d'un front moderne, en nous soumettant aux différentes conditions énoncées ci-dessus.

Art. 1.er *Profil de la demi-lune.*

(374.) La demi-lune doit battre tout le terrain en avant du

bastion. Nous réglerons donc son profil de manière que la queue du glacis du bastion, sur la capitale, soit battue par l'artillerie de la demi-lune, en même temps que le chemin-couvert de ces derniers ouvrages balaye tout le glacis par des feux rasans de mousqueterie. Or il suffit que l'artillerie dirige ses coups à 1^m, oo au-dessus du point à battre **K**, (*Planche XXIII*) *figure* 2.ᵉ, pour que ce point soit suffisamment bien défendu. Nous avons de plus un point élevé de 1^m, 3o au-dessus de la crête du glacis, par lequel la ligne de tir de l'artillerie peut passer pour qu'il y ait simultanéité de feux, donc cette ligne de tir **AB** est déterminée. Mais la pièce tirant dans une embrasure, a son âme placée environ à un mètre au-dessous de la crête intérieure du parapet, donc la ligne **DC** construite par la crête du parapet, parallèlement à la ligne de tir **AB**, s'élève de 2 mètres au-dessus du point à battre **K**, et passe à 2^m, 3o au-dessus de la crête du glacis. Cette ligne **DC** ainsi déterminée donne le minimum du relief du parapet, lorsqu'on veut avoir simultanéité de feux ; nous l'appellerons *ligne du minimum*.

D'un autre côté si nous menons par le point **I** élevé de 1^m, 5o au-dessus de la contrescarpe, une ligne **IL** au sixième d'inclinaison, ce sera une ligne que la crête du parapet ne devra pas dépasser ; car nous avons dit dans le N.° (372) que la plongée ne doit pas avoir plus du sixième d'inclinaison et qu'elle doit passer par le sommet de la contrescarpe, ou s'élever pour le plus à 1^m, 5o au-dessus : la ligne **IL** sera donc pour tout profil la *ligne du maximum*. Ainsi l'angle du parapet devra se trouver entre les deux lignes **IL** et **CD**, pour que toutes les conditions soient satisfaites ; et si cela n'est pas possible, la condition de simultanéité de feux ne pourra pas avoir lieu.

(375.) Or l'angle du parapet doit se trouver sur une courbe que l'on détermine de la manière suivante ; soit **A** *figure* 3.ᵉ le sommet de la contrescarpe relevé de 1^m, 5o : soit **B** le sommet de l'escarpe; BC une ligne inclinée à 45.° Par le point A on mène une ligne AM sous une inclinaison quelconque ; par le point de section D de cette droite et de la ligne BC, on mène une horizontale DE de 6 mètres de longueur, c'est-à-dire, qu'on la fait égale à l'épaisseur du parapet ; puis on élève au point E la perpendiculaire EM, et le point M est à la courbe ; car si l'on plaçait en ce point l'angle du parapet, DM serait la plongée dirigée sur le point A , BD serait le talus extérieur, et DE mesurerait l'épaisseur du parapet.

Ce que nous venons de faire pour la ligne AM peut se faire pour toute autre AN, et la suite des points M, N, etc., donne la courbe MN, sur laquelle doit se trouver, dans le profil, l'angle du parapet, et dont les intersections avec les lignes du maximum et du minimum donnent les limites du relief.

On démontre par une analyse assez simple que la courbe que nous venons de tracer est une hyperbole dont une des asymptotes est la ligne CB, et dont l'autre est la ligne GH perpendiculaire à la direction de DE, ou de sa parallèle AI, menée à une distance AG égale à DE ; le point O est alors le centre de la courbe, et le point A se trouve sur la seconde branche, d'où résulte une grande facilité pour la construire.

(376.) Soit maintenant AB *figure* 4.ᵉ la trace du plan de défilement du chemin-couvert de la demi-lune sur le plan du profil, lequel plan du profil est vertical, perpendiculaire à la projection horizontale de la face de la demi-lune, et mené en un point quelconque de cette face. Il est convenu que les profils se font toujours perpendiculaires aux faces des ouvrages, à moins qu'on ne prévienne qu'il en est autrement. La trace AB détermine le sommet B de l'escarpe de la demi-lune. Soit K le point à battre, DE la ligne du minimum de relief, FG celle du maximum, et MN l'hyperbole du profil. On doit rejeter tous les points de cette courbe situés au-dessus de FG, et tous ceux qui se trouvent au-dessous de DE ; et l'on peut prendre pour la plongée du parapet toute ligne FI passant par un point intermédiaire I, dont le choix peut dépendre de considérations ultérieures relatives au raccordement.

Si le maximum déterminé par la ligne F.G, était tombé au-dessous du minimum donné par la ligne DE, cela aurait indiqué que la simultanéité des feux ne peut pas avoir lieu.

(377.) Lorsqu'on a fait les constructions précédentes sur chaque face de la demi-lune, on fait passer par le point I, choisi sur l'un des profils et reporté sur le plan en projection horizontale, un plan de défilement parallèle à celui de la branche correspondante du chemin-couvert. On cherche ensuite l'intersection de ce plan avec la verticale au saillant de la demi-lune; par ce dernier point, on fait passer un second plan de défilement parallèle à celui de la seconde branche du chemin-couvert; et si l'intersection de ce dernier plan avec le plan vertical du profil de la seconde face, passe entre les deux limites fixées sur l'hyperbole de ce profil, on s'en tient là; sinon, il faut relever ou rabaisser les plans, jusqu'à ce qu'ils passent entre les deux limites tracées sur l'hyperbole de chaque face, sans cependant laisser entr'eux, au saillant de la demi-lune, un ressaut de plus d'un mètre. On est quelquefois forcé de renoncer à la simultanéité des feux sur une face, pour remplir les conditions que nous venons d'établir.

Art. 2. Profil du Réduit de demi-lune.

(378.) Le réduit est, comme nous l'avons vu, destiné à diminuer le terre-plein de la demi-lune, et à former avec les coupures un retranchement intérieur. C'est parce que cet ouvrage n'a pas d'autre emploi, et qu'il n'est point destiné à la défense extérieure, qu'on ne lui donne pas un grand relief, et qu'on se contente d'élever son saillant de $0^m,60$ à $0^m,40$ au-dessus du saillant de la demi-lune, dont on connait maintenant la cote.

Par le saillant du réduit ainsi déterminé, on fait passer deux plans de défilement parallèles à ceux des faces de la demi-lune; ils doivent contenir les crêtes intérieures des deux faces du réduit, donc leurs traces sur les plans des profils doivent couper en un point les hyperboles de ces profils, lequel point fera connaître le sommet du parapet dans le profil; tel est le point O *figure* 4.ᵉ, donné par l'intersection de la trace PQ avec l'hyperbole M'N'. Cette hyperbole est déterminée par la condition de battre le point F', élevé d'un mètre au-dessus de la contrescarpe. Il va sans dire que si la demi-lune n'a qu'un seul plan de défilement, le réduit n'en a de même qu'un seul.

Le point O n'est admissible que dans le cas où il tombe au-dessous de la ligne F'G' inclinée au sixième; s'il tombait au-dessus, il faudrait, ou diminuer le commandement du saillant, ou relever le point F' jusqu'à 1ᵐ, 50 de la contrescarpe, comme l'est le point F dans le profil de la demi-lune, ou enfin rabaisser le plan de défilement du côté de la place, en l'assujétissant à passer par le point O'. Dans ce cas le plan de défilement du réduit ne serait plus parallèle au plan de défilement de la demi-lune, mais il n'y aurait pas grand mal.

(379.) Le sommet de l'escarpe du réduit doit, pour deux raisons, se trouver au-dessous du plan de défilement de la demi-lune : la première, afin de ne pas gêner le tir à embrasure, et la seconde, pour que l'ennemi après avoir abattu le parapet de la demi-lune, ne puisse pas, par la trouée qu'il aura faite, battre en brèche le réduit, sans déplacer son artillerie. Le sommet de l'escarpe s'établit ordinairement dans un plan de défilement abaissé de 1ᵐ, 50 au-dessous de celui de la demi-lune.

On est sûr que l'escarpe du réduit sera toujours couverte, si en menant par la banquette de la demi-lune la ligne *ab* à 45°, le point *a* tombe au-dessous de *d* donné par la ligne *cd* inclinée au sixième et menée par le sommet de la contrescarpe, laquelle indique la plus grande inclinaison sur laquelle l'artillerie de brèche puisse tirer. Alors l'ennemi établi en *c* ne pourra pas, sans abbattre la contrescarpe, renverser la partie du parapet de la demi-lune que soutient la portion d'escarpe au-dessous de *cd*.

La ligne F'R, passant à un mètre au-dessous du point O, donne la direction de la plongée pour les embrasures.

Art. 5. *Profils du Bastion et du Réduit de place-d'armes.*

(380.) Ces deux profils doivent se traiter simultanément, parce que la construction de l'un dépend nécessairement de celle de l'autre, puisque le bastion et le réduit de place-d'armes doivent pouvoir, l'un et l'autre, tirer par dessus le glacis de la place-d'armes, pour défendre le glacis de la demi-lune.

Le point à battre devant servir aux constructions des deux profils, sera pris à la queue des glacis de la demi-lune, vis-à-vis le saillant de son chemin-couvert.

Nous ferons passer le plan vertical du profil par l'angle saillant du réduit de place-d'armes, pris sur la crête intérieure; et pour trouver cet angle, nous donnerons *à priori* $7^m, 5o$ d'épaisseur à son parapet, y compris le talus extérieur, sauf à le corriger ensuite, lorsque son profil sera rigoureusement déterminé.

Soit donc K (*Planche XXIV*), *figure* 1.re, le point à battre; BCQ l'ellipse projection de la crête intérieure de la place-d'armes, sur le plan du profil; *bcq* la même courbe relevée de $2^m, 3o$; soit ABH la trace du plan de défilement; F le sommet de la contrescarpe relevé de $1^m, oo$, et servant à construire l'hyperbole MN du bastion. La ligne PL est la verticale qui passe par le saillant provisoire du réduit de place-d'armes; c'est sur cette droite que nous fixerons le relief pour le profil du réduit.

Si du point D, élevé de $2^m, oo$ au-dessus de K, nous menons la tangente DE à la courbe *bcq*, nous aurons la ligne du minimum, et rarement elle différera beaucoup de la ligne D*b* menée tout simplement par le même point D, et par le point *b* élevé de 2^m, 30 au-dessus de B; en sorte qu'on peut s'en tenir à cette dernière, qui dispense de tracer les courbes BCQ et *bcq*, lesquelles ne laissent pas que d'être assez longues à construire, attendu qu'on est obligé de déterminer sur le plan, les cotes de plusieurs points de ces courbes, pour les porter ensuite à leurs hauteurs, dans le profil, sur les verticales qui leur correspondent.

La ligne FG, inclinée au sixième, donne toujours sur l'hyperbole MN, le maximum de relief. On peut donc choisir entre les points *m* et *n*, celui I qui convient le mieux pour remplir les conditions suivantes.

1.° Que le bastion ait à son saillant un *commandement effectif* d'un mètre pour le moins sur celui de la demi-lune, c'est-à-dire que le premier point ait une cote de nivellement d'un mètre plus forte que le second.

2.° Que les flancs ayent au moins 13 mètres de relief au-dessus du fond du fossé, pour la bonne construction de la tenaille et de la grande poterne.

3.° Que le bastion puisse voir le pied de la brèche de la demi-lune, sans donner à la plongée plus du sixième d'inclinaison.

4.° Qu'il n'y ait jamais au saillant un ressaut de plus de 2 mètres.

(381.) Quant au réduit de place-d'armes, on a son minimum de relief, par l'intersection *x* de la ligne PL et de la trace A'B' d'un plan de défilement parallèle à celui du chemin-couvert et à la distance de 1^m, 50. Il doit y avoir entre ces deux plans, dont A'B' et ABH sont les traces, la distance qui vient d'être indiquée, pour que l'ennemi, placé dans son couronnement du chemin-couvert, ne puisse pas plonger dans le réduit.

Le maximum de relief est donné par la ligne DE; car jamais le parapet du réduit ne doit dépasser cette ligne, pour ne pas masquer les feux du bastion; et encore faudra-t-il toujours baisser le point y de $2^m,3o$ au-dessous de la ligne de tir ID, si l'on veut que le canon de la place, tirant à embrasure, agisse simultanément avec la fusillade du réduit, N.° (374.), ou le baisser seulement de $1^m,3o$ si le canon tire à barbette. Mais on s'en tient ordinairement au minimum x, pour que les défenseurs du réduit n'ayent rien à craindre de l'artillerie qui joue derrière eux, et parce qu'un réduit n'a pas besoin d'un grand commandement. C'est pour cette raison, qu'en fortification horizontale, nous nous sommes contentés de $1^m,5o$ de relief pour le réduit sur la place-d'armes N.° (73). S'il arrivait qu'entre le minimum de relief du réduit et la ligne de tir ID, il n'y eût pas la distance énoncée ci-dessus, il est clair qu'il faudrait renoncer à la simultanéité de feux entre le bastion et le réduit de place-d'armes.

(382.) Quoiqu'il en soit, après avoir choisi entre x et y un point dont on connaîtra par conséquent la cote, on fera passer par ce point un plan de défilement parallèle à celui de la place-d'armes. Ce plan coupera chacun des profils, qu'on doit faire séparément sur les faces du réduit, suivant une droite; et si cette droite passe dans l'hyperbole du profil, en dessous du point maximum déterminé par la ligne au sixième, le plan est bon; sinon, il faut le baisser autant que la limite x vous le permet; et si en arrivant à ce point le plan de défilement passe encore au-dessus du maximum, il faut se résoudre à voir le terre-plein de la place-d'armes mal défendu par le réduit; c'est ce qui arrive presque toujours, vu le peu de largeur du fossé de cet ouvrage. C'est encore là une raison de prendre tout de suite le point x pour fixer le relief du réduit, ce qui d'ailleurs simplifie beaucoup l'opération.

Pour diminuer les difficultés, on n'abaissera le terre-plein de la place-d'armes, que de $2^m,5o$ au lieu de $3^m,oo$ au-dessous de son plan de défilement; et l'on prendra le point qui doit servir à la construction de l'hyperbole du profil, à 10 mètres du bord de la contrescarpe, au lieu de le prendre sur la contrescarpe même. Mais alors on ne le relèvera que d'un mètre au lieu d'un mètre et demi, comme nous avons fait dans nos autres profils des dehors.

(383.) Si la ligne de tir du bastion passe à $1^m,3o$ au-dessus du point x, lorsque ce point marque le relief du réduit de place-d'armes, il y aura simultanéité de feux entre le bastion et le réduit; mais il n'y aura pas simultanéité entre le même réduit et la place-d'armes, à moins que de faire usage de canons montés sur affuts de de place, avec lesquels on peut tirer par dessus le parapet. Or, il n'est guère praticable d'employer ces lourds affuts à la défense des ouvrages extérieurs; on peut donc établir en thèse générale : que le bastion, dans les circonstances ordinaires, a simultanéité de feux avec la place-d'armes; que quelquefois il remplit la même condition avec le réduit de place-d'armes; mais qu'à moins de se jeter dans des reliefs trop considérables, ce dernier ouvrage ne jouit pas de la simultanéité de feux avec la place-d'armes.

Art. 4. *Profil du flanc du Bastion.*

(384.) Les flancs doivent défendre les faces des bastions, en faisant jouer leur artillerie par-dessus la tenaille; il faut donc que les directrices des embrasures se trouvent sur une surface gauche formée par le mouvement d'une ligne droite, toujours parallèle à la ligne de défense en projection horizontale, et s'appuyant d'une part sur la crête intérieure du flanc baissée d'un mètre, et d'autre part sur la crête de la tenaille relevée de $1^m,3o$. Soit donc ABS *figure* 2.ᵉ, la trace horizontale du plan de notre profil; par les points 1, 2, 3, etc., marqués à égale distance sur le flanc AD, nous mènerons les parallèles 1-1, 2-2, 3-3, etc. à la ligne AB; et ces parallèles seront les projections horizontales d'autant de directrices d'embrasures ou de génératrices de notre surface gauche.

Pour tracer la courbe $m3n$, suivant laquelle la surface gauche coupe le fond du fossé, et qui fait connaître de quelle manière l'artillerie le défend, il faut construire le profil. Soit donc A'B' parallèle à AB l'horizontale de ce profil, et A'B'' la trace du plan parallèle au plan de défilement, et qui, passant par le pied de l'escarpe, donne le fond du fossé. Soit $\alpha\beta$, la trace du plan de défilement du bastion ; son intersection I avec l'hyperbole MN décrite par la condition de battre le point C, angle d'épaule qui se projette en K, donne sans tâtonnement, la crête intérieure sur le profil, si la hauteur A'γ est d'au moins 13 mètres. Il ne convient pas de donner au corps de place moins de treize mètres de hauteur totale au-dessus du fond du fossé : dans l'exemple actuel cette hauteur est de 14 mètres.

La ligne brisée pqr est la projection verticale de la crête intérieure xyz de la tenaille. On suppose que la partie pq, correspondante à xy, soit horizontale ou parallèle à A'B', et que sa hauteur soit d'environ 8 mètres au-dessus du fond du fossé, ou de 6 mètres au-dessous du plan de défilement du bastion. On ne peut guère lui donner un relief plus considérable sans gêner la défense du fossé, comme on va le voir. La ligne brisée xyz projection horizontale de la crête intérieure de la tenaille, se trace parallèlement à l'escarpe et à 7 mètres de distance, c'est-à-dire qu'on se donne préalablement la position de cette crête par ses deux projections.

(385.) Relevons maintenant la ligne pqr de $1^m,30$ en $p'q'r'$, et projetons sur cette droite relevée les points où nos génératrices 1-1, 2-2, 3-3, etc. coupent la ligne xyz. Puis par ces points projetés et par le point R abaissé d'un mètre au-dessous du point I, menons les lignes I1, I2, I3, etc.; ce seront les projections verticales des génératrices correspondantes 1-1, 2-2, 3-3, etc., lesquelles feront connaître en même temps l'inclinaison qu'on doit donner à chaque plongée d'embrasure. Or, en projetant sur le plan, les points 1, 2, 3, etc., où ces droites coupent la ligne A'B'' qui représente le fond du fossé, on a la courbe $m3n$ pour l'intersection de ce fossé avec la surface gauche qui contient toutes les directrices des embrasures. Tout ce qui est en deçà n'est point battu directement par l'artillerie, mais tout ce qui est au-delà est parfaitement défendu.

La ligne *tu* est la trace du plan au sixième d'inclinaison, indiqué dans le profil par la ligne **FR** qui donne en même temps la plus grande plongée des embrasures. Cette ligne *ut* étant à droite de la capitale **XY**, fait voir que s'il n'y avait pas de tenaille, plus de la moitié du grand fossé pourrait être défendue par l'artillerie du flanc **DA**, et qu'ainsi, avec le relief de 14 mètres, les flanquemens seraient excellens. Il est facile de voir qu'ils sont encore très-bons avec un relief de 15 à 18 mètres, parce que la caponnière relève le fond du fossé de $2^m,5o$ au moins.

Mais quand il y a une tenaille, l'espace *mnu***S**, privé des feux directs de l'artillerie, est d'autant plus considérable que le relief du flanc est plus grand, lorsqu'on tient la crête de la tenaille toujours à 6 mètres au-dessous, ou que ce relief restant le même, on veut relever le parapet de la tenaille pour mieux couvrir l'escarpe. Cependant tout l'espace *mnu***S** n'est pas entièrement sans défense; car, premièrement la mousqueterie du flanc bat jusqu'au pied toute la partie **CS***m*3, puisqu'on a pris le point **K** projection de l'angle d'épaule **C**, pour point à battre, dans la construction de l'hyperbole **MN**; ensuite les pièces les plus rapprochées de l'épaule **D**, peuvent obliquer leur tir et diriger des coups dans la partie **CS***m*3; et enfin, si l'on coupe la surface gauche par un plan relevé de $1^m,5o$ au-dessus du fond du fossé, on aura une courbe *m'n'* plus rapprochée de l'escarpe, et qui rétrécit la partie morte. On peut donc affirmer qu'il n'y a d'espace réellement privé de feux, qu'immédiatement contre la tenaille; et la caponnière diminue considérablement ce défaut inévitable.

Le point **B** indiquant le commencement de la brèche que l'ennemi fera par la trouée du fossé de la demi-lune, et ce point **B** se projetant en *b* dans le profil, on voit que la ligne de tir **R***b'* de la première pièce passe à une certaine hauteur *bb'* au-dessus du pied du revêtement, laquelle est de 3 mètres dans l'exemple actuel. Il n'y a pas de mal à cette grande élévation, parce que la rampe de la brèche s'élève bien d'environ trois mètres en cet endroit. Les autres pièces battent plus bas ; il est donc clair que toutes les pièces du flanc peuvent défendre la brèche, soit directement, soit par des coups légèrement obliques : pour que les deux flancs ayent le même relief, on tolère un ressaut de o^m, 5o à l'angle d'épaule, quand cela est nécessaire.

(386.) Dans les constructions précédentes on a supposé que les différens points du plan se projetaient sur le profil A'B', par des droites parallèles au plan de défilement, de manière à ce que tout ce qui est renfermé dans un des plans de défilement se trouvât sur sa trace, dans le profil ; c'est ainsi que tous les points du fond du fossé se sont projetés sur la même ligne A'B'', et que toutes les genouillères des embrasures se sont projetées sur le même point R. Il n'en aurait pas été de même si on eût fait usage de la projection orthogonale ; les points les plus élevés dans le même plan de défilement se seraient trouvés aussi les plus élevés dans le profil, ce qui aurait apporté de la confusion. On n'aurait pu éviter cet embarras qu'en faisant autant de profils que de directrices d'embrasures.

On fait souvent usage des projections obliques pour simplifier les constructions, comme dans le cas actuel.

Dans le système de projection oblique, la ligne *xyz* serait représentée sur le profil par une seule ligne droite, si le plan de défilement de la tenaille était parallèle à celui du bastion ; mais ordinairement il est plus rampant, c'est pourquoi nous avons projeté cette crête suivant une ligne brisée *pqr*. Nous allons dire comment on détermine ce plan.

(387.) D'après ce qu'on vient de voir, la tenaille ne couvre pas entièrement l'escarpe. Lorsque le parapet du corps de place a un relief total de 14 mètres au-dessus du fond du fossé, il y a environ deux mètres de muraille qui restent à découvert, et qui battus en brèche, n'ouvrent pas il est vrai le corps de place, mais occasionnent la chute d'une partie des terres des parapets, lesquels après cela ne se trouvent plus à l'épreuve. Le remède le plus simple à ce mal, consiste à diminuer la hauteur d'escarpe sur la courtine et sur les flancs, pour la réduire à 8 mètres seulement, en laissant toutefois une escarpe de 10 mètres aux faces des bastions qui sont les parties d'attaque; et ce moyen a en même temps l'avantage d'apporter de l'économie dans les constructions.

Cette diminution dans la hauteur d'escarpe est d'autant plus convenable, que l'escalade est beaucoup moins à craindre dans le rentrant que sur les faces des bastions; huit mètres de hauteur d'escarpe suffisent bien pour empêcher tout accident sur ce point. On pourra encore, dans l'intention de couvrir les maçonneries, lorsque le parapet aura moins de 14 mètres de hauteur au-dessus du fossé, relever la crête de la tenaille, et la rapprocher jusqu'à 5 mètres du plan de défilement du corps de place. Mais, autant qu'on le peut, on doit donner 6 mètres de commandement au corps de place sur la tenaille; et il est mieux de diminuer la hauteur d'escarpe, que de réduire le commandement du corps de place sur la tenaille.

(388.) Chaque embrasure a sa plongée déterminée par les constructions précédentes, en sorte qu'on est parfaitement sûr que les feux d'artillerie du bastion pourront avoir lieu simultanément avec ceux de la tenaille, pour la défense du fossé. Il n'en est pas de même dans les exemples qui précédent: le canon devant défendre non-seulement les glacis, mais encore le terre-plein du chemin-couvert, la plongée n'a pas la direction convenable pour garantir de tout danger les défenseurs du chemin-couvert dans la simultanéité des feux; et quoique les coups de mal-adresse

soient moins faciles avec le canon qu'avec la mousqueterie , il
convient , je crois, de fixer la volée du canon à la hauteur re-
quise par un bourrelet de terre , soit un relèvement de la plongée,
vers la partie intérieure de l'embrasure. On laissera subsister le
bourrelet pendant tout le temps qu'on devra défendre le glacis, et
on l'enlèvera de nuit quand il faudra battre le terre-plein du
chemin-couvert, ou seulement la crête du glacis. Par cette attention, on empêchera tout accident.

Quant à la simultanéité des feux de mousqueterie, elle est illusoire; il y aurait trop de risque pour les défenseurs des chemins-
couverts, et personne ne voudrait rester à ce poste périlleux.
Vauban dit que les feux de la place tuent dans les chemins-couverts presque autant de monde que ceux de l'ennemi. Les feux
de mousqueterie doivent donc être successifs; ceux de la demi-
lune ne peuvent commencer qu'après l'abandon du chemin-
couvert, et ceux du réduit qu'après la prise de la demi-lune.

On ne taille ordinairement les embrasures , qu'au moment
où la ville est mise en état de siége, et il est probable qu'alors les
plans de l'Ingénieur n'existent plus; il faut donc y suppléer d'une
manière simple pour donner aux plongées la direction convenable.
Rien n'est plus facile : on plante sur le parapet de la tenaille
un *voyant* de 1ᵐ, 3o de hauteur, au point où le prolongement de
la directrice coupe la crête ; et la partie supérieure de ce voyant
détermine, avec le point marqué pour genouillère con re le talus
intérieur du parapet du flanc, l'inclinaison de la directrice ; il
n'y a plus qu'à déblayer l'embrasure jusqu'à cette ligne ainsi fixée.

Art. 5. *Profils de la Tenaille et de la Courtine.*

(389.) Le relief des flancs des bastions fixe, comme nous venons de le voir, celui de la tenaille; et d'un autre côté, la position de la crête étant parfaitement déterminée, il ne reste plus

qu'à faire passer par cette crête des plans inclinés au sixième pour avoir les plongées; je dis des plans inclinés au sixième, parce qu'il convient que la tenaille découvre le fond du fossé au plus près possible de son escarpe, et il n'y a pas d'autre condition à remplir.

Soit donc PQ l'escarpe indéfinie de la tenaille, *figure 3.ᵉ*, soit A la position de la crête intérieure à 7 mètres de distance de PQ et à une hauteur, au-dessus du fond du fossé, qui dépend, comme on a vu, de la hauteur du corps de place. Par le point A nous menons la ligne AD inclinée au sixième, et nous prenons AC de 5ᵐ, 5o pour l'épaisseur du parapet, ce qui est suffisant, parce que le parapet de la tenaille n'est guère battu qu'obliquement par l'artillerie de l'ennemi. En abaissant la perpendiculaire CB à l'horizon, on a donc dans le profil la crête intérieure B; et par ce point on peut mener, sous l'angle de 45°, la ligne BE qui déterminera la hauteur d'escarpe QF.

(390.) La construction précédente suppose que la crête intérieure de la tenaille est horizontale, car pour peu qu'elle fût inclinée, comme cela arrive souvent aux ailerons, la ligne AB du profil n'est plus la ligne de plus grande pente de la plongée, et ce plan a alors plus du sixième d'inclinaison. Il arrive la même chose au talus extérieur. Voici donc comment on fait passer par un ligne donnée AB *figure 4.ᵉ* un plan sous une inclinaison voulue, par exemple celle du *sixième*. Supposons que le point B soit d'un mètre plus bas que le point A; si par ce point nous faisons passer un plan horizontal, il coupera la surface conique droite qui aurait son sommet en A et dont la génératrice ferait avec l'horizon l'angle du *sixième*, suivant un cercle de *six mètres* de rayon; et si du point B on mène la tangente BC à ce cercle, on aura la trace horizontale du plan qui passe par AB et qui touche la surface conique, lequel est par conséquent incliné à l'horizon sous l'angle du *sixième*. C'est donc le plan demandé : son horizontale est BC, son échelle est parallèle à la ligne AC elle-même, puisqu'il y a un mètre de pente de A en C, et une de ses divisions est AC.

(391.) Le plan de défilement de la tenaille doit passer par la ligne xy de la *figure* 2.^{c} et par le point des ouvrages en avant, sur lequel l'ennemi peut établir des batteries, et qui, relevé de $1^m, 5o$ donnera le plus de pente au plan de défilement; c'est dans ce plan que doit se placer la crête yz de l'aileron.

Le plan de défilement viendra rencontrer l'escarpe de courtine en un point, au-dessous duquel il faut porter $3^m, 5o$ pour avoir le niveau des plus hautes eaux, quand on doit défendre le grand fossé par des manœuvres d'eau. Ces $3^m, 5o$ d'intervalle sont nécessaires pour le débouché de la grande poterne que la tenaille doit couvrir entièrement, la clef de voûte comprise.

Courtine.

(392.) La courtine doit battre le fossé le plus bas possible par dessus la tenaille; mais elle doit aussi avoir le plus de relief possible; en sorte qu'il faut la tenir à la hauteur des flancs et même à $6^m, 5o$ au-dessus, quand cela est nécessaire. Le point à battre, qui sert à la construction de l'hyperbole de son profil, est pris dans le terre-plein du réduit de demi-lune, ou mieux encore à sa gorge et à la hauteur de 2 mètres au-dessus du fond du grand fossé. La ligne du minimum passera à 2 mètres au-dessus de ce point, et à $2^m, 5o$ au-dessus de la crête du parapet de la tenaille; et la ligne du maximum sera toujours celle qui, passant par le point à battre, conserve l'inclinaison du sixième. Les deux limites étant ainsi déterminées sur le profil, il sera facile de voir si l'hyperbole est coupée, par le plan de défilement du corps de place, entre les deux points du maximum et du minimum, auquel cas le relief est immédiatement arrêté. Dans le cas contraire il faut relever le point à battre.

§. 4. *Vérification sur le terrain.*

(393.) Quand on a construit dans le cabinet tous les profils d'un front, il convient de les vérifier sur le terrain avant de les adopter définitivement; pour cela, on les fait élever d'une manière solide, et l'on s'assure, par tous les moyens faciles à imaginer, si la simultanéité des feux aura réellement lieu ; si les contrescarpes seront battues comme on l'entend; si les brèches seront bien défendues; si les différens ouvrages ont effectivement entr'eux les commandemens qu'on a voulu leur donner, etc.

On voit par là, combien il est avantageux de rédiger un projet de fortification, à l'endroit même où la forteresse doit s'élever, plutôt que de le faire dans des bureaux éloignés. Un plan par courbes horizontales, quelqu'exact qu'on le suppose, laisse toujours quelques points vagues, que l'inspection des lieux éclaircit aussitôt. Il y a d'ailleurs un autre avantage à faire la rédaction du projet sur les lieux, c'est qu'on peut vérifier également et avant tout, la détermination des plans de site, chose essentielle pour s'assurer d'un bon défilement.

(294.) Cette vérification se fait de la manière suivante. On prend sur le plan de site qu'on vient d'arrêter par son échelle de pente, les cotes qui correspondent à trois points bien déterminés sur le plan et sur le terrain, par exemple, le milieu de la courtine pour l'un, le saillant de la demi-lune pour le second, et le saillant du bastion pour le troisième, tous points bien connus quand on a arrêté, par de forts piquets, le tracé sur le terrain. On place une planchette à genou au premier point, à la hauteur connue du plan de site, et aux deux autres on plante des fanions dont l'extrémité arrive également dans le plan de site; on incline la planchette jusqu'à ce que son plan prolongé passe par les extrémités des deux fanions : elle se confond alors avec le plan de site, et il est facile de voir si toutes les hauteurs environnantes restent réellement au-dessous de ce plan , comme cela doit être.

(395.) La vérification du plan de site par la planchette à genou est si simple et coûte si peu, que l'on employe volontiers cet instrument pour déterminer directement le plan de site, avant de rien faire sur le papier. On place la planchette sur le milieu de la courtine à la hauteur voulue, et on l'incline jusqu'à ce que son plan soit tangent aux hauteurs ; il se confond alors avec un plan de site, dont les intersections avec les jalons plantés aux saillans des chemins-couverts, indiquent jusqu'à quel point les conditions de maximum et de minimum sont satisfaites. Le raccordement est alors plus facile que sur le papier, parce qu'un seul mouvement de la planchette change le plan de site, d'où résulte une grande diminution de travail, et une grande facilité pour le raccordement des plans de site, entre les fronts qui se joignent.

Les plans de site ainsi déterminés et fixés au moyen de la planchette, on relève trois de leurs points qu'on reporte sur le plan avec leurs cotes, et l'on a dans le cabinet les élémens nécessaires à la construction des profils, puisqu'on a tout ce qu'il faut pour tracer l'échelle de pente de chaque plan de site.

Il n'est pas besoin de dire qu'il est aussi facile de construire avec la planchette, un plan de site par une droite donnée, que de le faire passer par un seul point.

Pour que l'opération soit exacte, il faut que la planchette ait de grandes dimensions, et soit parfaitement plane. Cette condition est difficile à remplir, c'est pourquoi il est infiniment plus avantageux de se servir du cercle répétiteur, que l'on peut placer rigoureusement dans le plan des trois points donnés, et dont les lunettes feront connaître avec une grande précision les intersections de ce plan avec telles lignes données.

CHAPITRE VII.

Détails de Construction.

(396.) Je réunirai dans ce chapitre plusieurs détails qui n'ont pu trouver leur place dans les chapitres précédens, et qui cependant doivent être connus.

§. 1.er *Détails graphiques.*

Art. 1.er *Tracé des différentes crêtes des ouvrages.*

Les escarpes étant données par le tracé, et les crêtes intérieures par les profils, il faut dessiner sur le plan la projection des autres lignes du parapet.

On ne fait intérieurement qu'un seul talus partant de la crête intérieure et arrivant au pied de la banquette, afin de conserver à cette partie plus de solidité. Ce n'est qu'à l'époque du siége qu'on recoupe la banquette dans ce talus; on trouve ainsi des terres pour recharger les parapets qui prennent toujours du tassement, quelque soin qu'on ait mis à les damer lors de leur construction. L'intersection du talus intérieur avec le terre-plein des ouvrages est une ligne parallèle à la crête intérieure, parce que ces deux lignes sont dans des plans de défilement parallèles; leur distance horizontale est de 4 mètres, lors que les parapets n'ont que deux mètres et demi de hauteur, elle est de 5 mètres, lorsqu'ils en ont trois. Le talus intérieur est donc bien facile à représenter sur le plan.

(397.) Pour avoir la crête extérieure, il faut, par le sommet de l'escarpe faire passer un plan à 45° d'inclinaison, et chercher l'intersection de ce plan avec celui de la plongée, lequel est déterminé par la crête intérieure et par la plongée du profil. Lorsque la crête extérieure est parallèle à l'escarpe, ce qui est le cas ordinaire, la crête intérieure lui est également parallèle.

On a l'échelle de pente du talus extérieur par le procédé du N.° (390). J'ajouterai que, si le cercle AC de la *figure* citée, a un rayon trop petit pour pouvoir être décrit exactement, on y suppléera en traçant des points B et A, deux cercles de grandeur arbitraire, mais dont les rayons diffèrent entr'eux de la longueur AC; la tangente commune à ces deux cercles, sera parallèle à la ligne BC, et donnera aussi bien qu'elle l'horizontale du plan cherché. Les talus intérieurs des remparts se construisent à 45,° et l'on cherche leurs intersections avec le terrain sur lequel on les fait tomber.

Art. 2. *Barbettes.*

(398.) On met au saillant de la demi-lune une barbette pour trois pièces; je me contente d'en donner le dessin dans la *figure* 1.re (*Planche XXV*), attendu que le tracé est indiqué dans tous les ouvrages de fortification. Je dirai cependant que la barbette doit être de niveau et à un mètre au-dessous du saillant; et que son parapet doit être aussi de niveau, ce qui exige un léger rechargement quand les faces de la demi-lune ont une pente en arrière. Les rampes sont ordinairement au sixième; et pour avoir le point K, il faut, du point I comme centre, avec un rayon six fois aussi grand que la hauteur du point I au-dessus du terre-plein, décrire un arc qui coupera le pied du talus intérieur, au point cherché K.

Art. 3. *Raccordement des faces.*

(399.) Nous avons déjà dit que le raccordement de deux faces, sur un saillant, se fait par le secours d'une traverse ; mais on ne doit avoir recours à ce moyen , que dans les cas où le ressaut est assez considérable pour être dangereux, car s'il n'est que de $0^m,20$ ou $0^m,30$, il ne faut pas de traverse, ce serait s'encombrer sans une grande nécessité ; on doit faire alors le raccordement par la barbette, en relevant sa face la plus basse en guise de bonnette.

(400.) Dans les autres angles, tels que ceux d'épaule et de courtine, si le ressaut n'est, comme ci-dessus, que de deux ou trois décimètres, on laissera tomber les terres à 45° de la partie la plus élevée sur la partie la plus basse du parapet ; et dans le terre-plein, on fera une petite rampe pour racheter la différence de niveau. Mais si le ressaut est plus considérable, on fait un pan-coupé pour l'effacer autant que possible.

Par la ligne AB, *figure 2.*, qui est ce pan-coupé, on fait passer un plan sous l'inclinaison du sixième, lequel vient couper les crêtes extérieures aux points C et D qui, avec le point de rencontre E des deux escarpes, déterminent le talus extérieur. La ligne *ab*, menée parallèlement à AB, à la distance voulue, achève le raccordement du parapet.

Lorsque le ressaut existe à l'angle d'épaule, et que c'est le parapet du flanc qui est plus élevé que celui de la face, le raccordement doit se faire par une bonnette construite sur la face, à la hauteur du flanc et sur une longueur d'environ 10 mètres, pour que les pièces du flanc soient couvertes.

(401.) Le raccordement sur le terre-plein doit offrir une rampe très-douce pour faciliter le passage des voitures ; on le fait en traçant, sur les deux terre-pleins qu'il s'agit de raccorder, deux droites parallèles, qui sont les projections de deux droites parallèles dans l'espace, ayant avec les terre-pleins un point commun au pied du talus de la banquette, ces deux droites qu'on a soin de prendre horizontales et à bonne distance, déterminent un plan qui est celui du raccordement. On construit son échelle de pente (ce qui est facile, puisqu'on a deux de ses horizontales), et l'on cherche les intersections avec les deux plans des terre-pleins.

Art. 4. *Construction des rampes.*

(402.) Quand la hauteur à laquelle il faut s'élever, au moyen d'une rampe, n'a pas plus de trois mètres, cette rampe doit être inclinée au $\frac{1}{6}$.^{e}; quand la hauteur est comprise entre trois mètres et six mètres la rampe doit être inclinée au $\frac{1}{8}$.^{e}; mais elle l'est au $\frac{1}{10}$.^{e} et au $\frac{1}{15}$.^{e} quand ces hauteurs sont comprises entre six mètres et neuf mètres, ou neuf mètres et douze mètres. Ces règles sont fondées sur ce fait d'expérience, qu'un effort doit être d'autant moindre qu'il doit avoir une plus longue durée.

(403.) Supposons qu'il s'agisse de diriger une rampe au $\frac{1}{8}$.^{e}, ou, ce qui est la même chose, aux $\frac{3}{2}$.^{e} sur un talus de 45°, et devant arriver au point A, *figure* 3.e De ce point, comme centre, avec un rayon de 24 mètres, on décrit l'arc de cercle *mn* supposé dans un plan horizontal à 3 mètres au-dessous du point A; si BC est l'horizontale du plan à 45° sur lequel on doit construire la rampe et dont EF est la trace sur le terrain; si, dis-je, cette ligne est l'horizontale à même hauteur que l'arc de cercle *mn*, elle le coupera au point R, qui appartient à la ligne AD intersection de la rampe avec le plan du talus. La perpendiculaire A*p* sur AD détermine la largeur de la rampe et en même temps son horizontale; connaissant d'ailleurs les cotes du point A et du point D, on a facilement l'échelle de pente de la rampe, et par conséquent les intersections A*q* et D*r* de cette rampe avec le terre-plein du parapet et avec le terrain. Il n'y a plus qu'à faire passer un plan à 45° par la ligne *rq,* et à chercher son intersection *rQ* avec le terrain, ainsi que son intersection PQ avec le plan le long duquel la rampe vient d'être construite.

Art. 5. *Détails du chemin-couvert.*

(404.) Pour que le chemin-couvert couvre bien les défenseurs et favorise la circulation extérieure et les rassemblemens, il faut que son glacis ne soit pas trop facile à écrêter ; c'est pourquoi on a fixé au 15.ᵉ le maximum de sa plongée. D'un autre côté, on doit éviter des remblais trop considérables, d'où résulte la nécessité d'un minimum, qui a été fixé au 3o″. C'est entre ces deux limites qu'on doit toujours diriger la pente du glacis, de manière qu'elle soit battue par l'artillerie des ouvrages en arrière, c'est-à-dire, que le plan du glacis, prolongé jusqu'au parapet de ces ouvrages, doit passer à 1ᵐ,oo au moins au-dessous de leur crête.

(405.) Les traverses destinées à diminuer les effets du ricochet, doivent être espacées d'environ 3o mètres, d'une crête à l'autre ; ce qui donne quatre traverses dans chaque branche du chemin-couvert de la demi-lune. Pour que ces traverses ne puissent pas servir d'épaulement à l'ennemi, on ne leur donne que trois mètres d'épaisseur ; on ne fait à l'épreuve, que la dernière traverse qui doit servir à défendre l'entrée de la place-d'armes rentrante. C'est ce que nous avons déjà dit dans la description des systèmes simples.

On ne met pas de traverses dans le chemin-couvert du bastion, il n'a pas assez d'étendue pour cela ; on ferme seulement la place-d'armes par une traverse à l'épreuve.

(406.) Les défilés des traverses sont construits en crémaillère : j'ai dit dans le N.º (65) ce que je pense de ce moyen de circulation que je n'approuve pas. Cependant comme on a généralement adopté ce genre de défilés, je dois décrire les procédés de leur tracé.

Soit donc **FI** *figure* 4.ᵉ la ligne primitive du chemin-couvert, c'est-à-dire, celle qui a servi au tracé. Du point **A** où la crête intérieure de la première traverse rencontre cette ligne, avec un rayon de trois mètres, on décrit un arc de cercle auquel on mène du point **B**, extrémité de la seconde traverse, la tangente **BE**; on termine cette ligne à la droite **FE** qui lui est perpendiculaire, et qui, en même temps, est tangente à un autre cercle de trois mètres de rayon, décrit du point **D** pied du talus extérieur sur le profil de la traverse.

Pour avoir les autres crochets, il faut des points **C**, pieds des talus extérieurs, décrire des arcs de trois mètres de rayon, auxquels on mène des tangentes par les points **I**, lesquelles sont recoupées par les autres tangentes **GH** qui leur sont perpendiculaires.

(407.) Le plan de la banquette se prolonge dans les crochets; disposition que je n'approuve pas non plus, par les motifs énoncés dans le numéro cité ci-desssus. On construit de part et d'autre de la traverse des rampes douces, accessibles au canon, afin de faciliter le passage de l'artillerie dans le défilé; ces rampes ont deux à trois mètres de largeur.

Pour que le défilé conserve toute la largeur qu'on a voulu lui donner, on soutient les terres du glacis par un petit revêtement en maçonnerie, arrêté à o^m,3o au-dessous de la crête; de même que les extrémités des traverses sont également soutenues par des profils en maçonnerie.

Partout ailleurs, les terres du glacis doivent se soutenir, soit par elles-mêmes, soit par quelque revêtement en gazons ou en pisé; car on doit éviter, au moment de l'attaque, les éclats des pierres rompues par les boulets. C'est déjà bien assez d'avoir à redouter les éclats des palissades dont on a coutume de garnir tous les chemins-couverts, sans se soumettre volontairement à ceux des maçonneries. Je le sais, on recommande, dans la plupart des traités de fortification, de revêtir intérieurement en maçonnerie, le parapet du chemin-couvert, afin de s'éviter la peine des recoupemens sur une immense étendue. Mais les inconvéniens des éclats et d'une assez grande dépense, me semblent suffisans pour proscrire cet usage.

Pendant le siége, tous les défilés sont fermés par des barrières que couvrent les crochets ; et les traverses sont pourvues intérieurement de palissades, de manière à former des retranchemens successifs, que l'ennemi ne puisse pas franchir de plein-saut.

Le raccordement des plans de défilement des chemins-couverts de la demi-lune et du bastion, se fait au moyen du dernier crochet, dont la crête a ainsi o^m,5o de pente en avant.

(4o8.) La pente du glacis étant déterminée, on fait passer des plans, sous l'inclinaison voulue, par les lignes AB,CD *figure* 5.e, qui forment les longues branches de la crémaillère, et qu'on suppose dans le plan de défilement du chemin-couvert. Ensuite, pour avoir le glacis du crochet, on partage l'angle ABC en deux parties égales par la droite BE, qu'on suppose dans le plan du glacis passant par AB; par cette droite BE, ainsi connue, et par la ligne BC on construit un plan qui est le plan cherché. La ligne CF est l'intersection des deux plans du glacis BCF et DCF, et s'obtient au moyen de leurs échelles de pente.

(4o9.) Le glacis de la place-d'armes rentrante est un conoïde dont toutes les génératrices ont la même inclinaison que le glacis, et s'appuient sur la crête intérieure ainsi que sur la verticale passant par le point qui a servi de centre pour tracer la place-d'armes.

On pourrait aussi former ce glacis en surface cylindrique, dont toutes les génératrices auraient l'inclinaison demandée et seraient dans des plans verticaux parallèles à la capitale de la place-d'armes. Mais cette surface, quoique plus simple, n'est pas plus facile à construire, et les feux qui doivent la défendre ne sont plus aussi rasans. La première est donc préférable.

§ 2. *Détails nécessaires pour l'exécution.*

ART. 1.ᵉʳ *Déblais et remblais.*

(410.) Après avoir satisfait à toutes les conditions du défilement et du relief, il faut s'assurer, avant de mettre la main à l'œuvre, que le déblai ne diffère pas trop du remblai, et que le projet est exécutable.

Pour faire cette estimation, il faut substituer à la surface courbe du terrain, une surface polyèdre qui en diffère le moins possible entre deux courbes consécutives. Les faces de ce polyèdre sont des triangles, dont les sommets placés sur les courbes de nivellement, sont à des hauteurs connues. Les projections horizontales de ces triangles, données immédiatement par le plan topographique, peuvent être considérées comme les bases de troncs de prismes triangulaires, dont les trois arêtes sont connues de hauteur, et dont le volume S est donné par la formule

$$S = B\left(\frac{h+h'+h''}{3}\right)$$

dans laquelle B est la base du tronc, et $h, h,' h''$ sont les trois arêtes.

On peut donc ainsi évaluer par pièces, le volume total d'une portion donnée de terrain, entre sa surface extérieure et un plan quelconque connu de position, tel que le fond d'un fossé; donc on a aussi l'estimation de tout le déblai d'un projet.

Quelquefois on peut avoir à calculer des solides partiels en forme de troncs de prismes à bases parallélogrames, on y parvient par la formule suivante :

$$S = B\left(\frac{h+h'+h''+h'''}{4}\right)$$

dans laquelle B est encore la base du tronc, et $h, h,' h,'' h'''$ les longueurs des quatre arêtes. Cette formule peut se remplacer par l'expression plus simple et équivalente

$$S = B\left(\frac{h+h''}{2}\right)$$

où h et h'' représentent deux arêtes quelconques opposées.

(411.) Le remblai n'est pas plus difficile à évaluer : les parapets et les terre-pleins forment des prismes dont on connaît la section et la longueur, entre deux profils droits, et dont par conséquent on a le volume. Quant à ce qui reste entre ces prismes et les angles de la fortification, l'estimation est également facile, par le secours des formules précédentes.

Quelquefois on pourra employer le théorème de Guldin dans l'estimation des remblais; c'est lorsque les faces ne changent pas brusquement de direction et que les angles sont arrondis, comme il peut arriver dans certains ouvrages. Ce même théorème qui consiste à multiplier la surface du profil par l'espace que parcourt son centre de gravité, lorsqu'on le fait glisser le long de la crête intérieure, appliqué aux cas ordinaires, donne presque toujours, par les compensations qui ont lieu, une approximation suffisante, et il abrége beaucoup les calculs.

Ce serait sortir du but que je me propose, et entrer dans le domaine des constructions, que de m'étendre davantage sur cet objet. Je rappellerai seulement que les terres ont un foisonnement qui augmente leur volume, après le déblai, d'un douzième et même d'un dixième de ce qu'il était auparavant.

Art. 2. *Détermination de l'épaisseur des murs de revêtement.*

(412.) Un dernier objet inséparable de la rédaction d'un projet de fortification, est la détermination de l'épaisseur des revêtemens, pour la proportionner aux efforts qu'ont à supporter les murailles, de la part des terres. Cette détermination doit se faire en se tenant dans de justes mesures, également éloignées de deux extrêmes où il est facile de tomber. En visant trop à l'économie, on compromet la sûreté de l'ouvrage par défaut de solidité; d'un autre côté, en voulant éviter, ce qu'on a vu souvent, la chute d'une muraille à peine achevée, on se jette dans des sur-épaisseurs qui, à la vérité, assurent la stabilité du revêtement, mais occasionnent à l'état des dépenses superflues. Il faut donc une méthode sûre et à l'abri de tout tâtonnement pour déterminer, dans les différentes circonstances, les épaisseurs des murs de revêtement.

Plusieurs savans, depuis Bélidor, se sont occupés de cet intéressant problème; Coulomb lui a appliqué la théorie des *maxima*, et a été le premier qui l'ait considéré sous son véritable point de vue. On conçoit en effet qu'entre tous les solides qui peuvent se détacher des terres retenues par la maçonnerie, il en est un qui agit plus que tous les autres, pour renverser la muraille. Prony a repris le travail de Coulomb, pour le traiter plus en détail par le secours d'une analyse relevée. Voici la formule à laquelle il est parvenu pour le cas où les terres que supporte le revêtement ne sont point surchargées d'un parapet, et qui, par conséquent, s'applique à la recherche de l'épaisseur des contrescarpes.

$$x = h\left(-(n + \tfrac{1}{2} n') + t \sqrt{\frac{\pi}{3\,\Pi}} \right)$$

Dans cette formule, x représente l'épaisseur cherchée de la muraille, à son sommet; h en est la hauteur; n exprime le rapport de la base à la hauteur du talus du parement extérieur; n' est la même quantité pour le parement intérieur; π est la pesanteur spécifique des terres; Π est la pesanteur spécifique des maçonneries; t est la tangente trigonométrique de la moitié de l'angle que fait le talus naturel des terres avec la verticale.

Dans l'application de la formule, il faut connaître très-exactement l'angle dont la tangente est t, parce que la valeur de cette tangente influe beaucoup sur la valeur de x.

Prony a donné une manière graphique d'interpréter la formule, et il l'a accompagnée d'une instruction qui la met à la portée de ceux qui ne sont point familiarisés avec le calcul; mais il s'est glissé dans cette instruction une légère inadvertance qui peut induire en erreur.

(413.) Les nombres n et n' relatifs aux talus des paremens extérieur et intérieur, entrent dans la formule comme quantités soustractives et qui tendent, par conséquent, à diminuer l'épaisseur de la muraille; mais la dernière n'y entre que pour la moitié de sa valeur;

ainsi, toutes choses égales d'ailleurs, un talus intérieur est moins avantageux qu'un talus extérieur. Mais nous avons dit ailleurs que maintenant on fait plus volontiers les murailles sans talus extérieur, pour les préserver des végétations. La formule devient pour ce cas,

$$x = h\left(-\frac{n'}{2} + t\sqrt{\frac{\pi}{3\,\Pi}}\right)$$

Appliquons-là à la recherche de l'épaisseur, au sommet, d'une contrescarpe de 8^m, oo de hauteur, dans laquelle le nombre n' soit égal à o,2, en supposant que le talus naturel des terres, soit de $40°$ ancienne division, et que le rapport $\frac{\pi}{\Pi}$ des pesanteurs spécifiques des terres et des maçonneries, soit égal à o,8 comme cela a lieu ordinairement : on a $t = $ tang. $25° = $ o,466.

La formule donne donc,

$$x = 8^m, oo\left(-o,1 + o,466\sqrt{\frac{o,8}{3}}\right)$$
$$x = 1^m, 12.$$

La muraille aura donc 1^m, 12 d'épaisseur au sommet, et 2^m, 72 à la base ; cette dernière quantité étant égale à la première augmentée de 1^m, 6o qui est la base du talus.

(414.) Quand la muraillle est à plomb des deux côtés, la formule devient

$$x = t\,h\sqrt{\frac{\pi}{3\,\Pi}}$$

Et il est à remarquer que, dans ce cas, le profil de la muraille est absolument de même surface que dans le précédent ; ce qui se démontre de la manière suivante. Appelons A la valeur de x, dans le cas actuel, nous avons pour le cas du talus intérieur $x = A - \frac{n'h}{2}$; ainsi, la surface du profil est Ah quand il n'y a pas de talus, et quand il y en a un, elle est $h\left(x + \dfrac{n'h}{2}\right)$, et mettant pour x sa valeur $A - \dfrac{n'h}{2}$ on verra que cette surface est encore Ah.

Ainsi, *qu'il y ait un talus intérieur, ou que les deux paremens de la muraille soyent à plomb, le profil reste toujours le même*; il n'y a donc d'autre avantage à faire le parement intérieur en talus ou en retraites successives, que celui de présenter aux terres une surface contre laquelle elles agissent moins directement, et qu'elles appuyent même en partie. Sous le point de vue de l'économie, il n'y a réellement aucun profit.

(415.) Il nous manquait une formule pour calculer facilement l'épaisseur d'un revêtement lorsqu'il est chargé d'un parapet qui dépasse le cordon. J'en ai entrepris la recherche et je l'ai trouvée très-analogue à la première, et plus générale qu'elle; la voici :

$$x = h\left[-\left(\frac{n'}{2} + \frac{2}{h^2}\right) + t\,\frac{h'}{h}\,\sqrt{\frac{\pi}{3\,\Pi}\,\frac{h'}{h}}\right] \; (^*)$$

Il y entre une nouvelle quantité h', qui est la hauteur de la banquette du parapet au-dessus du pied de la muraille.

Qu'il soit par exemple question de déterminer l'épaisseur, en haut, d'une escarpe de 10 mètres de hauteur, supportant un parapet qui la déborde de $5^m,3o$; on aura $h' = 14,^m oo$; et si les talus de la muraille et des terres sont les mêmes que dans les exemples précédens, ainsi que le rapport $\frac{\pi}{\Pi}$ des pesanteurs spécifiques, on aura
$$x = 2^m,78$$
et le profil de l'escarpe, y compris les fondations faites à deux mètres de profondeur, comprendra une surface de $47\frac{1}{2}$ mètres carrés. En supposant que le prix du mètre cube de maçonnerie, grillages de fondation et cordons compris, soit de 15 francs, le mètre courant d'escarpe reviendra à 712 f. 5o. On peut se faire par là une idée des sommes énormes qu'exigent les constructions militaires.

S'il n'y a point de talus la formule devient
$$x = th'\,\sqrt{\frac{\pi}{3\,\Pi}\,\frac{h'}{h}} - \frac{2}{h}$$

---

et l'on démontre, comme dans le numéro précédent, que sous le rapport de l'économie, il n'y a pas d'avantage à faire un talus intérieur, la surface du profil restant la même.

Je n'ai point calculé la formule dans la supposition d'un talus au parement extérieur, mais on peut conclure, par la comparaison de ma formule avec celle de **M.** Prony, dans les cas semblables, qu'on aurait pour le cas en question

$$x = h \left[- \left(n + \frac{n'}{2} + \frac{2}{h^2} \right) + t \frac{h'}{h} \sqrt{\frac{\pi}{3\pi} \frac{h'}{h}} \right]$$

En faisant $h' = h$ on aura la formule de Prony légèrement corrigée par le terme $\frac{2}{h^2}$ qui provient de la force de cohésion des maçonneries, à laquelle j'ai eu égard dans mes calculs.

Art. 3. *Contreforts.*

(416.) Pour diminuer l'effet des projectiles sur les revêtemens, et pour apporter de l'économie dans les constructions, on a imaginé d'appuyer intérieurement les murailles par des *Contreforts* ou massifs, construits de distance en distance, et soigneusement liés avec elles.

Les contreforts sont des solides prismatiques, à faces verticales, dont la base **ABCD**, *figure 6.*ᵉ (*Planche XXV*) est un trapèze. La ligne **AB**, suivant laquelle le contrefort se lie à la muraille, en est la *racine*, et la ligne **CD** en est la *queue*. On fait la racine plus large que la queue, parce qu'il paraît que c'est plutôt par leur adhésion que par leur poids, que les contreforts soutiennent la muraille.

(417.) Les murailles de peu de hauteur n'ont pas besoin de contreforts, ou du moins il y aurait du désavantage à les employer sous le point de vue de l'économie; on ne les construira donc que dans le cas où les murailles auront une hauteur de six mètres au moins, et encore, à cette limite, ne conviennent-ils qu'aux escarpes qui ont des parapets à soutenir et qui risquent d'être battues en brèche.

L'espacement des contreforts, mesuré d'axe en axe, sera toujours de six mètres, comme Vauban l'a exécuté. La longueur du contrefort sera constamment égale au tiers de la hauteur de la muraille, toutefois dans les limites ordinaires des revêtemens de fortification, c'est-à-dire jusqu'à dix ou douze mètres de hauteur. Il convient que les contreforts pénètrent aussi avant que possible dans l'intérieur des terres. La racine **AB** sera égale au cinquième de la hauteur, et la queue **CD** vaudra toujours la moitié de **AB**. Toutes ces dimensions, mesurées à la partie supérieure du contrefort, c'est-à-dire à la hauteur du cordon, m'ont paru être celles qui remplissent le mieux toutes les conditions.

(418.) Voici maintenant la formule qui servira à trouver l'épaisseur x d'une escarpe, dans sa partie supérieure, lorsqu'elle est appuyée par des contreforts.

$$x = h \left[- \left(\frac{n'}{2} + \frac{2}{h^2} \right) + t \frac{h'}{h} \sqrt{\frac{m\,\pi}{3\,\Pi}\,\frac{h'}{h}} \right]$$

La nouvelle quantité m qui entre dans cette formule est le rapport numérique de l'intervalle entre deux contreforts vers la racine, à leur distance d'axe en axe. Par exemple, pour une escarpe de 10 mètres de hauteur, où la racine du contrefort devrait avoir 2 mètres d'après ce que nous avons dit, l'intervalle serait de 4 mètres, et l'on aurait $m = \frac{4}{6} = \frac{2}{3}$.

Nous pourrions conclure comme dans le N.° (415), que si la muraille a un talus extérieur dont la base soit nh, on aura pour ce cas général

$$x = h \left[- \left(n + \frac{n'}{2} + \frac{2}{h^2} \right) + t \frac{h'}{h} \sqrt{\frac{m\,\pi}{3\,\Pi}\,\frac{h'}{h}} \right]$$

Appliquons notre formule au cas du numéro cité: nous aurons $n = 0$, $n' = 0,2$, $m = \frac{2}{3}$, $t = 0,466$, $h = 10$, $\frac{h'}{h} = 1,4$, et $\frac{\pi}{\Pi} = 0,8$; alors,

$$x = 10,^{\mathrm{m}}00 \left(- 0,12 + 0,466 \cdot 1,4 \sqrt{0,8 \cdot 1,4 \cdot \tfrac{2}{9}} \right)$$

$$x = 2^{\mathrm{m}},01$$

En comparant ce résultat avec celui du N.º (415), et calculant les cubes, fondations comprises, on trouve que les contreforts apportent une économie de quatre mètres cubes environ par mètre courant de revêtement; et il en résulte, pour un front ordinaire de corps de place, une économie de 25000 francs. Cela vaut bien la peine d'être calculé.

(419.) Il n'en est pas des murailles à contreforts, comme de celles qui n'en ont point; dans les premières, le talus intérieur, en diminuant par le bas le volume des contreforts, amène nécessairement de l'économie, tandis qu'il est indifférent de faire le parement intérieur des autres, vertical ou en talus.

Dans un revêtement de huit mètres de hauteur, sans talus intérieur, et ne supportant pas de parapet, il y a encore du désavantage, sous le point de vue de l'économie, à faire des contreforts. Il paraît donc *qu'il convient de faire sans contreforts les contrescarpes, qui dépassent rarement la hauteur de 8 mètres, d'autant plus qu'elles ne sont jamais battues du canon.* Au reste, il est toujours facile de calculer la contrescarpe par les deux formules, et de comparer, pour adopter la construction la plus économique.

Il est bon de prévenir une difficulté qui peut se présenter dans l'emploi des formules précédentes : suivant les valeurs qu'on donne à n et à n', il peut arriver qu'on trouve pour x une valeur négative; cela signifie alors qu'on a donné trop de talus aux paremens, et qu'il faut les diminuer. On doit même faire cette diminution sur les nombres n et n', quand on trouve pour x une valeur moindre que $0^m,50$; car il n'est pas possible de faire un mur avec de plus petites dimensions.

Art. 4. *Revêtemens en décharge.*

(420.) Si l'on construit des voûtes d'un contrefort à l'autre, on pourra diminuer encore l'épaisseur des revêtemens et celle des contreforts, tout en offrant à l'artillerie ennemie une difficulté de plus, pour faire une brèche praticable. En effet, les voûtes supportent les terres du parapet, lors même que le parement est renversé; et il n'est pas facile de ruiner leurs piédroits qui ne laissent voir que leur face la plus étroite. C'est à ce genre de construction, qui a été employé par quelques anciens Ingénieurs et dont l'expérience démontre la bonté, qu'on donne le nom de *Revêtement en décharge.*

Voici comment on peut disposer les voûtes en décharge, derrière une escarpe de 10 mètres de hauteur, telle que celle d'un corps de place.

Les piédroits des arceaux seront, comme les contreforts, espacés de 6 mètres, d'axe en axe, *figure* 7.ᵉ; leur longueur sera de 6 mètres et leur épaisseur de 1ᵐ, 5o. La voûte, d'un mètre d'épaisseur aux reins, aura 7 mètres de hauteur sous clef. Le mur de revêtement, ne supportant plus l'effort des terres, n'aura que 1ᵐ, 7o d'épaisseur moyenne dans toute sa hauteur jusqu'au niveau de l'extrados des voûtes; là, il y aura une retraite sur laquelle on élèvera un petit mur de soutennement, dont l'épaisseur calculée par la formule du N.° (415) ne saurait dépasser un mètre. Les terres tomberont sous leur talus naturel, et ne rempliront pas toute la capacité des voûtes, et les vides qui resteront ainsi, rendront une brèche d'autant plus difficile à faire.

(421.) On peut pratiquer dans chaque piédroit un passage pour communiquer d'une voûte à l'autre; et l'on obtient ainsi, sans augmentation de frais, une véritable galerie d'escarpe, qui peut fournir des moyens faciles de préparer des fougasses sous les brèches; de défendre les fossés par des feux rasans de mousqueterie partant de créneaux percés dans la muraille; et qui offrirait de nouveaux abris aux assiégés contre les ravages des bombes.

Tous ces avantages des revêtemens en décharge sont accompagnés d'une économie de trente francs au moins par mètre courant d'escarpe, sur ce que coûterait le même revêtement construit avec des contreforts ordinaires. L'estimation a été faite en donnant aux maçonneries deux mètres de fondation, et en supposant que le prix du mètre cube de maçonnerie ordinaire étant de 15 francs, celui des maçonneries de voûtes fût de 20 francs.

L'économie n'existe plus pour des escarpes qui ont moins de dix mètres de hauteur ; mais on ne propose les revêtemens en décharge que pour le corps de place, où l'escarpe a ordinairement dix mètres ; et il ne paraît pas qu'on puisse donner de bonnes raisons pour ne les point adopter dans cette circonstance.

§ 3. *Détails accessoires.*

Art. 1.ᵉʳ *Casemates.*

(422.) J'ai dit dans les N.ᵒˢ (83) et (84) que les batteries casematées ou blindées ne peuvent pas être employées pour répondre efficacement aux attaques de l'assiégeant : cela est incontestable ; l'assiégé s'y trouve mal à l'aise et dans l'impuissance d'atteindre son ennemi dans toutes les positions qu'il peut prendre. La multiplicité seule des feux couverts, peut leur donner de la valeur ; aussi a-t-on vu les partisans de ces feux, tomber dans des constructions effrayantes, soit par la quantité de maçonneries, soit par le nombre des bouches à feu qu'elles exigent. Moyens ruineux, qui ne contribuent pas peu à jeter sur la fortification un jour défavorable, et à lui attirer la réprobation de beaucoup de militaires instruits. Moyens d'ailleurs insuffisans, quand l'industrie de l'assiégeant peut en triompher, et que l'avantage du choix des positions est tout entier de son côté.

Il est cependant des circonstances dans lesquelles il est impossible de défendre certaines parties de la fortification, certains fossés, autrement que par des casemates ou par des galeries crénelées, comme on l'a vu dans la lunette de Darçon; il faut donc bien se résoudre à employer ce moyen de défense qui, au reste, est bon quand il n'est destiné qu'à repousser une attaque de vive force, ordinairement de courte durée, et que les batteries de l'ennemi ne peuvent pas ruiner les casemates. Des réduits intérieurs, des tirs-en-brèche, dérobés aux coups directs de l'ennemi, peuvent être casematés avec avantage pour dérober leur artillerie, aux feux courbes, et l'avoir intacte au moment où l'ennemi cherche à brusquer son attaque, et à passer par dessus quelques formalités.

En donnant alors à la muraille extérieure une épaisseur médiocre, il sera possible de porter la bouche des pièces assez avant dans l'embrasure, pour que la plus grande partie de la fumée soit chassée au dehors par l'explosion; et le logement sera tenable. Au reste il faut, autant que possible, faire la partie postérieure de la casemate entièrement ouverte pour faciliter l'évacuation de la fumée.

(423.) Les canons dont on se sert dans les casemates doivent être montés sur des affuts marins, ou sur des affuts construits d'après les mêmes principes; afin qu'ils occupent peu de place, et que la volée s'avance autant que possible dans l'embrasure. Si la bouche du canon affleure le parement extérieur de la muraille, on fera l'embrasure dans la forme des créneaux ordinaires *figure* 8.ᶜ, c'est-à-dire, aussi étroite que possible à l'extérieur, et évasée vers l'intérieur. Mais si la volée ne peut pénétrer qu'en partie dans la muraille, on étrangle l'embrasure à la hauteur de la bouche, et on l'évase en dehors et en dedans de manière à lui faire participer, à la fois, de la forme des créneaux et de celle des embrasures ordinaires. Cette construction donne à l'embrasure une grande solidité, parce que tous les angles de la pierre y sont obtus, et en même temps, elle réduit au minimum l'ouverture extérieure, tout en conservant à la pièce le même champ. Autant que possible on doit employer, dans la construction des embrasures qui peuvent craindre les coups de l'ennemi, des pierres tendres et de bonne liaison, telles que la brique et le tuf, afin que les éclats soient moins dangereux pour les canonniers.

(424.) Les batteries casematées ne peuvent pas toujours être entièrement ouvertes par derrière. Ainsi toutes les fois qu'elles sont établies derrière la contrescarpe, pour défendre un fossé par des feux de revers, cette condition ne peut pas être remplie, puisque l'ennemi est maître de la contrescarpe quand il attaque le fossé. Or les batteries de revers, auxquelles est confiée la défense d'un fossé, sont à peu près les seules, dans la fortification ordinaire, que l'ennemi ne puisse pas contre-battre par son canon, et c'est justement à celles-là qu'on ne peut pas adapter le meilleur moyen connu de procurer à la fumée une issue suffisante. Cela est malheureux, mais, je le répète, les batteries casematées dont je viens de parler n'ayant jamais à faire des feux de longue durée, l'inconvénient est moins sensible; et d'ailleurs on se contente presque toujours, dans l'organisation de ce genre de défense pour les fossés morts, de galeries crénelées où la mousqueterie seule doit jouer; et l'on renonce volontiers aux véritables casemates, armées de canon. Quoiqu'il en soit, les moyens d'évacuation pour la fumée dans les casemates à feux de revers, ainsi que dans toutes celles qu'on ne peut ouvrir sur le derrière, sont uniquement des *évents* ou ouvertures, en forme de segments circulaires, faites dans le mur extérieur, à la hauteur de la voûte et en suivant sa courbure; de manière que ces évents se trouvent placés aussi haut que possible, et le plus avantageusement, pour donner issue à la fumée. *Voyez la figure* 10.ᵉ

Dans d'autres dispositions, l'évacuation de la fumée se fait par de simples cheminées, pratiquées dans le haut de la voûte; mais pour peu que le feu qui doit partir de la casemate soit nourri, ce moyen d'assainissement et d'évacuation est bien insuffisant, surtout quand le temps est calme et qu'on ne peut pas établir des courans d'air.

(425.) Les véritables batteries casematées à feux directs, s'employent plus fréquemment dans les forts sur la côte, que dans les places ordinaires ; parce que là, on a à combattre des batteries mobiles, d'un tir peu sûr, qui donnent moins de crainte pour les coups d'embrasure, que ne font des batteries fixes d'où partent des feux mieux dirigés ; et qu'en même temps on doit chercher à se garantir des éclats que font voler les nombreuses bordées des vaisseaux.

Il faut encore savoir faire usage des casemates à feux directs dans les pays fortement accidentés, où il est impossible de se couvrir par les procédés d'un défilement ordinaire, et dans lesquels l'ennemi ne peut pas amener une artillerie bien redoutable.

Ces batteries casematées peuvent alors facilement être ouvertes à la gorge, et satisfaire ainsi à une condition importante, sans laquelle elles auraient peu de valeur. Leur partie extérieure ne doit plus être une muraille mince que la bouche du canon puisse dépasser ; il faut, au contraire, qu'elle soit à l'épreuve du plus gros calibre et capable de supporter l'ébranlement que doit produire une masse de fer, de six à sept cents livres, qu'un vaisseau peut envoyer d'une seule décharge.

Le mieux est alors, de faire un véritable parapet pour fermer l'ouverture extérieure de la voûte, et de percer dans ce parapet une embrasure ordinaire. Les boulets ennemis viendront se perdre dans cette masse de terre, et les maçonneries, ne se présentant que par leur tranche, ne seront pas facilement endommagées.

L'embrasure doit cependant subir quelques légères modifications : on la fait aussi évasée que l'écartement des piédroits peut le permettre, afin que le canon, monté sur un affût de place ordinaire ou sur un affût de côte, puisse être pointé à droite et à gauche de la directrice ; si peu de champ qu'on se procure de la sorte, c'est toujours autant de gagné; intérieurement, on lui donne plus de largeur que de coutume, pour que la volée de la pièce puisse se porter légèrement d'un côté et de l'autre. La genouillère doit être aussi haute que possible pour mieux garantir les canonniers : on peut aisément la fixer à mi-hauteur de la voûte, c'est-à-dire à 2^m, 5o de hauteur. L'ouverture intérieure de l'embrasure ne sera pas à-plomb comme dans les cas ordinaires, on donnera un talus aux joues, pour accroître la solidité; l'évasement qui en résulte, loin d'être préjudiciable, facilite l'évacuation de la fumée.

Les voûtes, *figure* 9.e doivent avoir 5 mètres de largeur, et autant de hauteur sous clef; leur profondeur, jusqu'au revêtement intérieur du parapet, doit être suffisante pour couvrir, contre toute espèce de coups latéraux, les canonniers et les pièces après le recul, c'est-à-dire, qu'elle doit être d'environ 8 mètres. La maçonnerie des voûtes aura un mètre d'épaisseur à la clef, et elle sera recouverte d'une couche de terre de 1^m, 5o qui garantisse la batterie contre les projectiles que les bombardes pourraient lancer.

Tous les piédroits intermédiaires auront un mètre d'épaisseur; mais ceux qui font culée doivent être proportionnés à la poussée des voûtes, et appuyés par des contreforts extérieurs. On n'a malheureusement, pour cette détermination, que des méthodes empiriques ou des méthodes de tâtonnement; en sorte qu'on ne peut rien prescrire de positif à cet égard, et que l'on doit prendre pour modèle, les constructions déjà existantes et qui ont été mises à l'épreuve (*). L'expérience est le meilleur guide en pareille matière.

Il convient de percer des portes dans les piédroits des voûtes, afin de pouvoir parcourir toute la batterie sans cesser d'être à couvert.

(*) Voyez la note 4.° pour ce qui concerne la formule empirique.

Art. 2. *Batteries blindées.*

(426.) Que les batteries blindées soient, au dire de quelques Ingénieurs, bonnes à employer dans tous les cas ; ou que, selon d'autres parmi lesquels je me range, elles ne soient convenables que dans certaines circonstances particulières, je donnerai ici la description d'une semblable batterie.

La figure 1.re (*Planche XXVI*) donne, en plan et en coupe, les dimensions de ce genre de batteries, pour deux pièces ; elle est construite sur une grande échelle pour que les détails puissent être bien saisis.

La batterie a 3 mètres de hauteur jusqu'aux plateaux du ciel, c'est-à-dire, qu'elle a une hauteur égale à celle du parapet au-dessus du terre-plein ; sa largeur, épaisseur de bois comprise, est de 5^m, 50 ; et sa profondeur, depuis le pied du talus du parapet, est de 7 mètres, plus 1^m, 30 pour la base du talus des terres qui doivent recouvrir la batterie.

La charpente consiste en quatre colonnes de chaque côté, enfoncées d'un mètre en terre, et réunies en haut par un chapeau dans lequel elles s'assemblent à tenons. La cloison de droite est liée avec la cloison de gauche, par quatre solives horizontales placées au droit des colonnes, et assemblées à queue d'hironde dans les chapeaux. Toutes ces grosses pièces ont 0^m, 30 d'équarrissage.

C'est entre cette grosse charpente et les terres que se fait le coffrage, en forts madriers de 0,^{m} 10 d'épaisseur, bien dressés, assemblés à battue ou à languette les uns à côté des autres, pour que les terres ne puissent point passer par leurs joints. On cheville les madriers sur les colonnes et les sommiers, de manière à empêcher tout écartement que l'explosion de l'artillerie pourrait produire. Sur le ciel de la batterie, les madriers sont mis à double rang, tandis qu'ils sont simples sur les côtés. Cette précaution est nécessaire, pour supporter le poids des terres, dont la batterie sera recouverte, et résister au choc des obus.

Le talus intérieur du parapet empêchant de placer la première colonne, immédiatement sur la crête intérieure, il faut prolonger les chapeaux jusqu'au parapet, et lier leurs extrémités par une cinquième pièce, noyée dans le parapet et sur laquelle viendront poser les extrémités des plateaux du ciel. La charpente s'appuyant d'une part, contre le parapet par la pièce que je viens de désigner et que j'appelle le *Frontal*, et étant arc-boutée en arrière, ne peut céder à aucune pression. Le frontal doit être retenu par de forts piquets enfoncés dans le parapet.

On charge les plateaux du ciel d'un mètre de terre bien damée, et l'on prolonge ce massif de manière à recouvrir de deux mètres, au moins, l'ouverture de l'embrasure. Des plateaux jointifs, mis en travers de l'embrasure et s'appuyant sur les deux merlons, soutiennent le massif. Ces derniers plateaux, qu'il est convenable de mettre aussi à double rang, doivent être fortement arrêtés sur des gîtes, placés dans les merlons, et recroisés en dessus et à leurs extrémités, par deux plateaux bien chevillés. Ces précautions sont nécessaires pour que l'explosion n'enlève pas les plateaux les plus extérieurs, et n'amène pas des éboulemens qui encombreraient l'embrasure. Une dernière attention, doit être de soutenir le pied du talus des terres par une poutrelle, établie sur le dernier plateau, en façon de *garde-grève*, et bien arrêtée à ses extrémités par de longs piquets plantés dans les merlons.

(427.) L'embrasure se fait comme de coutume : on établit sa genouillère un peu haut, pour diminuer la grandeur de l'ouverture; c'est encore là qu'une pièce sur affut de place peut être avantageusement mise en batterie, en enfonçant un peu sa plate-forme au-dessous du terre-plein.

Les terres qui protégent le flanc de la batterie seront avec leur

talus naturel du côté où les coups d'enfilade peuvent arriver; mais
du côté opposé, on pourra leur donner un talus beaucoup plus
rapide , et même les supprimer entièrement et ne laisser que
la charpente pour diminuer l'espace occupé par la batterie.
Dans ce dernier cas, on laissera un vide de trois ou quatre plateaux , vers le haut, afin de se procurer un moyen de plus pour
l'évacuation de la fumée; il suffit qu'il reste assez de plateaux,
vers le bas, pour garantir les canonniers des éclats que lancent
les bombes qui tombent à côté de la batterie. C'est ainsi qu'était
disposée une batterie blindée que j'ai fait construire pour école , et
qui a été essayée par un feu très-vif. On a tiré trente coups dans
une demi-heure, avec la pièce de douze à charge pleine ; et malgré que l'air fut parfaitement calme, la fumée s'est toujours dis-
sipée assez promptement pour que la batterie n'ait jamais cessé
d'être habitable.

(428.) On reprochera à la batterie blindée, dont je viens d'indiquer la construction, de ne pouvoir pas soutenir le choc d'une
bombe qui tomberait de haut. Cela est vrai, mais pour parer complètement à cet inconvénient il faut se résoudre à des constructions
moins simples et plus dispendieuses, et qui, malgré tous les soins
qu'on pourra prendre, ne seront jamais entièrement à l'abri de l'incendie. Ce sont précisément ces raisons , jointes à beaucoup d'autres, qui
me font croire que les avantages des batteries blindées ne compen-
sent pas tous leurs inconvéniens, et qui me font préférer la défense
libre et découverte. On trouvera toujours d'immenses avantages dans
la liberté des mouvemens, et dans la faculté de placer l'artillerie
partout où il est nécessaire, et de diriger des feux dans toutes les
directions.

Art. 3. *Des portes de Ville.*

(429.) Les communications habituelles d'une place de guerre avec
l'extérieur se font par le moyen de portes percées sur les fronts les

moins exposés à être surpris, et de ponts établis à demeure au travers des fossés.

La porte est ordinairement un bâtiment voûté à l'épreuve, construit sur le milieu d'une courtine, et défendu par les flancs des bastions voisins. Le bâtiment, outre la grande voûte qui sert de passage, renferme un ou deux corps-de-garde, une chambre d'arrêts, et un logement de portier. L'appareil du pont-levis est sous la grande voûte, afin de le dérober aux coups de l'ennemi; c'est une raison de défiler par la demi-lune, l'ouverture de la porte, et en général d'élever le bâtiment le moins qu'on peut.

(430.) C'est dans ce même bâtiment qu'on établissait autrefois les herses et les orgues destinées à empêcher les surprises. La *Herse* n'était autre chose qu'un assemblage de poutres acérées, et ne faisant qu'un seul corps; on la tenait suspendue dans le haut de la voûte par une corde roulée sur un tour; et elle se manœuvrait dans une coulisse, pratiquée dans l'épaisseur de la voûte. La sentinelle, placée dans la chambre supérieure, coupait la corde en cas de surprise, et la herse, tombant de son poids, enfonçait ses pointes dans le terrain et fermait le passage.

Mais s'il arrivait que l'ennemi eût eu l'adresse de faire arrêter un chariot sous la herse, son effet était éludé; c'est pour remédier à cet inconvénient qu'on a imaginé les *Orgues*, ou piéces pesantes armées de fer, pouvant glisser séparément dans des coulisses particulières, et fermer ainsi tous les passages que laisse l'obstacle.

Des créneaux percés dans les piédroits de la voûte permettaient de faire feu, de droite et de gauche, contre ceux que l'obstacle retenait au dehors.

Ces moyens ne sont plus usités; cependant il est une foule de circonstances où ils pourraient servir utilement, et je ne vois pas de raison pour les rejeter entièrement.

(431.) L'architecture des portes de ville doit être sévère et dégagée d'ornemens superflus; son caractère sera celui de la force et de la solidité. A l'extérieur, un fronton toscan supporté par quatre pilastres, me semble ce qu'il y a de plus convenable, les jours étant percés entre les pilastres. Du côté de l'intérieur, même façade, et le fronton décoré d'un trophée militaire. Pour la salubrité de l'édifice, il faut avoir soin d'éloigner les terres des parapets adjacens, et de les soutenir par des profils en maçonnerie, de manière à laisser des espaces de 3 à 4 mètres entre les flancs du bâtiment et la fortification.

L'édifice forme avant-corps sur le revêtement d'escarpe, et son soubassement, jusqu'à la hauteur du pont, est rustiqué.

Il est impossible de rien fixer de plus positif à cet égard; l'Ingénieur doit, dans chaque cas particulier, se plier aux circonstances et n'écouter, dans ce genre de construction, que les raisons de convenance et d'économie.

(432.) Je dois à l'obligeance de M. Vaucher, élève de M. Durand professeur d'architecture à l'école polytechnique, le dessin d'une porte de ville d'un caractère moins commun et non moins sévère que celui qui vient d'être recommandé. La *planche XXVII* représente, en plan et en élévation, ce projet qui porte sa légende et est assez clairement exprimé pour me dispenser de toute autre explication.

Art. 4. *Corps-de-garde.*

(433.) Le même officier s'est donné la peine d'ajouter au premier dessin celui d'un corps-de-garde de sa composition. Ce bâtiment convient à la garde d'une place publique, plutôt qu'à un poste établi sur la fortification; mais, comme sa construction est également du ressort de l'Ingénieur, j'ai cru faire une chose agréable aux lecteurs, que de leur donner un type qui pût les diriger au besoin, en leur laissant la faculté de le modifier comme ils le jugeront convenable, suivant les circonstances. La légende explique l'usage des différentes pièces du bâtiment.

Quant aux corps-de-garde construits en charpente ou en légère maçonnerie sur les différentes pièces de la fortification, pour le logement des petits corps qu'on y tient habituellement pendant un siége, leur construction est si simple et tellement arbitraire, que je ne crois pas devoir entrer dans les détails qui les concernent.

Art. 5. *Des Ponts.*

(434.) Les ponts servant aux communications habituelles seront construits très-solidement; leurs piles pourront être de pierre; mais tout le reste est nécessairement de bois, pour qu'en cas de danger on puisse facilement couper le pont.

Les travées du pont, ou les piles sont espacées de manière à laisser aux sommiers environ 6 mètres de portée. Les pilots, ordinairement espacés d'un mètre, d'axe en axe, sont réunis dans leur partie supérieure par un fort chapeau, sur lequel reposent immédiatement des corbeaux destinés à diminuer la portée des sommiers, et à la réduire à quatre mètres seulement. C'est-à-dire que ces corbeaux ou pièces de support, dépassent d'un mètre, de chaque côté, le nud de la pile ou les faces des pilots.

Un double rang de madriers jointifs, repose sur les sommiers et supporte une forme de sable sur laquelle on fait un petit pavé. Des gardes-grève retiennent les terres de droite et de gauche, et supportent un garde-fou.

Suivant l'importance du passage on donne au pont, six, huit, et même dix mètres de largeur.

(435.) Les ponts construits sur les différens fossés qui séparent la campagne du corps de place, ne sont point établis sur une même ligne droite, mais leurs axes ont des directions différentes, de manière que la porte se trouve couverte, et que l'ennemi ne peut point l'enfiler par son canon. Cette condition est importante à remplir, car si l'on veut faire coopérer quelques escadrons de cavalerie et quelques batteries d'artillerie légère aux sorties que l'infanterie exécute en partant des chemins-couverts, c'est par les portes de la ville que ces puissans auxiliaires doivent déboucher, les défilés des chemins-couverts n'étant point à leur usage.

(436.) Le premier pont traverse le grand fossé, en partant du milieu de la courtine pour arriver à la gorge de la demi-lune; le second tourne à droite ou à gauche, et s'établit sur le fossé de la demi-lune, perpendiculairement à la face de cet ouvrage; on couvre son débouché par une place-d'armes de laquelle on sort par un passage coupé dans le glacis. Ce défilé est de forme contournée, toujours dans l'intention d'empêcher l'ennemi de découvrir par la trouée l'intérieur de la place-d'armes, et de rompre la barrière qui en ferme l'entrée.

On donne le nom d'*Avancée* à la place-d'armes qui précède les ponts et couvre leur débouché.

(437.) Si les ponts des places de guerre étaient construits sans discontinuité, on courrait le risque d'être surpris par l'ennemi qui ne laisserait pas le temps de couper la communication. C'est pour remédier à cet inconvénient, et pour pouvoir rétablir à volonté une communication momentanément interrompue, qu'on a imaginé le *Pont-levis*.

Le pont-levis ordinaire est composé d'un *tablier*, piéce principale qui donne le passage quand le pont est baissé, et qu'il intercepte lorsqu'il est levé. Deux poteaux, ou les piédroits de la porte, soutiennent les *flèches* au moyen desquelles on soulève le tablier, en leur faisant faire la bascule.

Le principal inconvénient de ce pont-levis est que tout son mécanisme est ordinairement exposé aux coups de l'ennemi, parce qu'il n'est pas possible de faire les ouvrages extérieurs assez hauts pour le couvrir en entier. De plus, les efforts qu'il faut faire pour soulever le pont, sont très-inégaux dans tous les instans de la manœuvre; et les flèches, toujours exposées aux intempéries des saisons, exigent de fréquentes réparations; il faut les renouveler tous les dix ans.

(438.) Pour dérober le mécanisme aux vues de l'ennemi, on a imaginé de faire le pont à *bascules*, de telle sorte que les piéces attenantes à la partie postérieure du tablier, et dont on se sert comme de léviers pour le soulever, s'abaissent quand le tablier se lève; mais cette espèce de manœuvre a beaucoup d'inconvéniens et même de dangers, parce que les perches dont on se sert pour appuyer sur les extrémités des bascules peuvent ou échapper, ou se rompre, et le pont occasionner en retombant une violente secousse et de graves accidens.

On préfère au mode précédent l'engrenage représenté par la *figure 2.*ᵉ (*Planche XXVI.*) Une grande roue dentée en fer coulé, d'environ un mètre de rayon, est fixée sur le côté du tablier; un pignon d'un rayon beaucoup plus petit, mis en mouvement par une manivelle, engrène cette roue et soulève le tablier. L'action du moteur est aidée par un contre-poids. Cependant cette machine, vu la lenteur de son mouvement, ne remplit pas complètement son objet.

(439.) On a cherché le moyen de proportionner, pendant toute la durée du mouvement, l'effort que les hommes doivent exercer avec la résistance variable qu'offre le tablier par son poids, dans toutes les positions qu'il peut prendre, de manière que le tablier fût toujours en équilibre avec la force constante qu'on lui oppose.

Voici à peu près ce que propose à cet égard le professeur Dobenheim: il met en équilibre avec le tablier AB *figure 3.*ᵉ, deux barres de fer CD et CD', formant entr'elles un angle de 45°, et dont la première est originairement dans une situation horizontale. Ces deux barres, chargées de masses de gueuse à leur extrémité mobile, peuvent tourner séparément autour du même axe C; leurs extrémités D et D' sont réunies par la même chaîne qui va se fixer au tablier, en passant par dessus un rouet E taillé en gorge et fixé par son axe au piédroit de la voûte, à une hauteur égale à celle du tablier quand il est relevé, c'est-à-dire, à quatre mètres environ.

Si, par une augmentation de poids appliquée en D, on met le

tablier en mouvement, les deux contre-poids D′ et D agiront ensemble jusqu'à ce que le tablier ait décrit un arc de 45 degrés. Alors le lévier D′C, tombant sur la verticale CH, y sera arrêté et n'aura plus d'action; le seul contre-poids D achèvera de soulever le tablier.

Cette disposition extrêmement simple ne permet pas à la vérité que, par un effort mathématiquement constant de la part des hommes appliqués à la manœuvre, le pont soit soulevé malgré l'inégalité des divers degrés de sa résistance; mais la force qu'ils emploieront en commençant la manœuvre ne différera pas beaucoup de celle qu'il faudra pour la terminer. Ainsi le pont construit de la sorte n'en sera pas moins bon, surtout si l'on réfléchit à ce que les frottemens et l'humidité peuvent apporter de dérangement dans une machine plus scrupuleusement calculée.

(440.) Bélidor a résolu exactement le problème au moyen d'une courbe qu'il a appelée *Sinusoïde, figure 4.ᵉ*, et qui jouit de la propriété de diminuer le poids du corps M qui roule sur elle, proportionnellement au décroissement du poids du tablier dans ses positions successives : voici comment il construit cette courbe.

Pour une position quelconque AC′ du tablier, il décrit du point E comme centre, pris sur le sommet de la seconde roulette, et avec un rayon EM égal à la longueur primitive E*m* de la chaîne qui soutient le poids M, augmentée de ce que l'autre portion DC′ s'est raccourcie en passant en DC′ par le mouvement du tablier, il décrit dis-je, avec ce rayon et du point E, un arc de cercle sur lequel doit évidemment se trouver le centre du poids mobile. Il ne s'agit plus que d'avoir la distance verticale XY, qui doit exister entre la position primitive du contre-poids et sa position actuelle, distance qui marque la quantité dont ce contre-poids doit descendre. L'auteur calcule cette distance par la petite formule $XY = a\sqrt{2}.\,\sin.\,\alpha$ qui a valu à la courbe le nom qu'elle porte (*).

(*) Voyez la note 2.ᵉ

L'angle a qui entre dans cette formule est celui que le tablier fait avec l'horizontale, et la lettre a exprime la demi-longueur de AC.

Après avoir ainsi tracé la courbe Mm, il faut lui mener une parallèle à une distance égale au rayon de la roulette qui sert de contre-poids ; c'est sur cette courbe, solidement exécutée en fer, ou en pierre, et de manière à diminuer autant que possible les frottemens, que s'exécute le mouvement.

Des anses adaptées à la chappe du contre-poids donnent la facilité de le mettre en mouvement pour soulever le pont-levis.

Pour augmenter la masse du contre-poids, il faut plutôt augmenter son épaisseur que son diamètre, et en faire ainsi un véritable cylindre d'autant plus long que le tablier est plus pesant. En faisant reposer ce cylindre uniquement par ses deux extrémités, *figure* 5.ᵉ, sur le tranchant de deux barres incrustées dans la maçonnerie, et pliées suivant la courbure de la sinusoïde, on aura le moins de frottement possible, et moins de causes d'irrégularité dans le mouvement. Les parties frottantes du cylindre doivent être tournées en gorge pour qu'il ne s'échappe pas de dessus les supports.

Le contre-poids, fondu en fer, doit être percé de plusieurs trous dans le sens de sa longueur, pour qu'en versant du plomb dans ces cavités, on puisse établir l'équilibre au degré nécessaire pour manœuvrer facilement le pont-levis.

Détails du Pont-levis.

(441.) Je joins ici quelques détails indépendans du mécanisme qui doit mettre le pont en mouvement. La longueur du tablier est ordinairement de 4 mètres et sa largeur de 3ᵐ, 5o : deux piéces principales de oᵐ, 25 d'équarrissage, forment les deux extrémités, et sont appelées, l'une la *tête*, et l'autre le *talon* du tablier : on pratique dans ces piéces une rainure pour recevoir les madriers. Les poutrelles ou *gîtes*, au nombre de sept, s'assemblent à tenons dans les deux traverses (la tête et le talon) en affleurant la feuillure: cette dernière condition exige que leur équarrissage, soit de $0^m,18$. Les madriers sont cloués sur les gîtes, et ils affleurent le dessus des deux traverses; un second plancher de recouvrement, fait en planches de sapin, sert à garantir le premier de la destruction trop prompte occasionnée par les roues des voitures et les pas des chevaux.

Les deux tourillons sont encastrés dans la face supérieure du talon, près de l'angle postérieur, et fixés solidement par des frettes et des boulons à vis et à écroux : on place ainsi les tourillons du tablier, afin que, lorsqu'il est vertical, son centre de gravité soit extérieur à leur axe, et qu'il soit toujours sollicité au mouvement.

On arme les extrémités de la tête de *gâches d'attache*, ou de *boulons à tête*, placés à la face inférieure; et ces piéces de fer s'accrochent aux chaînes qui servent à soulever le tablier.

Pour soulager les tenons des gîtes, on embrasse les extrémités de ces piéces par des étriers que l'on fixe sur la traverse qui reçoit les gîtes. On met encore une *piéce de chevet* sous le talon du tablier, laquelle, reposant sur des corbeaux en pierre de taille quand le pont est baissé, supporte le poids du pont-levis et décharge les tourillons.

Il va sans dire que l'on dispose un garde-fou sur les côtés du tablier. Il est ordinairement composé de deux barres de fer fixées à charnière par une de leurs extrémités aux supports de la manœuvre, et de l'autre suspendues par des chainettes attachées elles-mêmes à la chaîne du pont. De cette manière, le garde-fou se replie quand le pont se lève. D'autres fois le garde-fou fait corps avec le tablier, et se niche avec lui dans l'encastrement de support. On peut imaginer aisément tel autre arrangement simple qui atteigne le même but.

(441 *bis*.) On fait ordinairement deux ponts-levis à chaque porte, un sur la courtine et l'autre sur le pont qui traverse le fossé de la demi-lune. Nous avons vu comment le premier est garanti des coups

du dehors, par la voûte du bâtiment. Le second est plus exposé, parce qu'il s'établit ordinairement à ciel ouvert, entre deux pilastres qui supportent les tourillons des flèches : alors on employe le pont-levis ordinaire. Les flèches en sont les piéces principales; elles ont 8 mètres de longueur et o^m,35 d'équarrissage dans leur milieu, vers l'emplacement des tourillons, se réduisant à o^m,25 vers leurs extrémités antérieures; elles sont réunies en arrière des tourillons par deux *entretoises* et une *croix de St. André.* Il doit y avoir précisément la même distance entre les tourillons des flèches et leurs extrémités antérieures où sont les *crochets en cou de cygne* auxquels s'attachent les chaînes, qu'entre les tourillons du tablier et les gâches d'attache; de manière que ces quatre points forment les quatre angles d'un parallélogramme. Il faut toujours que l'aplomb des tourillons des flèches tombe en arrière des tourillons du tablier, d'une quantité suffisante, pour que le tablier puisse prendre une position verticale.

Des chaînes de manœuvre sont suspendues aux extrémités postérieures des flèches; la force motrice s'y applique; la flèche fait bascule et le pont se soulève pour venir s'appliquer dans son encastrement, qu'on appelle la *battue* du tablier.

CHAPITRE VIII.

Des Forts en pays de montagnes,

(442.) L'Ingénieur n'a pas pour seule tâche de mettre les grands dépôts militaires à l'abri des insultes de l'ennemi, et de leur donner ces propriétés défensives et conservatrices, qui font l'espoir du plus faible, et présentent une digue, souvent insurmontable, aux entreprises du plus fort. Il n'est pas exclusivement appelé à fortifier les parties les plus accessibles et les plus ouvertes d'un état; mais il doit encore employer son art, à rendre tout-à-fait impénétrable, une frontière sur laquelle la nature a déjà multiplié les obstacles.

Souvent un long défilé, une gorge étroite, une route taillée sur le flanc d'une montagne escarpée, donnent entrée dans l'intérieur, et compromettent les derrières de l'armée défensive, qui, s'ils étaient légèrement fortifiés et barrés par quelques retranchemens, deviendraient inaccessibles à tous autres que ceux qui auraient les clefs de ces portes naturelles.

C'est dans les pays fortement accidentés, couverts d'âpres rochers et de montagnes impraticables, que le besoin de couper les routes se fait particulièrement sentir, car les manœuvres de concentration et en masses, seules bonnes pour une défensive efficace, sont là plus difficiles qu'ailleurs. Les contreforts qui se détachent des chaînes principales sur lesquelles sont les passages qu'il faut disputer, mettent entre les diverses colonnes de l'armée des obstacles difficiles à franchir, qui s'opposent à leur jonction, ou la rendent trop tardive.

Il faut, pour se porter d'un point à l'autre de la frontière, faire des détours considérables; on court donc le risque d'être prévenu par l'ennemi, et de le trouver campé en-deçà des défilés, si aucun obstacle n'a retardé sa marche.

Pour éviter ce grand inconvénient, on se voit forcé d'occuper chaque passage, chaque col, avec des forces assez considérables pour arrêter quelque temps les premiers corps qui se présentent. Mais en croyant éviter un écueil on tombe sur un autre : ce grand nombre de détachemens, difficiles à nourrir dans des lieux déserts, coûtent beaucoup et affaiblissent l'armée; la défense languit, elle prend le caractère de ces misérables guerres de cordons, si funestes à tous ceux qui les ont faites, et qui portent d'une manière si prononcée le cachet de l'incapacité.

Au lieu de cela, occupons les passages que la nature a rendus les plus difficiles, par quelques petits ouvrages bien conditionnés, et nous serons tranquilles sur ces points, trop resserrés pour que l'ennemi puisse déployer contre nos retranchemens tout l'appareil de sa supériorité. Faisons en sorte qu'un même ouvrage barre plusieurs passages, en interceptant la communication principale où viennent aboutir les sentiers secondaires. Alors, sans trop affaiblir l'armée active, nous aurons fermé avec peu de dépense une grande étendue de frontière, et forcé l'agresseur à n'entrer que par les ouvertures les plus larges et les plus accessibles. Maintenant sa marche est prévue, ses routes sont obligées; on peut donc, en choisissant des positions centrales aux points de convergence des principales vallées, se préparer à le recevoir et à lui opposer tout ce qu'a d'avantages celui qui combat avec toutes les armes réunies, sur un terrain connu et préparé de longue main, contre celui qui, privé souvent d'une partie de son artillerie et de sa cavalerie, débouche d'un défilé pour se déployer sur un champ de bataille qu'il n'a pas étudié, où il peut à chaque pas tomber dans des embuscades, et sur lequel il ne s'avance qu'avec crainte.

(443.) Mais qu'y a-t-il à faire pour fermer les défilés des pays de montagnes et en interdire l'entrée à l'ennemi? La réponse n'est pas facile, parce qu'on ne saurait donner des préceptes qui puissent s'appliquer à toutes les localités que présentent, sous un aspect si varié, les grandes chaînes de montagnes; et qu'au contraire, deux fortifications faites sur des points différens ne peuvent pas plus se ressembler que les localités mêmes qui les exigent. Il faut ici sortir des routes battues, s'écarter des constructions habituelles, employer des moyens inusités, et souvent, faire usage et se contenter de ce qui serait rejeté, comme mauvais ou insuffisant, dans des circonstances ordinaires.

Tout ce qu'on peut dire à cet égard, c'est, en ce qui concerne les dispositions générales, qu'il ne faut pas toujours s'astreindre à occuper les points culminans des passages ou des cols, malgré les avantages qu'ils offrent ordinairement au premier occupant. Les subsistances sont trop difficiles sur ces montagnes élevées, et les postes qu'on y met s'y trouvent trop isolés. Les neiges les rendent souvent inabordables une partie de l'année; et, suivant l'exposition des pentes, il peut arriver que ces mêmes neiges se fondent, du côté de l'ennemi, quelques jours plus tôt. Le poste est alors singulièrement compromis; l'ennemi a la faculté de l'attaquer, quand les défenseurs ne peuvent pas être secourus. De plus, en s'établissant ainsi aux sommités les plus élevées, on laisse à l'ennemi une grande facilité d'éluder le retranchement en profitant des sentiers latéraux; et, à moins de se jeter dans le ridicule système de boucher tous les trous, on a manqué le but qu'on se proposait. On n'établira donc sur les cols les plus élevés que des avant-postes baraqués, pour observer l'ennemi, annoncer son arrivée, et lui disputer quelque temps le passage; quand l'ennemi les poussera trop vivement, ils se replieront sur le petit fort qui leur sert d'appui, et ils viendront contribuer à sa défense. Ce fort doit donc être établi dans la vallée principale où viennent aboutir les différens sentiers qui franchissent la chaîne, et autant que possible à l'endroit le plus étroit. C'est là l'unique moyen de fermer les passages à peu de frais.

Quant aux détails d'exécution et de dispositions locales, nous dirons : qu'il faut rétrécir de beaucoup les dimensions ordinaires des fortifications, et travailler sur une échelle infiniment plus petite; que rarement on pourra faire usage de la fortification découverte; qu'au contraire les batteries devront être casematées, quels que puissent être les inconvéniens de pareilles constructions, pour éviter l'inconvénient plus grand encore d'être vu et plongé des hauteurs dominantes qui, presque toujours, sont assez rapprochées. Dans la même intention, on garantira la mousqueterie par des blindages, des voûtes, des parados en bois ou en maçonnerie, etc.

Souvent on se verra forcé de renoncer aux parapets en terre, pour gagner de l'espace, en ne se couvrant que de parapets en maçonnerie; souvent encore, ne pouvant se procurer des flanquemens pour la défense d'un fossé, on y suppléera par des créneaux percés dans l'escarpe, par des machicoulis, des couloirs dans le roc, et autres moyens pour écraser de pierres son adversaire, et lui interdire un passage ou l'approche d'une muraille. La fortification prendra alors le caractère de celle des anciens.

Les fossés resteront profonds pour empêcher l'escalade; et cela est d'autant plus nécessaire que les autres moyens de résistance ont plus perdu de leur valeur, par les modifications forcées qu'il faut leur faire subir, et que rarement ces mêmes fossés peuvent avoir leur largeur habituelle.

On armera les forts de montagnes du plus gros calibre, pour avoir sur l'ennemi toute la supériorité du feu; on leur donnera quelques mortiers ou obusiers, pour fouiller dans les plis de terrain environnans, et démonter les pièces derrière leurs épaulemens, moyens d'autant meilleurs qu'ils sont en partie interdits à l'attaquant qui ne peut ordinairement trainer avec lui que des pièces de bataille.

Les logemens casematés, à l'abri de l'obus et même de la bombe, ceux pratiqués dans le roc vif, les caves, les citernes, les magasins de vivres et de munitions également dérobés aux coups de l'ennemi, sont autant d'objets indispensables en fortification de montagnes.

Quelquefois on fera usage des communications souterraines, des escaliers couverts ou percés dans le roc, pour passer d'un plateau à celui qui le domine et sur lequel se trouve aussi quelqu'ouvrage. On verra même les hardis défenseurs d'une tour se confier à un cable pour monter, un à un, dans le donjon qui couronne la pointe d'un rocher, et menace le sentier qui serpente à son pied.

Appliquons ces généralités à quelques cas particuliers, présentés uniquement comme exemples, et s'éloignant par degrés de ce qui se fait de plus ordinaire en fortification. Nous présenterons ainsi des types qu'il sera permis d'imiter, mais qu'on devra se garder de copier servilement. Il n'y a rien qui doive plus s'éloigner de l'uniformité, que les fortifications dans des localités où il est si rare de rencontrer deux fois les mêmes circonstances.

§. 1.er *Forts sur des sommités, ou dans le fond des vallées.*

Art. 1.er *Fort bastionné découvert.*

(444.) Supposons une vallée traversée dans sa longueur par une route praticable aux voitures, une vallée assez large pour qu'on n'ait pas à craindre les feux des hauteurs voisines, ou que du moins ces feux ne soient pas bien dangereux. Si en même temps le fond de la vallée, rempli par d'anciennes alluvions, se présente, comme cela se voit souvent, sous l'aspect d'une plaine assez unie, on peut et on doit employer à sa défense la fortification découverte, et donner au fortin la forme d'une petite place carrée à quatre bastions, dans l'intérieur de laquelle seraient construits les logemens et les magasins, et que traverserait la grand-route. Ce que j'ai dit en parlant des forts extérieurs aux places de guerre, et la description que j'ai donnée de ces ouvrages additionnels, s'applique ici.

J'ajouterai seulement que, si l'on est appelé à construire de semblables fortins au milieu et dans le fond de la vallée, ce n'est pas par choix, mais par nécessité; car il vaut toujours mieux s'établir aux endroits les plus resserrés, si l'on veut fermer complètement le passage, à peu de frais. Il faudra donc, pour se tenir autant que possible dans les conditions voulues pour les forts de montagnes, savoir, de ne pas exiger des sommes trop considérables pour leur construction et leur entretien, non plus que des garnisons nombreuses pour leur défense; il faudra, dis-je, tracer le fort bastionné sur les plus petites dimensions qu'on puisse lui donner, sans dépasser la limite fixée pour un bon flanquement. Ne perdons pas de vue qu'il n'est point ici question de véritables forteresses, qui ne s'établissent pas dans les défilés, mais en arrière, aux nœuds des routes, aux points où viennent aboutir plusieurs grandes vallées, et où l'on peut, d'une seule position, commander une grande étendue de pays; nous ne parlons que des forts de montagnes.

Puisque par supposition on peut passer à droite et à gauche du fort, en quittant la route; il faut s'il est possible, creuser par le travers du vallon de larges fossés en ligne droite, enfilés par le fort et dans lesquels on fera entrer les eaux de la rivière qui coulent entre les berges opposées. Une digue bien placée peut donner une inondation qui remplisse le même but.

Le fort pouvant être attaqué par ses quatre faces doit présenter partout des parapets de terre; et les casernes blindées ou voûtées destinées aux logemens, ne peuvent plus être ailleurs que dans le centre du retranchement, où elles font, tout à la fois, office de réduit intérieur et de traverse ou de parados, contre les coups plongeans qui pourraient arriver de loin.

L'ouvrage est à grands reliefs, et son terre-plein est au moins de trois mètres au-dessous de la crête du parapet. Un glacis général l'enveloppe et couvre sa contrescarpe; mais il n'aura pas de chemin-couvert qui serait sans utilité.

Quatre cents hommes au plus, doivent suffire pour la défense de ce fort; il faut donc que quatre cents hommes puissent s'y loger et y avoir des subsistances en magasin pour plusieurs semaines.

(445.) Dans le cas que nous venons de supposer, on pourrait trouver que pour le but qu'on se propose, celui d'arrêter momentanément l'ennemi, l'appareil d'un fort bastionné est trop considérable. Voici alors les détails d'une simple redoute, à laquelle la défense du passage serait confiée.

Art. 2. *Redoute avec caserne défensive.*

Cette redoute, *figure* 1,^{re} (*Planche XXVIII*) sera carrée, si le terrain n'engage pas à changer cette forme symétrique; la magistrale aura 66 mètres de longueur, pour qu'en donnant au parapet 5^m, oo d'épaisseur et 4^m, oo de relief au-dessus du cordon d'escarpe, la crête intérieure ait 5o mètres de longueur, sur chaque face. C'est à peu près la dimension de redoutes pareilles, construites par les Français pour la défense de Corfou.

Le fossé a 8^m, oo de largeur et autant de profondeur au-dessous du cordon d'escarpe. Il est défendu par des galeries à feux de revers, dont la communication est établie souterrainement avec le réduit intérieur.

Un glacis de 2^m,oo de hauteur enveloppe l'ouvrage, couvre les maçonneries et donne au fossé plus de largeur et de profondeur. Il est entaillé circulairement pour donner accès au pont jeté sur le fossé, sans découvrir l'entrée: sa plongée est dirigée à la genouillère des embrasures.

Le parapet commande le glacis de $2^m,oo$, c'est-à-dire, qu'il est élevé de $4^m,oo$ au-dessus de la campagne; mais dans l'intérieur il n'est que de $3^m, oo$ au-dessus du terre-plein, lequel se trouve ainsi en remblai au-dessus du sol. Pour diminuer ce remblai, pour procurer en même temps une issue à l'eau de pluie, et favoriser le défilement, on donne au terre-plein un mètre de pente en arrière, jusqu'à une cunette qui fait le tour de la caserne et communique à un petit aqueduc par lequel les eaux vont se dégorger dans le fossé.

Aux quatre angles de la redoute sont des plate-formes, pour tirer à barbette par dessus le parapet; et vers le milieu des faces sont percées des embrasures, de manière, que de quelque côté que l'ennemi se présente, il trouve toujours quatre pièces prêtes à lui répondre, excepté du côté de la porte qu'on tournera autant que possible vers la partie la moins accessible de la vallée. Ce n'est pas qu'on ne puisse aussi percer des embrasures sur cette face, mais cela serait gênant pour le passage.

Un coffre de maçonnerie recouvert de terre, sert à la fois, de traverse pour masquer l'ouverture de la porte que ferme un pont-levis, et de magasin à poudre.

La caserne défensive est établie dans le milieu de la redoute sur le sol naturel, elle a la forme d'une croix, tout à la fois, pour obtenir des flanquemens, et pour augmenter le développement des lits de camp. Quatre portes y donnent entrée pour faciliter la retraite des défenseurs, et activer la circulation de l'air. Ses dimensions sont : $3^m, oo$ de hauteur intérieurement, $6^m,oo$ de largeur, et 25 à 28 mètres de longueur. La caserne peut loger quatre-vingt-dix hommes, et en en supposant à peu près autant de garde et au bivouac, la redoute contiendra environ deux cents hommes, dont les subsistances seront renfermées dans de petites caves sous le plancher du réduit, et distribuées sur les planches à pain suspendues au-dessus des lits de camp.

Aux extrémités d'une des ailes de la caserne défensive, et sous la même couverture, sont deux magasins à poudre, séparés du bâtiment par des passages qui établissent en même temps une communication d'une partie de la redoute à l'autre, sans passer par les barbettes.

La voûte ou le blindage qui termine l'édifice, supporte une couche de terre d'un mètre d'épaisseur, par dessus laquelle est établie une couverture ordinaire en tuiles ou en ardoises, qui préserve la caserne des infiltrations des eaux de pluie, et les conduit dans une citerne a, dont le puits a son ouverture près d'une des portes.

Les cuisines b sont établies sous un petit couvert en face d'une autre porte de la caserne.

Les latrines c donnent sur le fossé, à droite et à gauche du pont-levis. Elles en sont éloignées pour éviter les mauvaises odeurs; et un petit chemin de rondes, construit au pied du talus extérieur du parapet, y conduit. En cet endroit, une petite muraille soutient les terres du parapet pour les empêcher de s'ébouler et d'encombrer le chemin de rondes qui, outre l'objet d'utilité dont on vient de parler, a encore celui de défendre au besoin la porte d'entrée contre une surprise.

(446.) Si la vallée, sans cesser d'être platte, comme nous l'avons supposée, se rétrécit au point que l'ennemi ne puisse pas, sans de grands dangers pour lui, et sans tomber sous le feu de mousqueterie, venir prendre le fort par le côté; et si en même temps les berges, très-escarpées, ne sont accessibles qu'aux fantassins; le fort, tout en se trouvant sous le feu plongeant des tirailleurs, n'aura plus à repousser que de front, les attaques de l'artillerie. Il faudra donc, 1.° le casemater pour le garantir de la fusillade; 2.° lui donner des parapets en terre des deux côtés où il est en prise à l'artillerie, c'est-à-dire vers le haut et vers le bas de la vallée; 3.° que malgré les tirs couverts la circulation de l'air soit facile; 4.° que les logemens soient suffisans et commodes; 5.° qu'il y ait quelques flanquemens, si cela est possible, pour la défense du fossé; 6.º enfin, que toutes ces constructions tiennent peu de place.

Voici la solution que je donne de ce problème militaire, sans prétendre toutefois qu'on ne puisse pas beaucoup mieux faire.

Art. 3. *Redoute bastionnée et casematée.*

(447.) Sur un rectangle, *figure* 2.ᵉ, dont le grand côté, dirigé dans le sens de la vallée, a 76 mètres et le petit 66 mètres de longueur, je trace quatre petits fronts bastionnés **MNOP**, qui forment la magistrale de la *Redoute bastionnée et casematée* à deux étages de voûtes. L'étage supérieur a son action sur la campagne; l'autre est destiné aux logemens, aux magasins, et à la défense des fossés.

La perpendiculaire, servant au tracé bastionné, n'a que 8^m, oo sur le grand front et 7^m, oo sur le petit, c'est-à-dire qu'elle est plus petite que le huitième du côté extérieur. On conçoit, qu'avec des dimensions pareilles, il a fallu nécessairement avoir recours aux créneaux d'escarpe pour la défense des fossés, car des parapets ordinaires n'y suffisent pas. Cependant les petits flancs que donne le tracé ne sont pas inutiles; et comme d'ailleurs les convenances à remplir ne les repoussent pas, ainsi que nous allons le voir, j'ai cru devoir les conserver.

Le bastion O fait connaître les dimensions des faces et des flancs. Le bastion M indique, à vue d'oiseau, le dessus du retranchement qui est le même pour les quatre bastions. Le bastion N et les deux courtines adjacentes, depuis la ligne *op* jusqu'à la ligne *xy*, représentent l'étage supérieur du fort, au niveau des créneaux, et par conséquent au-dessous des voûtes qui garantissent des feux plongeans. Le bastion P et le reste du plan, depuis *xy* jusqu'à *mn*, font voir le rez-de-chaussée ou l'étage inférieur où sont tous les logemens, au niveau de la grande cour.

Le fossé de la redoute bastionnée a seulement 6^m, oo de largeur

aux saillans entre l'escarpe et la contrescarpe dont les faces sont
verticales; mais il se rélargit de 5^m, oo par le haut, en vertu du talus
intérieur du glacis qui enveloppe le fort et s'élève de 3^m, oo sur la
campagne. L'escarpe, depuis le cordon, a 8^m, oo de haut au-dessus du
fond du fossé; la contrescarpe en a six, et est surmontée des trois
mètres de terre qui forment le glacis, *figures* 3.e et 4.^{e}

C'est sur le petit front qu'est disposée l'artillerie destinée à enfiler
la route qui traverse le défilé, et à contre-battre l'artillerie ennemie;
ce front est donc terrassé, et pourvu d'un parapet de 5^m, oo d'é-
paisseur. L'autre n'ayant à répondre qu'à des feux de mousqueterie
n'est garni que d'un mur crénelé, d'environ un mètre d'épaisseur,
servant de piédroit à une voûte qui, recouverte de terre, garantit
les défenseurs des coups de carabine qui partent des hauteurs voisines.

La partie principale du fort est celle qui reçoit l'artillerie, c'est
aussi elle qui en a fixé les dimensions. On a pris ce qu'il fallait pour
établir sur la courtine quatre pièces casematées *a,a,a,a,* suivant les
principes du numéro (425), avec un passage en arrière, ce qui a
donné un espace de 27 mètres de long et de 18 mètres de large. Les
piédroits extrêmes de ces casemates, formant culées, on leur a donné
une plus grande épaisseur qu'aux autres; précaution d'autant plus
nécessaire qu'ils sont exposés à des coups d'écharpe, bien qu'ils soient
garantis, en partie, par la galerie crénelée qui recouvre les fronts adjacens.

Les batteries casematées de la courtine peuvent être éludées par
l'ennemi si le terrain lui permet de se porter à droite ou à gauche de la
route. C'est pourquoi on a établi, à ciel ouvert, dans les petits bastions
adjacens, un obusier pouvant tirer dans diverses directions et croiser son feu avec celui des batteries casematées, par le moyen d'une
embrasure très-évasée, dont la plongée relevée est sans inconvénient pour l'intérieur du bastion. Cet obusier, quoique à découvert
dans le terre-plein ou *petite cour*, est tellement encaissé, qu'il a peu

à craindre les coups plongeans. Le parapet qui le couvre a 3^m, oo de hauteur ; la galerie qui s'élève d'un côté en a 4 au moins, et la batterie casematée qui le protége de l'autre en a 6 ou 7. On peut, au lieu d'obusiers, mettre des mortiers dans les petites cours, pourvu qu'on donne aux voûtes qui les supportent une épaisseur suffisante.

La galerie crénelée qui sert de communication couverte d'une batterie à l'autre, en même temps que de défense pour les fronts latéraux, a intérieurement 4^m, 5o de largeur sur la courtine, où la circulation est plus active ; elle n'en a plus que 2^m, 25 sur les bastions, où son unique objet est de couvrir les fusillers. Le piédroit intérieur est percé de larges arceaux, pour donner de l'air et de la lumière, et faciliter l'évacuation de la fumée ; son épaisseur est de o^m, 8o. La voûte est surbaissée, et elle est pénétrée par des portions de cylindres qui recouvrent les arceaux ; sa hauteur sous clef est de 3^m, 5o. La largeur totale de l'espace occupé par la galerie sur la courtine, épaisseurs de murs comprises, est de 6^m, 5o, dont o^m, 8o pour le piédroit intérieur, et 1^m, 20 pour le piédroit crénelé et extérieur.

La galerie crénelée a son sol dans le même plan que celui des batteries casematées, lequel se trouve de 2 mètres plus élevé que le terrain sur lequel la fortification est assise. C'est ce plan qui fait connaître les commandemens des diverses parties du fort sur la campagne, comme on le voit dans les coupes représentées par les *figures* 3.e et 4.^e

Si la galerie de droite ne défile pas entièrement celle de gauche des coups plongeans qui pourraient arriver par les arceaux intérieurs, il faudrait garnir ces ouvertures d'auvents ou manteaux mobiles, lesquels, lorsqu'ils seraient baissés, garantiraient de la balle, sans empêcher la fumée de sortir par les jours qu'on laisserait à dessein entre eux et les clefs des arceaux. Ces manteaux seraient habituellement levés contre la douelle de la voûte et ne gêneraient en aucune manière.

Un escalier, dont le palier est en face du pont, descend dans la grande cour, au milieu de laquelle est le puits *h* d'une citerne où vont se réunir les eaux de pluie. Le fond de cette cour est établi à 5^m, oo au-dessous du plan des batteries, c'est-à-dire à 3^m, oo au-dessous du sol; elle a 3o mètres de long et 2o de large.

Les logemens inférieurs sont au même niveau; en voici la distribution, qui est la même pour chaque front : sous les bastions, ainsi que sous les batteries casematées , sont les logemens des soldats *d,d*... et ceux des officiers *e,e*... Sous les galeries de droite et de gauche sont d'une part, les magasins à poudre *f,f*, les latrines *g*, avec un petit vestibule; et d'autre part, dans une disposition pareille, les cuisines *c* les magasins de vivres *b* indiqués par les lignes ponctuées, et le bûcher *i*. Les caves sont sous les magasins de vivres; elles ont leur entrée sous l'escalier.

Pour donner de l'air aux logemens qui n'ont que des portes sur la grande cour, ainsi que pour défendre les fossés des fronts MN et OP, qui ne le sont en aucune façon par les parapets du haut, on perce des créneaux dans l'escarpe. Quant aux fronts MO et NP, mieux flanqués que les premiers par la muraille crénelée supérieure, ils ont moins besoin d'une seconde défense, aussi le petit nombre d'ouvertures pratiquées sur les courtines de ces fronts, n'ont-elles pour objet que de donner de l'air aux cuisines et aux magasins de vivres; les magasins de munitions ne reçoivent de jour que par les portes. On a cependant pratiqué des créneaux sur les faces des bastions, et des embrasures, sur chaque flanc, pour deux petits canons montés sur affuts marins. Les créneaux et les embrasures du rez-de-chaussée, élevés de 4^m, oo au dessus du fossé, ne peuvent être ni embouchés ni masqués, de manière que la défense des fossés serait encore assez bonne, même dans le cas où l'ennemi serait parvenu à établir du canon sur les montagnes, au moyen duquel il aurait abattu la galerie crénelée, et ruiné toutes les défenses supérieures.

Deux cents hommes, non compris les officiers, peuvent facilement se loger dans les chambres destinées aux soldats, en n'établissant des lits de camp que contre les murs qui ne sont pas percés de portes ou de créneaux. Or, j'estime que ces deux cents hommes sont bien suffisans pour la défense; mais si cela n'était pas, et qu'il en fallut davantage, on pourrait, en disposant de tout l'espace, porter le nombre à trois cents.

Il me semble maintenant que le passage est assez bien défendu : six pièces enfilent la route, soit en avant, soit en arrière; et cette même route vient, par un contour, passer au pied du glacis de la redoute sous le feu rapproché de la mousqueterie. Il faut donc que l'ennemi s'en écarte autant que le peu de largeur de la vallée le lui permet; et il ne peut faire passer de la sorte que de petits détachemens qui esquivent, pendant la nuit, les feux de l'ouvrage; le gros de ses troupes est arrêté; et pendant qu'il s'efforce de se rendre maître du fort, les secours peuvent arriver et l'obliger de rétrograder pour chercher une autre route.

Partout l'air circule facilement dans le fort; le soldat peut se promener sous les galeries et dans les cours; il jouit du soleil presque autant que dans un ouvrage découvert, et il n'est pas renfermé comme dans un tombeau. Pendant l'action, la fumée trouve de larges issues; le vent, qui pénètre de toute part, la chasse; et les défenses, quoique couvertes, sont toujours tenables.

Je sais qu'on objectera à ma disposition qu'elle est faible par les côtés, et que si l'ennemi parvient à monter quelques pièces sur les hauteurs que je regarde comme inaccessibles (et il en est peu pour un général entreprenant) (*), il renversera facilement les murailles crénelées, qui n'ont que 1^m,20 d'épaisseur, il prendra en flanc les

---

(*) Au siége de Roses, par les troupes de la république française, le général Pérignon donna l'ordre de construire une batterie sur une montagne qui dominait le fort du Bouton. Vainement les ingénieurs déclarèrent qu'il était impossible d'y monter. *C'est l'impossible que je veux*, leur répond le général; et en moins de six jours une route est faite dans le rocher, au moyen de laquelle les soldats montent, à la prolonge, le canon, sur cette hauteur presque perpendiculaire.

(Victoires, conquêtes et désastres des Français).

batteries casematées, culbutera leurs piédroits et montera ensuite à l'assaut sur tout le pourtour de la redoute. Tout cela peut arriver, mais tout cela n'est pas facile à faire dans la localité que je suppose, et doit prendre du temps. Or, le seul but qu'on se propose dans la circonstance actuelle est de *retarder* l'ennemi, pour donner le temps aux armées de s'organiser et de marcher en avant; donc le fort proposé, même dans la supposition où il serait pris en flanc et foudroyé par des batteries plongeantes, aurait rempli son objet.

(448.) En consentant à des dépenses plus considérables, on pourrait faire face partout à l'artillerie ennemie. Il n'y aurait pour cela qu'à répéter, sur les fronts **MO** et **NP**, les dispositions des fronts **MN** et **OP**; mais peut-être celles de la redoute bastionnée ne sont-elles déjà que trop coûteuses, et serait-ce sortir de l'objet, que de proposer un ouvrage d'une plus grande capacité, et par conséquent aussi, d'une dépense plus grande.

La comparaison des figures 1.re et 2.e, faites à la même échelle, montre qu'il était difficile de remplir toutes les conditions auxquelles satisfait la redoute bastionnée, et de lui donner en même temps des dimensions plus petites. Mais si l'on veut renoncer à quelques-uns des avantages de cette redoute, si, par exemple, on consent à diminuer le nombre des pièces et à se passer de flanquement, on pourra réduire les dimensions comme l'indique la *figure* 5.e qui représente une petite *Redoute casematée* de forme carrée.

Art. 4. *Redoute casematée carrée.*

(449.) Cette redoute, qui est une simple réduction de la précédente et en conserve les principales propriétés, se fait dans un carré de 44 mètres de côté, mesurés sur la magistrale. Elle est armée seulement de deux pièces casematées, sur celles de ses faces qui battent les avenues accessibles à l'artillerie; ses deux autres faces n'ont qu'une simple galerie crénelée; ses quatre angles sont à ciel ouvert, avec un parapet à l'épreuve d'un grand relief, occupant à peu près le tiers de chaque face, de manière qu'il ne reste que fort peu de maçonnerie, sur les deux faces latérales, contre laquelle l'artillerie puisse exercer ses ravages. La partie antérieure de la figure fait voir l'étage supérieur, et la partie postérieure en montre le dessous. Les mêmes lettres que dans la *figure* 2.ᵉ répondent aux mêmes objets, savoir :

a Batteries couvertes.

b Galeries crénelées ; et au-dessous, les magasins de vivres.

c Cuisines.

d Logemens de soldats.

e Logemens d'officiers.

f Magasins à poudre.

g Latrines.

h Puits de citerne.

i. Bûcher.

La redoute carrée a les mêmes reliefs que la redoute bastionnée; son fossé a plus de largeur, parce que, n'ayant pas de flanquement, il faut le rendre plus capable de s'opposer à une attaque d'emblée; il est porté à 8,ᵐ oo comme dans la redoute carrée découverte. Les remblais exigent d'ailleurs ce rélargissement.

(45o.) On trouve quelquefois au milieu des vallées et sur les cols des montagnes, de petites collines arrondies, ou des rochers escarpés qui s'élèvent solitaires et dominent les environs. Il pourrait arriver qu'il fut nécessaire de les occuper, soit pour en faire un poste qui défende à lui seul le passage, soit pour lier le point dominant à quelqu'autre ouvrage construit à son pied, et en ôter la possession à l'ennemi.

Si la colline à occuper de cette manière est en pente douce et susceptible d'être battue par l'artillerie, il est clair qu'elle doit présenter partout des parapets en terre; et, comme d'ailleurs il est nécessaire de couronner la hauteur pour défendre également toutes ses approches, on donnera à la redoute la forme arrondie, soit en cercle régulier, soit en courbe allongée, suivant la forme de la colline (*). On percera des embrasures vis-à-vis les parties les plus accessibles de la pente. Dans le cas où les montagnes voisines seraient inaccessibles, ou hors de portée, les dispositions précédentes n'éprouveraient aucune difficulté, et la redoute serait découverte à la manière ordinaire. Mais si l'on a à se garantir des feux de mousqueterie qui partiraient de hauteurs rapprochées, je crois qu'on pourrait suivre à peu près les dispositions indiquées par les *figures* 1.re et 2.e (*Planche XXIX*), faites sur la même échelle que celle de la planche précédente, pour que leur comparaison soit plus facile.

Art. 5. *Redoute circulaire à batteries casematées.*

(451.) Notre redoute sera de forme régulière, tant que nous n'aurons pas de raison de l'allonger dans un sens plutôt que dans l'autre; son plan de site sera fixé de manière à proportionner, autant qu'il est possible, le déblai au remblai; et ses dimensions seront réduites autant que l'objet le comporte.

Le diamètre de la ligne magistrale circulaire est de 44 mètres; et celui de la partie intérieure, d'un point de la crête du parapet au point opposé, est seulement de 32 mètres. Le parapet avec son talus extérieur prend 6^m.oo tout autour. Ce parapet n'a que 4^m,oo d'épaisseur, parce que, par la supposition que nous avons faite, l'artillerie ne peut le battre que de bas en haut; pour la même raison, sa plongée peut être portée au quart d'inclinaison, du moins, partout où la mousqueterie doit agir, afin de balayer aussi bien que possible les pentes de la montagne et le glacis rapide qui enveloppe l'ouvrage.

L'artillerie tire sous un angle moins considérable, mais à petites

(*) En fortification permanente la forme circulaire peut être adoptée, surtout lorsque les localités la réclament. En fortification de campagne on la rejète à cause des difficultés d'exécution.

charges, de manière que, ne pouvant atteindre du coup direct l'ennemi qui gravit la hauteur, elle le cherche dans les plis du terrain par les bonds multipliés de ses ricochets.

Le fossé a 8^m, oo de largeur et 8^m, oo de hauteur d'escarpe. Il est défendu par une galerie crénelée, qui règne derrière le revêtement d'escarpe, tout autour de l'ouvrage.

Une tour centrale, de 12 mètres de diamètre extérieur, sert de réduit défensif et d'abri pour les troupes.

Trois pièces placées dans trois casemates (*), et tirant par des embrasures très-évasées qui permettent de les pointer dans des directions variées, battent la campagne environnante ; ces pièces doivent être montées sur des affuts de place pour bien atteindre leur objet.

Le reste de l'ouvrage est à découvert ; mais les fusillers, placés autour du parapet, sont tellement garantis, soit par le parapet lui-même qui a 3 mètres de hauteur, soit par les batteries casematées, et par le réduit défensif, qu'ils ont peu à craindre les coups plongeans des tirailleurs ennemis. C'est pour les garantir encore plus de ce danger, que j'ai cru devoir munir la tour de quatre ailes, en façon de parados. Ce moyen qui ne vaudrait rien si le canon pouvait plonger dans l'ouvrage, est, je pense, très-admissible dans la circonstance actuelle. Les ailes de la tour sont percées de portes basses pour la circulation.

La cuisine est placée du côté de la porte, vers lequel il n'y a pas de batterie casematée ; elle est terrassée et peut servir de petit parapet dans une attaque dirigée contre le pont-levis.

Les eaux de pluie, qui tombent sur le réduit, sont reçues dans une citerne, et servent aux besoins de la garnison.

(*) Les casemates que j'indique ici sont un peu différentes de celles du numéro [425]; elles sont plus économiques en ce qu'elles ne se prolongent pas jusque sur l'escarpe ; leurs piédroits sont à découvert, mais cela est ici d'un faible inconvénient, parcequ'on ne les battra probablement qu'avec des pièces de campagne. L'artillerie a plus de liberté et découvre un champ plus vaste.

Les latrines sont en dehors de l'escarpe, et des petits chemins de rondes y conduisent.

Le réduit est, comme les batteries, couvert de quelques pieds de terre. Il est à deux étages dont le premier, conjointement avec la galerie d'escarpe, qui est assez large pour cela, sert au logement de la troupe; et dont le second est destiné aux magasins de vivres et de munitions. Un escalier tournant, construit au centre du réduit, conduit d'un étage à l'autre; et une galerie inclinée mène du réduit dans la galerie d'escarpe.

Une pareille redoute circulaire peut contenir jusqu'à une centaine d'hommes.

(452.) Nous avons supposé une colline en pente assez douce pour que la mousqueterie puisse, jusqu'à un certain point, en défendre les approches; mais si cette colline est escarpée, il faudra en suivre les sinuosités par une muraille crénelée, toutes les fois qu'un parapet ordinaire ne procurera pas une défense suffisante. On taillera le rocher partout où il se montrera accessible; on pratiquera dans le roc des couloirs en façon de machicoulis, pour rouler de grosses pierres sur les assaillans au moment où ils se disposent à l'assaut; quelques faces retirées, quelques légers flanquemens, si on peut se les procurer, seront dans cette circonstance d'un merveilleux secours.

Du côté où l'on a à craindre l'artillerie, on se couvrira de parapets ordinaires. Des parados en terre, en maçonnerie ou en charpente, mettront à l'abri des coups plongeans ou de revers; et sur les parties du fort les plus exposées à ce genre de danger, on construira des galeries couvertes, des casemates, etc. Dans l'intérieur, seront des bâtimens pour logemens et magasins; et le tout ensemble formera un ouvrage irrégulier, en partie couvert et en partie à ciel ouvert, sans forme assignable, dont l'enceinte extérieure suivra partout les sinuosités du rocher.

(453.) Mais un pareil fort exige de la place, et il pourrait cependant arriver qu'il fut nécessaire d'occuper la pointe d'un rocher assez étroit pour ne pas permettre d'autre construction que celle d'une simple tour crénelée. On pourra alors la construire de la manière indiquée par les *figures* 3.ᵉ, 4.ᵉ et 5.ᵉ, pourvu toutefois que le rocher soit assez élevé pour n'avoir pas beaucoup à craindre les feux d'artillerie.

Art. 6. Tour crénelée.

On arrasera le rocher jusqu'à ce qu'il présente, à sa partie supérieure, une aire assez grande pour qu'on y puisse tracer un cercle de 8 mètres de rayon, qui est la dimension de la tour.

Cette tour est à deux étages recouverts d'une voûte annulaire; le premier est pour le logement d'une quarantaine d'hommes; le second est pour les vivres et les munitions, qu'on dispose dans des coffres sous l'escalier et autour du pilier, en laissant un corridor qui donne la facilité de faire usage des grands machicoulis, au moyen desquels on pourra défendre le pied de la tour.

Au-dessous du second plancher est un magasin pour les liquides et les viandes salées, ainsi qu'une citerne dans laquelle les eaux de pluie viennent se rendre par un tuyau pratiqué dans le milieu du pilier.

Des créneaux à grande plongée, percés dans le contour de la chambre supérieure, donnent le moyen d'atteindre l'ennemi à peu de distance de la tour, aussi bien que dans la campagne à la grande portée des armes. Le lit de camp sert de banquette. Des cheminées, de distance en distance, donnent issue à la fumée au moment de l'action.

La cuisine est également dans l'étage supérieur, adossée au pilier, en face de la porte d'entrée. L'escalier qui descend d'un étage à l'autre, tourne autour du même pilier. Les latrines sont en saillie du bâtiment, à l'opposé de la porte d'entrée.

Il me reste à dire que l'on monte à la tour crénelée par un escalier extérieur construit, partie dans le rocher, partie en maçonnerie. Il est séparé de la tour par un espace de trois à quatre mètres sur lequel manœuvre le tablier d'un pont-levis. Ce moyen de communication avec l'extérieur, usité en Italie, m'a paru être celui qui compromet le moins la sûreté du petit fort, sans être trop incommode.

L'échelle des *figures* 3.ᵉ, 4.ᵉ et 5.ᵉ, qui se rapportent à la tour crénelée et machicoulisée, est assez grande pour indiquer les dimensions des différentes parties.

En remplaçant le plancher, qui sépare les deux étages, par une voûte, on pourra placer dans la tour des canons montés sur affuts marins. Et, si les embrasures sont exposées à l'artillerie ennemie, n'oublions pas de les revêtir d'une pierre tendre, telle que la brique ou le tuf, pour rendre les éclats moins dangereux. La tour étant armée d'artillerie et ayant à répondre à de l'artillerie, il faut faire ses murailles plus épaisses que nous ne les avons supposées, et leur donner au moins deux mètres.

Certainement la tour crénelée ne tiendrait pas long-temps contre une attaque en forme d'artillerie, à bonne distance, aussi ne doit-on la construire que sur des sommités où les coups de cette arme ont moins d'effet. Cependant la destruction de pareils bâtimens est plus difficile qu'on ne pense, quand le canon ne peut les approcher qu'à trois ou quatre cents mètres; et cette difficulté tient à la forme arrondie des murailles. « J'ai quelquefois vu tirer, dit le maréchal de « Saxe, des deux ou trois jours entiers, avec des batteries de vingt « pièces de gros calibre, contre de méchantes tours carrées et vides, « avant d'en pouvoir venir à bout; et cela, de quatre cents pas de « distance. » Otons ce qu'il peut y avoir d'exagéré dans cette assertion, toujours résultera-t-il de l'exemple cité, que des tours élevées et arrondies, pourront braver quelque temps l'artillerie qu'on a coutume de conduire en pays de montagnes.

Art. 7. *Tour Martello.*

(454.) On pourrait aussi construire, dans la même circonstance, une tour pareille à celles que les Anglais appellent *Tours martello*, et que M. Dupin décrit dans la première partie de ses voyages en Angleterre.

Les plus petites de ces tours, celles qui conviendraient à notre objet, ont un diamètre extérieur de 10 mètres environ. Elles ont deux étages voûtés, *figure* 1.re et 2.e (*Planche XXX*); le supérieur est pour le logement de la troupe; l'autre, partagé en plusieurs compartimens, est destiné aux magasins pour les munitions de guerre et de bouche. Une petite citerne est placée plus bas encore que ce second étage.

Au-dessus de la voûte supérieure, assez forte pour porter un gros canon, est une terrasse entourée d'un parapet en maçonnerie de briques, avec une petite banquette d'un demi-mètre de largeur. Le chassis de la pièce unique placée sur la plate-forme tourne sur un pivot central par une de ses extrémités, pendant que l'autre, portée par des roulettes qui se meuvent sur la banquette, peut se présenter à tous les points de l'horizon, de manière à battre l'ennemi dans quelque direction qu'il se présente.

L'étage inférieur n'a point d'ouvertures; il est aëré par des ventouses tournantes, pratiquées verticalement dans l'épaisseur des murailles. L'étage supérieur a une porte d'entrée, et des meurtrières servant de fenêtres. Le premier a 3^m, oo de hauteur, sous clef, le second a 4^m, oo.

Le seuil de la porte est élevé de trois ou quatre mètres au-dessus du roc sur lequel la tour est construite; mieux serait de le placer encore plus haut, en escarpant convenablement le rocher au-dessous de la porte. On monte à cette porte par une échelle. La communication de l'étage supérieur à l'inférieur se fait par une trappe, avec une échelle ou un petit escalier de bois. Une pareille ouverture faite au-dessus de la porte conduit, également par le moyen d'une échelle, sur la plate-forme supérieure.

Un foyer et une cheminée servent à chauffer l'étage supérieur et à la préparation des alimens.

L'épaisseur des murailles est de 2^m, 00; mais si la tour a plus à craindre le canon d'un côté que de l'autre, on diminue l'épaisseur du côté le moins exposé pour l'augmenter de l'autre, ensorte que le contour extérieur n'est plus circulaire mais elliptique.

Les figures 1.re et 2.e qui représentent la tour martello sont faites à la même échelle que les figures 3.e, 4.e et 5.e, de la planche précédente, qui se rapportent à la tour machicoulisée. On peut ainsi faire aisément la comparaison de ces deux espèces de tours.

On voit, par exemple, que l'espace intérieur, dans la tour martello, est si petit qu'on ne peut guère y construire un lit de camp, et qu'on n'a pas d'autre ressource que de faire coucher dans des hamacs les vingt à vingt-cinq hommes qu'on peut renfermer dans cette tour. Les latrines ne peuvent se placer que dans l'épaisseur de la maçonnerie, comme la cheminée, soit dans l'embrasure même de la porte, soit dans l'étage inférieur.

Un coffre construit tout autour servira, en même temps, de banquette pour faire feu par les créneaux, et de réduit pour les effets militaires de la garnison, et quelques munitions de bouche.

Art. 8. *Blockhaus.*

(455.) On peut enfin se contenter de construire un simple blockhaus rectangulaire, ou en forme de croix grecque, et de dimensions variables ssuivant les localités. Il consistera en une petite muraille crénelée, *figure* 3.e de 0^m, 80 d'épaisseur et de 2^m, 50 de hauteur, précédée d'un parapet de 1^m, 00 d'épaisseur, et recouverte d'un blindage qui peut ne se faire qu'au moment du besoin et très-lestement, tout étant préparé pour le recevoir. La distance entre les deux murs de face est de 7^m, oo; on la partage en deux, par une troisième muraille, percée d'arceaux, et n'ayant que o^m, 5o d'épaisseur. Cette dernière est nécessaire pour empêcher les sommiers de plier sous le poids des terres dont le blindage sera recouvert.

Les sommiers seront placés de trois en trois mètres; ils auront o^m, 3o d'équarrissage. Les poutrelles mises en travers, tant plein que vide, auront o^m, 15, sur o^m, 20; leur grande face sera placée dans le sens vertical. Des plateaux recouvriront les poutrelles, et par dessus, on mettra o^m, 5o de terre, pour se garantir autant que possible de l'incendie; on fait cette couche plus épaisse quand on veut se garantir de la bombe, mais ce n'est pas ici le cas. Un comble ordinaire préserve le tout des infiltrations des eaux, et rend la caserne habitable.

Un petit fossé de 3^m, oo de profondeur et de 4^m, oo de largeur, avec escarpe et contrescarpe soutenues par des maçonneries en pierres sèches, enveloppe le blockhaus qui, du reste, ressemble en tout à ceux qui sont décrits dans le mémorial pour les travaux de guerre; et qui ne peut être considéré comme ouvrage de fortification permanente qu'autant que ses revêtemens sont en maçonnerie.

En voilà assez pour cet objet, qui n'entre ici que pour compléter l'énumération des moyens de résistance en pays de montagnes.

§. 2. *Forts sur les flancs des montagnes.*

(456.) Ce n'est pas toujours par le fond des vallées qu'on en défend le passage. Il arrive au contraire très-souvent que la route est tracée sur une des berges, et se dirige à mi-côte; la rivière occupant le fond de la vallée qui, dans ce cas, est ordinairement encaissé. On ne peut pas alors faire mieux que d'établir le fort sur la route même, entre des rochers escarpés d'un côté et des précipices de l'autre, de façon à barrer complètement le passage. La fortification prend dans ce cas une figure particulière; le peu d'espace dont on dispose ne permet pas, ordinairement, de faire rien de régulier et de se couvrir par des parapets en terre; mais l'avantage de position qu'on a sur son adversaire qui ne peut s'approcher que par une route étroite, la faculté de lui opposer plusieurs rangs de feux, font qu'on craint moins de présenter à ses coups des maçonneries que d'ailleurs on fait épaisses et à l'épreuve des grosses pièces.

(457.) Ce sera encore par un exemple particulier que j'indiquerai ce qu'il y a à faire en pareil cas. *Voyez les figures* 4.ᵉ, 5.ᵉ *et* 6.ᵉ D'abord, on fait sauter le rocher avec la poudre, pour se procurer une esplanade de soixante à soixante-dix mètres de largeur, et d'une centaine de mètres de longueur. Dans cet espace, et du côté des précipices, on tracera sur une ligne AB, longue de 80^m,oo à 90^m,oo, une espèce de front bastionnné, de manière à avoir de petits flancs où l'on puisse mettre une pièce pour balayer les escarpemens. Les murailles sur ce front sont à l'épreuve du canon que l'ennemi pourrait monter sur les hauteurs opposées, c'est-à-dire, qu'elles ont de 2 à 3 mètres d'épaisseur; elles sont assez élevées pour défiler tout l'intérieur du fort; et elles vont chercher leur appui à de grandes profondeurs, par des talus qui leur donnent du pied et de la solidité.

La partie CD est adossée à la montagne dont le flanc, taillé à pic, est absolumeut infranchissable. Les deux fronts AC, BD, battent la route soit avec de l'artillerie placée sous les voûtes basses, soit avec de petites pièces et des fusils de rempart établis sur des fourchettes, dans les étages supérieurs. Les fossés taillés dans le roc sont flanqués, l'un par une casemate D, l'autre par une tour C; c'est parce que l'espace manque à droite, qu'on flanque le fossé par une casemate taillée dans le rocher, et non par un petit bastion ou par une tour, comme sur la gauche. Les casernes E ont leurs murs extérieurs assez épais pour résister au canon, du moins jusqu'à une certaine hauteur; elles sont couvertes par des voûtes à l'épreuve de la bombe, si la position comporte une attaque où les mortiers puissent être employés. Le magasin à poudre F est en entier dans le roc.

La manœuvre des ponts-levis se fera par le moyen de sinusoïdes construites sous de grandes voûtes, contre l'ouverture desquelles le tablier se relèvera, et qu'on fermera du côté de l'intérieur, soit par une forte barrière, soit par une herse qui puisse encore arrêter l'ennemi quand il aurait rompu le pont. Une tour, tenant à la caserne, et ayant vue sur les mêmes points, sera pourvue de deux petites pièces chargées à mitraille pour battre l'intérieur des voûtes. Cette même tour fera fonction de traverse pour arrêter les boulets qui pourraient pénétrer par une des portes.

A droite et à gauche des portes, sont des pièces du plus gros calibre, mises en batterie sous casemates, derrière des parapets en terre, quand l'espace le permet, ou seulement placées à des embrasures en maçonnerie, quand il n'est pas possible de faire autrement : notre exemple présente ces deux dispositions. Quatre embrasures percées sur le front AB, revêtues comme les autres en pierre tendre, donnent le moyen de disputer à l'ennemi son établissement sur le côté opposé de la vallée. Les murailles de ce front sont terminées par un plan incliné, soigneusement mastiqué, pour que l'eau ne s'infiltre pas dans la maçonnerie. On fait de même à toutes les murailles qui ne sont pas couvertes par un toit, et qui peuvent recevoir les eaux de pluie.

Pour augmenter la difficulté des approches, on peut pratiquer, au travers de la route, des coupures G de 10 à 12 mètres de largeur, et de 6 à 8 de profondeur, dans les endroits où les rochers, par leurs formes abruptes, empêchent de tourner l'obstacle.

On construit des batteries ordinaires H partout où les flancs de la montagne présentent, dans le voisinage du fort, des plate-formes élevées favorables à un pareil établissement. De simples murailles crénelées, couronnant les crêtes, défendent ces batteries contre toute attaque par la gorge ; il n'est pas nécessaire de leur donner une grande épaisseur, car elles ne sont là que pour faire acte de présence. Cependant il faut les redoubler partout où se trouve l'artillerie, parce que l'ennemi ne manquera pas de les battre en brèche, vers ces endroits, pour faire taire les canons élevés dont il est très-maltraité. C'est ainsi que les parties attenantes aux batteries H, servant de traverses, et que le bastion I, offrent des murs à l'épreuve. Les petits flancs de la muraille crénelée sont armés d'une pièce, pour tirer à mitraille contre les pentes, et défendre les approches des batteries. Le bastion I terrassé, s'il est possible, sera en tout cas armé de deux grosses pièces qui font le salut du fort, par le grand commandement qu'elles conservent sur les établissemens de la côte opposée. On communique aux batteries supérieures par un sentier taillé en gradins dans le rocher.

Enfin, s'il est nécessaire d'occuper quelque point culminant, on y construit une redoute machicoulisée K, telle à peu près que nous l'avons décrite ci-desus.

(458.) Ce que je viens de dire, doit suffire pour indiquer dans quel esprit il faut disposer les ressources défensives pour un fort sur le flanc d'une montagne escarpée. Je n'y ajouterai donc rien. Je ne parlerai pas non plus des dispositions à faire sur la pente latérale d'une montagne accessible ; je laisse aux jeunes militaires ce problème à résoudre, et je termine ce chapitre, qui pourrait faire à lui seul un volume, si l'on voulait détailler le grand nombre de cas que peuvent présenter les localités si variées des pays de montagnes.

Ne perdons pas de vue que tout ce qui précède n'a été donné que comme exemples. Il y a quelque chose de plus à faire pour fortifier une position en pays de montagnes, que de prendre un modèle et de l'adapter, bien ou mal, à toutes les localités : il faut se laisser conduire par le terrain ; il faut modifier ses méthodes suivant les occurrences ; il faut, en un mot, plier la fortification aux accidens locaux, et suivre la loi des convenances. 56

CHAPITRE IX.

DES SYSTÈMES A RETRANCHEMENS INTÉRIEURS, EXÉCUTÉS EN FRANCE ET EN HOLLANDE.

(459.) JE croyais pouvoir me dispenser de donner la description du système de Coëhorn et des derniers systèmes de Vauban., parce qu'ils sont en dehors de ce que j'ai appelé les *systèmes simples*, dont j'avais pris pour tâche de faire connaître l'enchaînement. Les systèmes dont les retranchemens intérieurs font partie essentielle et constituante, sont si bien décrits dans plusieurs auteurs de fortification, qu'il me semblait inutile de grossir mon livre d'un simple extrait. Cependant, pour rendre mon travail plus complet, et pour donner une idée des *systèmes composés*, à ceux qui n'auraient pas d'autre traité entre les mains, je me suis déterminé à mettre ici la description succincte de ceux de ces systèmes qui ont été exécutés dans quelques forteresses de France et de Hollande. Je ne dis rien du grand nombre de ceux qui se trouvent dans les livres, et qui n'ont pas reçu d'exécution.

Ce chapitre, extrait en entier de l'excellent ouvrage de Bousmard, offre d'ailleurs une espèce de récapitulation des principes établis dans le commencement de cet ouvrage qui pourra servir à les rappeler, si les objets intermédiaires les avaient fait perdre de vue.

§. 1.er *Système de Coëhorn.*

(460.) Le célèbre Ingénieur hollandais, Coëhorn, a fait ses fronts plus grands que ses prédécesseurs; il a multiplié les flancs, les réduits et les chicanes; il a donné à ses chemins-couverts une très-grande largeur.

Les principes sur lesquels est fondé le système de Coëhorn, qui du reste ne convient absolument qu'à un terrain plat et aquatique, comme l'est celui de la Hollande, sont : 1.º de rétrécir, le plus possible, le terrain sur lequel l'ennemi doit établir ses contre-batteries. 2.º D'enfoncer le sol de ses chemins-couverts et de ses fossés secs, presque au niveau des eaux, de manière à ce qu'on ne puisse pas creuser sans la rencontrer, et qu'il faille apporter de loin la terre pour se couvrir dans ces endroits. 3.º De donner le plus d'espace possible, de procurer le plus de commodités aux défenseurs pour leurs manœuvres. 4.º Enfin, d'employer peu de maçonneries pour rendre la fortification moins coûteuse.

(461.) La place de Coëhorn, qu'on suppose construite sur un terrain partout élevé de 1^m, 30 au-dessus des eaux, est entourée de fossés secs et de fossés pleins d'eau. Ces derniers, qui sont très-larges, permettent de ne pas donner de revêtemens en maçonnerie, aux ouvrages qu'ils enveloppent. Cela rend la brèche très-difficile à faire; mais aussi il en résulte, pour ces ouvrages, une faiblesse effrayante, lorsque en hiver leurs fossés sont gelés.

Toutefois, pour empêcher la prise de vive force, la dernière enceinte est revêtue sur tout son développement, et forme un retranchement intérieur continu; et les demi-lunes ont aussi leurs réduits avec escarpes en maçonnerie, mais toutes ces escarpes sont basses, et il est assez facile d'y planter les échelles.

(462.) Les fossés secs, par lesquels Coëhorn sépare les ouvrages en terre des ouvrages revêtus, et auxquels il a donné une grande largeur, lui procurent la facilité de se soustraire aux bombes de l'assiégeant, et lui ménagent un grand front pour combattre avec avantage un ennemi qui ne peut y parvenir qu'en défilant sur un pont étroit.

Dans la supposition où l'ennemi pénétrerait dans les fossés secs, malgré la résistance qu'il doit éprouver, la retraite des défenseurs est protégée par des caponnières couvertes, par des batteries casematées qui enfilent le fossé, et par des palissades, derrière lesquelles ils peuvent se retirer au moyen de nombreuses barrières. Des galeries crénelées, construites à la gorge des ouvrages non revêtus, prennent encore à dos l'ennemi qui ose les franchir.

(463.) Le grand fossé du corps de place est défendu par trois flancs disposés en étages, dont l'un est entièrement couvert, et le second l'est en partie, par un orillon ou plutôt une grosse tour détachée du bastion capital et au même niveau que lui. Pour empêcher que ce triple rang d'artillerie ne soit vu du dehors, il le couvre par une contregarde en terre très-étroite, élevée en avant du bastion opposé. Cette contregarde n'a que l'épaisseur nécessaire à un parapet muni d'une double banquette, ce qui ôte à l'ennemi toute possibilité d'y établir des batteries de brèche.

Tracé.

(464.) Entrons maintenant dans les détails du tracé qui se fait exclusivement sur l'hexagone.

Le côté intérieur **AB** (*Planche XXXI*), est de 3oo mètres; l'auteur prolonge les rayons du polygone de la moitié de cette quantité, c'est-à-dire de 15o mètres, et il a les angles flanqués **C** et **D**. Il fait la demi-gorge **BE** égale à la moitié de la capitale **BC**; joignant ensuite le point **E** avec le point **D**, il a la ligne de défense **DE**. Pour tracer le flanc, il décrit du point **D**, comme centre, l'arc **EF** compris entre les deux lignes de défense; la corde de cet arc donne la direction du flanc.

La face **GH** du bastion capital est de 46 mètres en arrière de la ligne **FC**, et lui est parallèle. Le flanc **HI** est aussi parallèle au flanc **FE**; il est à 3o mètres de distance de crête à crête, et il se termine à la brisure de la courtine. L'angle d'épaule du bastion capital se trouve, de cette manière, à la rencontre de la face de l'orillon prolongée, avec celle du bastion. Il est donc plus simple de ne tracer le bastion capital qu'après l'orillon.

La grandeur de ce front, dont le côté extérieur est de 450 mètres, fait qu'on ne peut pas armer les flancs de mousqueterie, car son feu n'atteindrait pas le saillant du bastion opposé. Pour se procurer l'avantage de ce feu, Coëhorn donne à sa tenaille des flancs KL perpendiculaires aux faces qu'ils ont à défendre, et à 280 mètres des saillans ; c'est-à-dire que DK est égal à 280 mètres. La courtine de cette tenaille est brisée suivant les lignes de défense.

Le grand fossé plein d'eau a, au saillant du bastion, 43 mètres de largeur. Sa contrescarpe vient joindre l'angle d'épaule de l'orillon, dont nous indiquerons tout-à-l'heure la construction.

(465.) Pour tracer la demi-lune, l'auteur prend les deux demi-gorges MN et MO, chacune égale à 110 mètres, et il trace les faces NP, OP, de manière à ce qu'elles comprennent en P un angle de 70.° Les faces de la demi-lune capitale QS et QR, sont parallèles aux premières, et à la distance de 46 mètres ; ensorte que le fossé sec de cet ouvrage, compris entre le parapet en terre et le parapet revêtu, a la même largeur que celui du corps de place.

Le fossé plein d'eau de la demi-lune a partout 36 mètres de largeur, et celui des contregardes des bastions n'en a que 28. Ces contregardes n'ont pas plus de 18 mètres d'épaisseur à la surface de l'eau.

(466.) Le chemin-couvert est parallèle à la contrescarpe et a 24 mètres de largeur. Les places-d'armes rentrantes ont leurs faces perpendiculaires aux branches du chemin-couvert, et leurs demi-gorges TU sont de 50 mètres.

Une grosse traverse ferme, de chaque côté, la place-d'armes, et il n'y en a pas d'autres dans tout le chemin-couvert. Par là, il paraît que Coëhorn comptait qu'on ne pourrait point employer le ricochet dans l'attaque de son système, et que ses forteresses seraient toujours entourées d'eau ; car autrement il eût pris plus de soin pour se garantir de l'enfilade, et il eût fait ses places plus grandes et moins régulières, au lieu de les construire toujours sur l'hexagone; il se fût en un mot rapproché davantage des principes de Vauban.

Orillon.

(467.) Voici le tracé de l'orillon : Par l'angle d'épaule A, *fig.* 1.re (*Planche XXXII*), on élève sur la face du bastion une perpendiculaire AB de 38 mètres de longueur; à l'extrémité de cette ligne on élève une autre perpendiculaire BC, à laquelle on donne 8 mètres. On prolonge la face du bastion d'une quantité AD, égale à 17 mètres; ensuite, d'un point E comme centre, pris à 11 mètres du point B, et avec la distance ED pour rayon, on décrit un arc de 60°. On joint enfin l'extrémité F de cet arc avec le point C, et l'orillon est tracé.

Coëhorn donne 8 mètres d'épaisseur aux parapets extérieurs AD, DF, et 6 mètres seulement au parapet AB qui, moins exposé que les autres au canon du dehors, n'a d'autre usage que de balayer le fossé sec du bastion, quand l'ennemi y est entré.

L'orillon est séparé du bastion par un fossé plein d'eau de 12 mètres de largeur, flanqué de deux ou trois petites pièces qu'on place derrière une muraille BG, de 8 mètres de longueur et d'un mètre d'épaisseur. Un autre mur, à angle droit sur le premier, percé de deux portes et de deux embrasures, achève de fermer l'ouverture que laissent entr'eux l'orillon et le bastion capital. Les deux portes donnent entrée sur deux ponts, dont l'un communique avec le fossé sec, en avant de la palissade, et l'autre assure la retraite à ceux qui se trouvent derrière. Cette palissade est établie à 6 mètres de distance, parallèlement à la face du bastion, et elle est interrompue par de nombreuses portes ou barrières qui facilitent la retraite et les retours offensifs.

Pour mettre l'orillon en état de résister long-temps au tir en brèche, l'auteur a employé les revêtemens en décharge sur les parties extérieures FD et DA. Il prolonge même ces revêtemens sur une partie AI de la face du bastion, afin d'assurer le pied de l'orillon; et le même revêtement s'élevant dans cette partie jusqu'à la plongée du parapet, l'ennemi ne peut pas trouver de couvert derrière le talus extérieur du parapet où, sans cette précaution, il serait en toute sûreté, vu le grand relief de l'orillon.

Communications.

(468.) On communique de l'intérieur de la place dans le flanc bas du bastion, au moyen d'une poterne qui passe sous la brisure de la courtine, et delà, un escalier conduit sur l'orillon.

Le terre-plein du flanc bas est défendu par quatre petites pièces placées sous la brisure de la courtine, dans une casemate que traverse la poterne de communication.

On va dans la tenaille par une poterne qui traverse le milieu de la courtine; et de là, on communique avec le grand fossé par des poternes percées sous les faces de la tenaille, près de l'orillon. Ces dernières poternes sont assez larges pour que les bateaux y puissent passer. Un fossé de 12 à 15 mètres de largeur, sépare la tenaille du flanc bas du bastion, et sert de hâvre pour les bateaux, en même temps qu'il rend plus difficile une surprise par le flanc bas.

Reliefs.

(469.) La crête du chemin-couvert a 3 mètres de relief au dessus des eaux, et son terre-plein va en pente jusqu'au fossé où il se termine à 0^m, 20 au-dessus de leur niveau.

Le relief de la demi-lune basse, pris aussi de la surface de l'eau, est de 4^8, 60, sur une longueur de 48 mètres; il est à son saillant de 5^m, 60, afin que, par cet exhaussement, le fossé soit mieux défilé;

précaution que Coëhorn a également prise pour le bastion. Et comme à l'extrémité des branches de la demi-lune il y a une galerie crénélée à feux de revers, il donne 5^m, 20 de hauteur au parapet, afin que cette galerie soit couverte. Le fossé de la demi-lune, ainsi que celui du bastion, n'est qu'à o^m, 20 au-dessus des eaux.

La demi-lune capitale, revêtue jusqu'à une hauteur de 4 mètres, toujours au-dessus des eaux, n'a que 6 mètres de relief total.

La crête du parapet du bastion en terre a un relief de 5^m, 3o, excepté vers le saillant où elle est, sur une longueur de 40 mètres, plus élevée d'un mètre, pour empêcher les plongées.

Le revêtement du bastion capital est de 5 mètres au-dessus du fossé sec, et le relief total de ce bastion, de la courtine et de l'orillon, est de 8^m, 6o au-dessus des eaux.

Le flanc du bastion devant tirer par dessus le flanc de la tenaille, il a fallu baisser extrêmement celui-ci; aussi Coëhorn ne lui donne-t-il que 2^m, 3o de relief. Pour empêcher que ce flanc, si peu relevé, ne soit plongé; et pour couvrir la courtine du corps de place qui n'a que 3 mètres au-dessus du fossé sec, l'auteur donne aux faces et à la courtine de la tenaille une hauteur de 4 mètres.

Ainsi, en récapitulant, on a pour les reliefs des différens ouvrages, au-dessus du niveau des eaux, le tableau suivant.

Chemin-couvert..........................	3^m,oo
Demi-lune basse.......................	4, 6o et 5,6o.
Demi-lune capitale....................	6, oo.
Contregarde...........................	5, 3o.
Bastion bas...........................	5, 3o et 6,3o.
Bastion capital.......................	8, 6o.
Tenaille..............................	2, 3o et 4,oo.

D'où il résulte que le troisième flanc a un commandement de 5^m, 3o sur le second, et celui-ci un commandement de 3 mètres sur le premier; ce qui suffit pour établir la simultanéité des feux.

Puisque le terrain sur lequel la fortification est établie est lui-même élevé de 1^m, 30 au-dessus des eaux, N.° (461), il s'en suit que le corps de place domine la campagne environnante de 7^m, 30. C'est à peu près le commandement adopté par Vauban.

Détails et Chicanes.

(470.) Le rempart du bastion en terre n'ayant en tout que 14^m, 00 d'épaisseur, et son parapet devant être à l'épreuve, il ne reste guère que 3^m, 00 pour le terre-plein, y compris la banquette; en sorte que le bastion bas n'est susceptible que des feux de mousqueterie. Il en est de même pour la demi-lune; les ouvrages revêtus reçoivent seuls de l'artillerie. L'auteur propose de rélargir le terre-plein par des échafaudages construits au moment du besoin. Ce terre-plein est soutenu du côté de la place par une galerie crénelée, qui a dans le fossé sec de nombreux débouchés, et dont l'objet est de prendre à dos l'assaillant, lorsque, par une attaque brusquée, il arriverait dans le fossé. De fortes portes, établies de distance en distance dans la galerie que nous représentons en *ab* dans le bastion de gauche, fournissent les moyens de la défendre pied à pied. Cette galerie se prolonge jusqu'au-dessous de l'orillon, où elle forme une casemate en retour, dans laquelle on peut placer six petites pièces pour balayer le fossé.

(471.) Toutes les portes de la galerie étant supposées fermées, il faut que les défenseurs y puissent entrer par quelque route sûre; c'est ce qui a engagé Coëhorn à établir une communication au saillant du bastion, entre cette galerie et une autre qu'il pratique derrière l'escarpe du bastion capital, et qu'il fait déboucher en *c* dans le flanc bas. Le sol de la communication en capitale est établi à 1^m, 30 au-dessous des eaux, afin de pouvoir l'inonder et le rendre impraticable à l'ennemi, et afin que sa saillie dans le fossé ne soit pas un obstacle aux manœuvres qu'on y peut faire. Cette galerie recouverte de madriers et de 0^m, 50 de terre, s'élève assez pour que ses créneaux puissent raser de leurs feux le fond du fossé ; son relief total au-dessus de ce fossé est d'un mètre environ. On monte sur le terre-plein du bastion bas par de petits escaliers adossés à la galerie de contrescarpe.

(472.) La demi-lune basse a également une galerie crénelée sous sa banquette, vers le saillant, et l'on y communique par une poterne en capitale, partant de la demi-lune revêtue et s'enfonçant aussi, dans le fossé, au-dessous du niveau des eaux, pour qu'on puisse l'inonder à volonté. Le fossé sec de la demi-lune, défendu par les feux du corps de place, l'est encore par des espèces de coffres, ou caponnières recouvertes X, qui le traversent à une dizaine de mètres de son extrémité. Ces coffres, construits en petits murs de briques, crénelés du côté du saillant de la demi-lune, percés de deux portes du côté de la place, supportent une couverture de poutrelles, de madriers et de terre, ayant à peu près un mètre d'épaisseur, et pouvant servir de parapet, au moyen d'une banquette établie derrière le coffre.

(473.) Les coffres X sont séparés du fossé sec par un petit fossé plein d'eau de 12 mètres de largeur ; et ils sont flanqués par une galerie crénelée, construite sous le relèvement du parapet de la demi-lune basse. Cette dernière galerie a deux portes en arrière des coffres, et deux portes de sortie en avant de leurs fossés. Un pont, établi sur le fossé de la caponnière, sert de communication entre le coffre et la partie du fossé sec située derrière la palissade. Une poterne, construite sous le parapet de la demi-lune capitale, conduit de celle-ci dans le fossé sec, derrière le coffre X dans lequel deux portes donnent entrée.

(474.) La demi-lune n'a de rempart pour recevoir du canon, que sur la moitié de ses faces, vers le saillant ; le reste est fait en simples banquettes pour fusillers. A sa gorge est un hâvre demi-circulaire Y, en avant duquel est construit un petit retranchement Z, en forme de bastion, précédé d'une palissade, derrière laquelle est une banquette pour faire le coup de fusil. Ce retranchement, qui a 5 mètres de hauteur totale, est parfaitement couvert par la demi-lune; il est construit en petits murs de briques crénelés qui supportent, conjointement avec un pilier élevé dans le milieu, une couverture de poutrelles, de madriers et de terre. On peut monter sur cette espèce de toit au moyen d'un petit escalier, et de là faire feu, à l'abri d'un parapet en briques de o^m, 5o d'épaisseur. C'est un véritable blokhaus.

Une seconde palissade, joignant les angles d'épaule du petit réduit, et renfermant les débouchés des deux poternes qui conduisent dans la demi-lune basse, protége la retraite.

(475.) Les places-d'armes du chemin-couvert ont aussi des réduits ξ, qui ne sont autre chose qu'un mur crénelé, précédé d'une palissade. Enfin, pour retarder autant que possible la destruction de ces réduits, que le moindre coup de canon pourrait renverser, l'auteur construit, sous le glacis de la place-d'armes, une petite casemate φ dont les créneaux à fleur du glacis réunissent leurs feux à ceux du chemin-couvert, contre l'établissement de la troisième parallèle et des dernières batteries. Cette galerie est également construite en briques, et recouverte de madriers et de terre.

Discussion du système.

(476.) Ce système qui jouit de grands avantages défensifs, par la difficulté qu'éprouve l'assiégeant à ouvrir les ouvrages en terre qui couvrent les ouvrages en maçonnerie, et par la facilité qu'a l'assiégé d'y repousser les assauts, vu la grandeur des terre-pleins, a encore l'avantage de l'économie résultant du peu de maçonneries qui entrent dans la construction du front.

Coëhorn nous a donc enseigné que, lorsqu'on a des fossés pleins d'eau, en avant d'un ouvrage dont la capacité intérieure est assez grande pour permettre de les bien défendre, on peut se dispenser

de leur donner une escarpe revêtue. La condition d'un large terre-
plein est alors d'autant plus nécessaire, qu'en hiver l'eau des fossés
peut se geler et donner accès à l'ennemi qui se logerait facilement
sur le talus extérieur du parapet, lorsqu'un terre-plein trop étroit
et des communications trop difficiles, ne permettraient pas aux secours d'arriver à propos, ni de déployer des forces suffisantes pour
repousser une attaque de vive force. L'escarpe revêtue est dans ce cas
absolument nécessaire.

(477.) Le système de Coëhorn a cependant d'assez grand défauts.
D'abord on ne peut pas le plier au terrain, et il ne convient uniquement qu'à un terrain plat et aquatique : sous ce point de vue, il est
très inférieur au système de Vauban; mais aussi l'auteur l'avait appro-
prié au sol de la Hollande, et il ne prétendait pas qu'on pût l'appliquer
ailleurs. Les contregardes, trop étroites pour être bien défendues,
empiétent sur la demi-lune et diminuent sa saillie, au point qu'à
peine une pièce de l'ouvrage capital peut défendre le glacis du chemin-couvert de la contregarde. Les réduits, les coffres, les galeries,
dont les murs sont très-minces, par économie, ne sont pas à l'épreuve,
je ne dirai pas de la bombe, mais même du boulet tiré à ricochet.
Les galeries en capitale seront inondées et rendues impraticables au
moindre ébranlement produit par la chute et l'explosion de quelque
bombe dans le voisinage. Enfin, les orillons étant la seule défense
des fossés secs des bastions, ne seront plus qu'une masse nuisible,
quand on aura ruiné leurs casemates par du canon qui se sera fait
jour à travers le parapet de la face basse du bastion et celui de la
contregarde. Le massif de l'orillon, ainsi paralysé et empêchant les
flancs du bastion voisin de découvrir le fossé, servira de couvert à
l'ennemi.

(478.) Coëhorn a corrigé la plupart de ces défauts dans son second système qui n'a pas eu d'exécution, et que nous nous dispen-
serons, par conséquent, de décrire en détail. Nous nous contenterons
de dire que, dans ce système, les fossés des bastions se réunissent,

ensorte qu'il règne, tout autour du corps de place, un espace assez grand pour que la cavalerie puisse manœuvrer; excellent moyen de repousser l'ennemi qui ne peut déboucher que sur une colonne très-étroite. Nous dirons encore que les contregardes, beaucoup plus larges que dans le premier système, se réunissent aux parties basses des demi-lunes, et forment avec elles une seconde enceinte continue, très-commode pour les manœuvres, et très-propre à une forte résistance. Qu'enfin la demi-lune capitale est remplacée par un ravelin en terre, tenant à la partie basse du corps de place, et séparé de la demi-lune par le grand fossé plein d'eau qui règne tout autour de la place.

Attaque.

(479.) Pour attaquer le premier système de Coëhorn, il faudra, après avoir établi la première parallèle, diriger les cheminemens sur trois demi-lunes et deux bastions. Le peu de saillie des demi-lunes permet cette manière d'attaquer, et laisse à l'assiégeant l'avantage de pouvoir pénétrer dans la place par deux bastions à la fois. On ricochera, si l'on peut et si les inondations le permettent, les ouvrages capitaux et les chemins-couverts par deux pièces, et les ouvrages en terre par une seulement. On dirigera des mortiers sur les galeries, sur les réduits et sur les coffres, ensorte que toutes ces chicanes, tous ces petits moyens de défense, seront immanquablement détruits.

Le couronnement du chemin-couvert de la demi-lune et des deux bastions du front d'attaque étant achevé, jusques et compris les places-d'armes, on fera jouer les batteries de brèche, qui ne seront d'abord armées que de gros obusiers, pour faire sauter les parapets des enveloppes en terre; et qui le seront ensuite de gros canon pour faire brèche aux ouvrages revêtus.

Les branches intérieures des deux contregardes (celles qui joignent la demi-lune d'attaque), seront laissées intactes : 1.° parce qu'elles serviront 'de couvert contre les feux des bastions ; 2.° parce qu'elles laissent entr'elles et la demi-lune, une ouverture assez grande pour renverser une partie de la face du bastion, et qu'il n'est pas nécessaire de les entamer pour atteindre ce but. Les branches extérieures des mêmes contregardes seront, s'il se peut, renversées en entier, afin de faire une large ouverture sur la face correspondante du bastion, et détruire la casemate de l'orillon que cette face doit couvrir. De plus, cette branche de la contregarde étant abattue, elle met à découvert les trois flancs du bastion opposé, et permet de les contre-battre et de les renverser.

Telle est, à peu près et en peu de mots, la marche qu'il faudra suivre pour s'emparer d'une place fortifiée suivant le système de Coëhorn. En détaillant, jour par jour, les opérations que l'assiégeant devrait faire, et formant ce qu'on appelle le journal d'attaque, on trouverait 28 jours pour la durée de la défense, sauf les actions de vigueur et la contestation des postes extérieurs, qui peuvent la prolonger beaucoup.

§. 2. *Deuxième et troisième systèmes du maréchal de Vauban.*

Art. 1.er *Second système.*

(480.) Vauban, sur la fin de sa carrière, imagina un second système, dans lequel il chercha à corriger les principaux défauts de la fortification de son temps. Ce système, représenté par la *fig. 2.*, (*Planche XXXII*), a une demi-lune A plus grande que dans le premier système, dont les faces prolongées recouvrent celles des bastions d'une vingtaine de mètres; ce qui donne à cet ouvrage une grande capacité, et fournit le moyen de construire dans son intérieur un retranchement solide.

La tenaille B a un terre-plein plus vaste que dans le premier système.

Les bastions sont séparés du corps de place par un fossé de 15 mètres de largeur, de manière que le corps de place lui-même forme, en arrière, un retranchement continu; et c'est la principale correction du premier système.

(481.) En arrière des bastions C qui, par le fait, ne sont plus que des contregardes, Vauban construit, en maçonnerie, de petits bastions, ou tours voûtées à l'épreuve, capables de recevoir sur leurs flancs deux pièces de canon, et d'en loger autant dans les casemates inférieures. Ces tours, n'ayant que 8 mètres de demi-gorge et 12 mètres de flanc, sont d'une très-petite capacité; c'est pourquoi l'auteur a fait leurs parapets en briques, et seulement d'un mètre d'épaisseur. On communique des souterrains des tours bastionnées aux parties basses des contregardes, au moyen de petits ponts en bois établis contre les flancs. Une large poterne, traversant la courtine et la tenaille, conduit aux ouvrages extérieurs. Du fossé, on peut monter le canon sur la tenaille, au moyen de deux grandes rampes; puis deux ponts établis sur les ailes de cet ouvrage, et deux poternes percées sous les flancs des contregardes, permettent d'arriver facilement sur le terre-plein, et de passer de là sur le rempart des contregardes, à la faveur de bonnes rampes en terre construites sur les faces, le long du talus du rempart.

(482.) Par cette disposition, Vauban s'est réservé dans les casemates des tours bastionnées, et même sur leurs terre-pleins, du canon intact jusqu'à la fin du siége. Ces tours, servant de retranche-chemens intérieurs, permettront aux défenseurs de soutenir plusieurs assauts sur les contregardes, si toutefois la largeur de leurs remparts permet les manœuvres nécessaires. Quand l'ennemi s'en sera emparé, il sera battu de près et de haut en bas, par la courtine du corps de place et par les tours casematées qui, par le peu de largeur de leurs fossés, donnent la facilité d'inonder de grenades, le terre-plein des contregardes.

Attaque et discussion du système.

(483.) Pour s'emparer de la place, l'ennemi devra, après s'être établi sur les contregardes et avoir fait brèche à la courtine par les trouées des fossés de la tenaille, hisser du canon pour ruiner les tours. Il essayera de masquer leurs embrasures, en chargeant un puissant fourneau pour lancer sur elles les débris de la contrescarpe. Si, pendant la durée du siége, l'ennemi a eu l'attention de jeter sur les tours une grande quantité de grosses bombes, il trouvera une partie de sa besogne déjà faite, et ses derniers travaux seront moins périlleux.

(484) On voit, d'après cela, que les défauts qu'on peut reprocher au second système de **Vauban**, sont : de laisser apercevoir l'escarpe du corps de place par les trouées des fossés de la tenaille, de telle sorte que l'ennemi, de son établissement dans la place-d'armes rentrante, bat en brèche la dernière enceinte, en même temps qu'il fait son passage de fossé. Il résulte de là le grand inconvénient pour l'assiégé, de diviser son attention pour la porter à la fois sur les différentes brèches; il court le risque d'être assailli en même temps, et par les brèches du corps de place, et par celles des contregardes, dans le moment où les défenseurs de ces ouvrages, opérant leur retraite, les tours sont forcées au silence.

Dès les premiers coups de canon, les ponts de communication de la contregarde avec la tenaille sont rompus, et il ne reste plus de retraite que par les petits ponts de bois qui conduisent aux souterrains des tours, ponts que les bombes ont sans doute endommagés et sur lesquels il est dangereux de passer en foule. On peut donc prévoir que la contregarde ne sera que faiblement défendue, comme le sont ordinairement les ouvrages étroits et extérieurs.

Les tours, par leur petitesse, ne peuvent fournir qu'une faible résistance; leurs maçonneries sont facilement détruites, et leurs éclats deviennent funestes aux défenseurs. Leur relief ne peut être

que tout au plus égal à celui des contregardes, sans quoi elles seraient battues et ruinées de loin par le canon. Or, tout ouvrage en
arrière doit avoir un commandement sur ceux qui le précèdent,
afin qu'on n'y soit pas plongé.

(485,) Si Vauban, au lieu de donner des flancs à sa demi-lune,
l'eût faite comme Cormontaingne, de manière à couvrir les fossés
de la tenaille; s'il eût ménagé à ses contregardes un vaste terre-plein
qui permît les manœuvres; s'il eût terrassé ses tours, et les eût faites
et plus hautes, et plus grandes, avec des moyens de communication
plus sûrs; il eût, je crois, même en renonçant aux casemates dont
la construction est si dispendieuse, et l'efficacité contestée, fait un
ouvrage plus digne de lui, et capable d'une bien plus grande résistance.

(486.) En supposant que l'ennemi n'attaque pas simultanément
toutes les brèches, et en accordant aux réduits toute la valeur
qu'on leur suppose, le journal d'attaque donne trente et un jours
pour la durée de la défense. C'est cinq jours de plus que pour le
système de Cormontaingne, quand il est dépourvu de retranchemens
intérieurs; et trois de plus que celui de Coëhorn.

Art. 2. *Troisième système.*

(487.) Vauban, ayant reconnu que les flancs de ses tours ne
donnaient pas des feux suffisans pour défendre les brèches faites à
la dernière enceinte, a, dans un troisième système qui se voit au
Neuf-Brisach, bastioné sa courtine, afin de se procurer deux
petits flancs *ab*, *cd*, *figure* 3.ᵉ, capables de recevoir deux pièces
comme ceux des tours, et ayant aussi des casemates à leur partie
inférieure. Mais ces nouveaux flancs, se trouvant dans les prolongemens des flancs **AB**, **CD** des contregardes, sont vus du dehors
par les trouées des fossés de la tenaille, et sont ruinés par le canon
de brèche; leurs casemates sont alors obstruées par les débris de la

courtine. En sorte que ce système, à moins qu'on ne retire les flancs *ab* et *cd* un peu en arrière, n'est pas capable d'une résistance plus grande que l'autre, quoique sa dépense soit plus forte.

A ces petites modifications, à ces demi-moyens, on ne reconnaît pas la méthode de Vauban; le grand homme approchait du terme de sa carrière, et son génie semblait s'être assoupi.... Mais respectons la mémoire d'un héros philantrope, qui sera éternellement cité comme un modèle, aux jeunes officiers qui ne craignent pas de le suivre dans une route qu'il a parcourue avec tant d'éclat : ses ouvrages seront toujours un objet d'admiration pour les Ingénieurs de tous les pays; et la France s'énorgueillira long-temps d'avoir compté au nombre de ses enfans un tel citoyen.

CHAPITRE X.

DE LA DÉFENSE DES PLACES.

(488.) CE serait m'écarter du but que je me suis proposé que d'entrer dans beaucoup de détails sur la défense des places fortes ; je veux seulement tracer à grands traits le tableau d'un siége soutenu par une forteresse, qui serait pourvue de tout ce qui peut en accroître la résistance, et mise en harmonie avec la manière actuelle de faire la guerre. Ce que je dirai sera indépendant du tracé des ouvrages, et par conséquent applicable à toute place forte. Ce complément, renfermant tous les principes de défense épars dans les chapitres précédens, ne sera pas sans quelqu'utilité.

§. 1. *Préparatifs.*

(489.) Dès qu'une place se trouve menacée par l'ennemi, elle est mise en état de siége; c'est-à-dire que tout est soumis à l'autorité militaire, jusqu'à ce que le danger soit passé, et que le gouverneur, ou commandant de place, est proclamé le chef supérieur, qui connaît de tout ce qui a rapport au civil, et au nom duquel se rendent les actes de l'administration. Il est dès-lors le premier magistrat, comme il doit être le premier soldat de son armée.

(490.) Le commandant n'aura pas attendu le dernier moment pour faire connaître au gouvernement quels sont ses besoins en tout genre, pour défendre convenablement le poste qui lui est confié. De-

300

puis long-temps il a dressé des états circonstanciés des objets indispensables à l'armement, à la nourriture et à la santé des troupes; il
voit déjà dans ses magasins une partie de ce qu'il a demandé; son
hôpital est abondamment pourvu; sa garnison est presque au complet; il est sans inquiétude, l'armée qui s'approche, et qui est char-
gée de couvrir la place, complétera le nombre des défenseurs (*), et
facilitera l'arrivée des derniers convois.

Il fait entrer dans la place tout ce qu'il peut acheter de bestiaux,
de grains et de légumes dans les villages environnans; il donne
l'ordre aux habitans de s'approvisionner pour plusieurs mois; il se
débarrasse, autant qu'il le peut, des bouches inutiles; il renvoye les
gens sans aveu; enfin, il met à profit tout ce que la contrée peut
lui offrir en bois, paille et fourrage.

(491.) Les ouvriers sont en activité, les uns dans les arsenaux,
les autres à la forêt; les canons sont mis sur les affuts; on approvisionne les batteries. Des charrettes à la file couvrent les routes,
chargées de fascines, de gabions et de bois de construction, qu'elles
viennent déposer dans les places désignées, pour y former de vastes
dépôts. Et, dans ce mouvement général, l'ordre est partout observé;
le chef qui, déjà, a su inspirer la confiance par son activité et ses
mesures administratives, aussi bien que par ses talens guerriers,
préside à tout, vérifie tout; il donne l'exemple, et chacun s'empresse
de le seconder.

(492.) Mais les soins du gouverneur ne se bornent pas là: la
tâche qui lui est imposée est bien autrement difficile à remplir. Il
arrête, avec les chefs du génie et de l'artillerie, le système de défense
extérieure; il fixe l'emplacement des principales batteries; il pro-
nonce la destruction de tel bâtiment, de tel village même dont l'oc-
cupation serait trop favorable à l'ennemi. Mais, dans cette dure
nécessité, il prend des mesures efficaces pour que les habitans dé-
possédés soient largement indemnisés après la guerre, et il leur as-

(*) Voyez la note 5.ᵉ

sure un domicile; il épargne tout ce qui ne compromet point la sûreté de la place, en s'efforçant d'embrasser dans son système de défense, les faubourgs, et même les villages les plus favorablement situés; il les organise en camps retranchés, et du moins, si les campagnes ont à souffrir, les maisons restent sur pied, pour le plus grand nombre, et les désastres inséparables d'une longue défense sont ensuite plus facilement réparés. Que l'ennemi, dans sa fureur, renverse tout, brûle tout; cela peut se comprendre, laissons lui tout l'odieux de semblables mesures; pour nous, soldats de l'Etat, chargés de protéger nos concitoyens, montrons-nous avares de destructions; ne soyons prodigues que de notre sang et de nos peines; mais aussi, gardons-nous de céder aux sollicitations individuelles, lorsque la patrie en danger demande un sacrifice; et soyons d'autant plus fermes dans l'exécution d'une mesure, que nous aurons été plus circonspects à l'adopter.

(493.) Le commandant fait recouper et recharger les parapets, percer les embrasures, élever des traverses sur toutes les faces ricochables des ouvrages; il fait armer de palissades les chemins-couverts, ou du moins, toutes les parties saillantes et insultables; il pourvoit à ce que les magasins qui ne sont pas à l'épreuve soient recouverts d'un fort blindage; il a la même attention pour les puits et les citernes; s'il n'y a pas de moulins bien abrités dans la ville, il fait construire des moulins à bras et à manége, dans les endroits les plus favorables. Les portes des communications souterraines sont mises en état. Les rampes en bois, les échafaudages des traverses, et les ponts de chevalets pour les fossés pleins d'eau, sont préparés pour n'avoir plus qu'à les placer au moment du besoin.

Les habitans ont reçu l'invitation de disposer les caves de leurs maisons, de manière à n'avoir rien à craindre des bombes de l'assiégeant; on leur a enseigné à couvrir ces réduits, de poutres recroisées, de fagots et de terre, ou de fumier; ces moyens de préservation tranquillisent les citoyens et leur donnent de la confiance.

(494.) **Toutes mesures prises, on se prépare à faire son devoir,** et à soutenir l'honneur national, par une défense poussée à l'extrême. Sans doute les malheureux habitans auront beaucoup à souffrir; mais les sacrifices qu'on va leur imposer ne leur coûteront point, s'il y a dans la nation de l'esprit public, et si la perte de l'indépendance y est regardée comme le plus grand des malheurs.

Ce serait faire un bien faux calcul que de consentir à une capitulation prématurée, pour éviter les maux que la guerre traîne à sa suite, et dont la vue est si déchirante pour celui en qui tout sentiment d'humanité n'est pas éteint. En agissant ainsi, on ne ferait que rejeter sur d'autres le fardeau dont on voudrait se décharger; ce serait perdre de vue le principal but des forteresses, qui est d'affaiblir l'ennemi et de le retenir long-temps sur le même terrain; ce serait augmenter le nombre des victimes, en donnant à l'ennemi les moyens de porter plus loin ses ravages. A un mal très-grand succéderait un mal plus grand encore; l'embrasement s'étendrait et deviendrait si considérable, qu'il n'y aurait plus de secours à espérer pour ceux qui en auraient été les victimes; quand, au contraire, il se réduit à quelques points, les indemnités nationales, honorablement méritées, viennent réparer les maux de la guerre, et les villes renaissent de leurs cendres plus belles et plus glorieuses qu'auparavant.

Chez les peuples fortement constitués, le sentiment du devoir et l'amour du bien public, font taire, dans ces grandes circonstances, l'intérêt particulier, et portent les hommes aux actions héroïques. Là, tous les citoyens savent s'imposer des sacrifices; ils ne calculent point, dans le danger, si les charges sont exactement partagées, ni si les uns auront plus à souffrir que les autres; chacun, ferme à son poste, se fait un honneur d'arrêter l'ennemi au péril de la vie. Mais le généreux dévouement des peuples valeureux ne reste pas sans récompense; il les garantit de ces grandes catastrophes, de ces invasions, triste partage des nations sans vertu, où le vil égoïsme réfroidit tous les cœurs, et où les bras énervés ne savent plus se. lever que pour recevoir des chaînes. Dans les grandes transactions politiques, on traite les premiers avec égard, même après les avoir vaincus; les autres sont immolés aux moindres intérêts des parties contractantes. Revenons à notre sujet.

§. 2. *Défense extérieure.*

(495.) L'ennemi est annoncé : sa présence ne produit point l'effet de la tête de Méduse sur un homme de cœur, tel que doit l'être le commandant d'une place de guerre ; et loin d'attendre son adversaire dans des lignes hérissées de canons, il réunit tout ce qu'il a de disponible en hommes et en chevaux, pour marcher à sa rencontre. Il brûle d'en venir aux mains ; il veut qu'un premier succès enflamme les soldats à la tête desquels le souverain l'a placé ; il veut inspirer à l'ennemi de la circonspection et de la défiance, et le forcer à une hésitation funeste dans ses opérations ultérieures. Mais, aussi prudent que courageux, le gouverneur ne se compromet point avec des forces trop supérieures ; le sang de ses soldats est trop précieux pour le prodiguer. C'est donc sur les corps isolés et aventurés qu'il se jette ; il cherche à les envelopper, pour les enlever ou les tailler en pièces ; maître d'un terrain dont tous les détours lui sont parfaitement connus, il dresse des embûches que l'ennemi ne peut guère éviter, lorsqu'il s'est partagé en un grand nombre de colonnes pour intercepter toutes les communications, et opérer l'investissement sur tous les points à la fois. Par des marches rapides, par des attaques inopinées, on tâche d'intimider l'assaillant et d'arrêter sa marche ; on se multiplie à ses yeux pour lui en imposer ; et l'on tient la campagne aussi long-temps qu'on le peut : le moment de se renfermer dans les lignes, viendra toujours assez tôt ; l'ennemi désire nous y voir, c'est une raison pour nous de ne prendre ce parti qu'à la dernière extrémité.

(496.) Cependant, l'ennemi rassemble ses masses; il a compris qu'il lui est impossible, sans trop s'affaiblir, d'envelopper de toutes parts, une place dont l'enceinte est augmentée par des ouvrages construits en avant des faubourgs. Il a choisi celui des camps extérieurs dont il veut s'emparer; ses apprêts le désignent. En conséquence, on prend des mesures pour soutenir le choc. La lutte qui déjà s'est engagée depuis quelques jours va changer de caractère; la ruse fera place à l'audace; tout s'emportera à la pointe de l'épée, et le moindre ouvrage sera pris et repris plusieurs fois; chaque pouce de terrain sera chèrement acheté.

L'ennemi est plus nombreux; il a momentanément plus de ressources; mais de son côté, le défenseur n'est pas sans avantages; il agit sur un terrain préparé d'avance; des redoutes, fraisées et armées de gros canons, appuyent ses mouvemens; chaque maison est un abri pour lui; des routes commodes lui permettent de changer rapidement ses attaques, et de se porter tantôt sur un point, tantôt sur l'autre. La forteresse, qui protége les derrières de son armée, en est l'ame de vie; c'est un vaste réduit qui lui promet un refuge, et dans lequel il sait pouvoir résister long-temps encore, quand une fois il sera contraint de s'y jeter.

Mais on est loin de ce moment, et peut-être sera-t-on délivré avant qu'il arrive : on peut tout espérer du temps. Animés par une juste cause, pleins de confiance dans un chef habile, les assiégés se montrent prêts à tout oser et à tout entreprendre.

(497.) L'ennemi forcé de s'approvisionner au loin de tous les objets nécessaires à ses entreprises, et ne trouvant plus de ressources dans un pays épuisé, demeure pendant quelques jours dans un repos qui est bien favorable aux défenseurs, en leur donnant le loisir de mettre la dernière main aux ouvrages; de préparer des inondations; d'exercer et d'aguerrir les jeunes soldats par de fréquentes escarmouches; de former les milices aux services intérieurs; et d'organiser des corps de pompiers dans tous les quartiers de la ville.

Le point d'attaque étant déterminé, on est moins scrupuleux pour détruire, de ce côté, tout ce qui gêne; la hache est portée sur les arbres qu'on avait ménagés ju*qu'à présent, mais dont l'ennemi saurait faire son profit si on les laissait sur pied. La faulx moissonne les épis encore verts, dans tout l'espace qui doit servir de théâtre aux premiers combats; mais elle respecte les champs qui sont plus en arrière, et qui promettent une dernière et précieuse ressource aux assiégés. Quelques maisons isolées qui, ne se liant point au système de défense, fournissent des couverts dangereux, sont démolies; les haies et les murailles ont le même sort; on ne laisse sur pied que celles qui gênent les mouvemens de l'ennemi, et que balayent, dans toute leur longueur, les canons des ouvrages.

(498.) Cependant, des mouvemens inaccoutumés dans les camps de l'ennemi, annoncent qu'il se dispose à l'attaque, et on ne tarde point à le voir déboucher sur plusieurs colonnes à petite distance. Les tirailleurs s'engagent aussitôt, les lignes se déploient entre les ouvrages, les masses de réserve se forment plus en arrière, et bientôt l'affaire devient générale. C'est en attaquant l'ennemi, c'est en le chargeant partout où il s'approche de trop près, que nous nous défendons; plus concentrés que lui, nous lui sommes supérieurs partout où nous pouvons le joindre; il se replie, mais les secours qui lui arrivent rétablissent bientôt l'équilibre. Nous cédons à notre tour, et le canon des redoutes foudroie l'ennemi, à l'instant où les ouvrages sont démasqués; nous nous reformons sous ce feu protecteur, et nous dirigeons nos efforts sur un autre point. Las enfin de tant de résistance, l'ennemi se retire; le canon des ouvrages le salue; il est accompagné par les troupes légères qui le harcellent jusque dans son camp.

(499.) L'épreuve qu'il vient de faire le persuade que des attaques de vive force échoueront toujours; il se résout à s'emparer méthodiquemen* de ceux des ouvrages qui l'incommodent le plus par leur position. Il élève donc des retranchemens; il construit des batteries; il ouvre quelques tranchées; mais, battu par le gros canon des re-

3o6

doutes, importuné par les fréquentes sorties qui se dirigent sur lui,
il n'avance que lentement; plusieurs fois, l'ouvrage encore imparfait, est détruit; cependant il acquiert avec le temps de la consistance, et finit par braver l'artillerie de l'assiégé. Celui-ci ne tarde
pas à souffrir de son côté; ses pièces sont démontées; ses palissades
sont brisées; les parapets de ses redoutes, labourés par les obus
et les boulets, ne lui offrent plus des abris assez sûrs. Le moment approche où il faudra abandonner définitivement les redoutes les plus
avancées. En conséquence, on construit de nouveaux ouvrages en
retirade, tout en se disposant à soutenir la nouvelle attaque dont
on est menacé.

(5oo.) Cette fois, l'assiégeant, que des fortifications ruinées et
désarmées n'arrêtent plus, force la première ligne des retranchemens; il cherche aussitôt à s'y établir solidement. Les défenseurs se
retirent en ordre, et viennent occuper la seconde ligne. Ici se renou-
vellent les scènes précédentes : même ardeur, même dévouement de
la part des soldats ; le gouverneur les électrise par son exemple ; les
traits d'héroïsme se multiplient; la plus noble émulation règne
dans toutes les troupes.

La lutte est sanglante et longtemps prolongée, sur le nouveau
champ de bataille; mais enfin, les ressources s'épuisent, les soldats
sont harassés, leur nombre est considérablement diminué, et l'impossibilité de garder plus long-temps les dehors est reconnue.

C'est alors que le gouverneur se retire dans la place, et que les
travaux ordinaires d'un siége vont commencer. Mais combien il en
a coûté à l'ennemi pour en venir là! Il compte les morts par milliers; ses ambulances sont encombrées ; son artillerie est délabrée;
il manque de munitions; l'ouverture de la tranchée est donc ajour-
née, jusqu'au moment où de nouveaux convois seront arrivés.

(5o1.) Les défenseurs, maintenant renfermés dans une place où
l'on a eu le temps de tout préparer pour un siége de longue durée,
vont disputer avec acharnement les moindres avenues de ce dernier

réduit. L'ennemi n'a pas beaucoup de choix pour les fronts d'attaque; il ne peut arriver que par la route qu'il s'est frayée; il n'y a donc aucun doute à cet égard; et déjà on a construit des retranchemens intérieurs, dans ceux des bastions menacés qui n'en étaient pas pourvus.

On arme les fronts d'attaque de toute l'artillerie qu'ils peuven recevoir, sans encombrement; on achève le palissadement; on construit des tambours en charpente, dans les places-d'armes saillantes; on nétoye les galeries de mines; on perce des rameaux, et l'on prépare les volcans qui doivent pulvériser tout l'espace sur lequel l'enuemi construira ses dernières tranchées; on établit les ponts de chevalets dans les fossés qui en ont besoin; on supplée, par des rampes de bois, à l'imperfection des escaliers de pierre. Déjà les magasins les plus rapprochés des attaques ont été vidés, et leurs approvisionnemens transportés dans les quartiers éloignés; déjà des blindages, adossés à toutes les murailles assez fortes pour leur servir d'appui, assûrent aux soldats quelque repos; les rues sont dépavées; les hôpitaux sont mis à l'épreuve de la bombe; tous les préparatifs, en un mot, sont achevés, et il ne reste plus à la garnison d'autre tâche à remplir que de combattre courageusement. Elle ne sera plus distraite ni fatiguée par des soins étrangers aux batailles, et s'il doit se faire encore quelque remuement de terre, la bourgeoisie s'en chargera, de même qu'elle a partagé jusqu'à ce jour toutes les fatigues de la troupe.

§. 3. *Siége.*

(5o2.) Depuis quelques jours on s'attend à l'ouverture de la tranchée; en conséquence, on éclaire tous les environs, pendant les deux premières heures des nuits, par des balles ardentes, que lancent les mortiers sur l'emplacement de la première parallele; en sorte que l'assiégeant ne peut point dérober ses premiers travaux. Aussitôt qu'on l'aperçoit, on dirige sur lui un feu violent de mitraille, soit avec l'artillerie de la place, soit avec les pièces légères qu'on met en batterie sur les glacis. Pendant ce temps, une grande sortie s'organise dans les chemins-couverts; le canon se tait; les troupes s'élancent sur les travailleurs qu'elles mettent en fuite; elles repoussent les grenadiers qu'on leur oppose; et, aidées de la cavalerie qui arrive de droite et de gauche, elles les forcent à une retraite précipitée. Les ouvriers, qui ont suivi les colonnes, armés de pelles et de pioches, comblent en partie la tranchée encore informe; et tous se retirent après ce premier succès, lorsque le jour paraît. Tout est à recommencer pour la nuit suivante.

(5o3.) Cette fois l'assiégeant prend mieux ses mesures; les sorties échouent, et la tranchée est assez élargie, vers le matin, pour recevoir les travailleurs de jour. Alors, on dirige sur cet ouvrage encore imparfait, et sur un même point, le plus de pièces qu'on puisse réunir; on le pulvérise par des salves nourries et réitérées. Des boulets dispercés, sont des boulets perdus; ils peuvent faire autant de mal, mais ils n'intimident pas comme ces feux convergens qui anéantissent tout ce qu'ils atteignent. C'est principalement sur les emplacemens des batteries, que se frappent ces grands coups; car, dès que l'ennemi aura pu commencer son feu, il ne tardera pas à acquérir de la supériorité.

(5o4.) La nuit suivante, l'assiégeant commence ses cheminemens en capitale : c'est la marche ordinaire. En conséquence, on construit de droite et de gauche, à la sape volante, une ligne de *contre-approche*, espèce de tranchée (*), défendue de la place, et qui, armée de canon, prendra d'enfilade les cheminemens de l'ennemi. Celui-ci s'arrêtera jusqu'à ce que son artillerie, solidement établie, force l'assiégé à abandonner sa contre-approche. En même

---

(*) Voyez la *figure* 1.re (*Planche XXXIII*).

temps que s'élèvent ces gabionades, des obusiers, amenés dans les places-d'armes saillantes, tirent à ricochet, sur les capitales, et par les bonds redoubles de leurs projectiles, mettent hors de combat un grand nombre d'hommes aux assiégeans.

Au jour, la plus vive canonnade recommence, de tous les points qui ont des vues sur les attaques; chaque batterie, se donnant un but, ne cesse de le foudroyer que lorsqu'il est anéanti.

Les contre-approches ont chassé le travailleurs des zig-zags; des batteries légères se sont portées rapidement dans la campagne, pour balayer la parallèle; et des bateaux armés se sont avancés sur l'inondation, pour prendre des revers sur les attaques, et forcer l'ennemi à rallentir sa marche et à redoubler de précautions.

(5o5.) Cependant l'assiégeant est parvenu, après beaucoup de peine, à armer ses batteries; il les démasque toutes à la fois, à un signal convenu, et au bout de quelques heures il fait sentir toute sa supériorité. L'assiégé doit en ce moment retirer la plupart de ses pièces, et ne laisser sur les remparts que celles qui se trouvent immédiatement abritées par les traverses. Ces mouvemens d'artillerie sont faciles, si les rampes sont commodes, et si l'on n'a porté dans les ouvrages extérieurs que des pièces mobiles et d'un petit calibre; toutes celles qui sont montées sur des affuts de place, sont établies, pour n'en plus bouger, sur les courtines, sur les cavaliers et dans les retranchemens intérieurs.

Le reste du corps de place est armé de pièces de siége, qui donnent moins de prise à l'ennemi, et qui, sans être très-mobiles, sont cependant maniables, et peuvent se transporter d'un point à l'autre; elles tirent à embrasures, mais leurs plate-formes élevées (*) font que les ouvertures ne sont pas très-grandes, et que

---

(*) *Figure* 2.ᵉ La plate-forme est à 2 mètres au-dessous de la crête, et à un mètre au-dessus du terre-plein. Il y a cependant un inconvénient bien reconnu à cette manière de faire usage du canon: les pièces, tirant à embrasures, ne peuvent pas changer de direction; enles terre-pleins ne sont pas découverts, sans que pour cela les canonniers se trouvent plus exposés que dans les batteries ordinaires.

Autant qu'on le peut, on fait usage du tir à ricochet dans les ouvrages extérieurs, soit pour économiser la poudre, soit pour tirer sans embrasures par dessus les parapets, dans toutes les directions, en plaçant les pièces dans le milieu des terre-pleins, où elles se trouvent moins exposées que partout ailleurs. Les obusiers sont les pièces dont on se sert de préférence pour ce genre de service, parce que leurs projectiles creux, par leurs ricochets et par leurs éclats, sont plus propres que les boulets à atteindre l'ennemi dans ses tranchées.

(5o6.) Pour contrarier l'établissement de la seconde parallèle, on organise une grande sortie, semblable à la première; mais, dès que l'assiégeant est parvenu à s'établir, on renonce à ces grands moyens, et on les remplace par de petits détachemens, qui, se jetant inopinément sur les travailleurs, les mettent en fuite, et se retirent dès qu'ils éprouvent quelque résistance.

Après chaque alerte, l'ennemi a beaucoup de peine à rassembler son monde, et les travaux d'attaque sont considérablement retardés.

(5o7.) Ce jeu ne peut cependant pas toujours durer; car l'assiégeant fait chaque jour des progrès, quoique sa marche soit très-mesurée; et, finalement, il serre la place de si près, par sa troi-

---

sorte qu'il est assez facile à l'ennemi d'éviter leurs coups. Mais, en faisant les plate-formes horizontales, et, en évasant les embrasures un peu plus qu'on n'a coutume de le faire, on pourra obtenir des tirs obliques, et donner du champ à chaque pièce. L'embrasure, telle que nous la faisons, ne découvre pas l'intérieur du terre-plein, ensorte qu'il est permis de sortir de son tracé ordinaire, et de lui donner une ouverture plus grande à l'extérieur. Quant au recul, il est facile d'imaginer un moyen de l'arrêter, qui supplée à la contrepente ordinaire de la plate-forme. Au reste, il est si nécessaire de conserver à l'artillerie de la mobilité, que, lors même que MM. les officiers de cette arme pencheraient à croire que les changemens proposés ne sont pas admissibles, il faudrait voir encore si les pièces de siége, malgré leurs inconvéniens, ne devraient pas être préférées aux pièces de place, pour la défense des bastions, réservant ces dernières, ainsi que je l'ai déjà dit, pour l'armement des courtines et des cavaliers.

sième parallèle, qu'il n'est plus possible d'agir offensivement contre
lui. Mais alors, la guerre souterraine va commencer, et l'artillerie
iqui, jusqu'à présent, a ménagé ses coups parce qu'ils étaient trop
ncertains, les redouble maintenant qu'elle tire de plus près, et qu'elle
enveloppe les têtes de sape, encore plus qu'elle n'est enveloppée elle-
même par les batteries des parallèles. Les mortiers et les pierriers
répondent à ceux de l'assiégeant; les mortiers à main couvrent de
grenades la dernière parallèle et les cheminemens sur les glacis. Les
meilleurs tireurs, placés en lieux sûrs, ajustent les sapeurs ennemis
chaque fois qu'ils se découvrent, ou que les gabionades laissent quelqu'ouverture.

(508.) L'ennemi, ne pouvant plus faire un pas sans courir le
risque d'être enseveli, est obligé de s'arrêter pour préparer des globes
de compression; il les fait jouer, et, profitant du moment, il essaye
une attaque de vive force sur le chemin-couvert, pour renverser,
s'il se peut, la galerie de contrescarpe, et paralyser ainsi les mines
défensives. Il s'élance de sa parallèle, arrive jusqu'à la crête du glacis, et chasse les défenseurs : ceux-ci ne l'ont point attendu, ils ne
combattraient qu'avec trop de désavantage dans le chemin-couvert;
ils se retirent, partie derrière le tambour construit au haut de l'escalier, dans la place-d'armes saillante (*), partie dans les places-d'armes
rentrantes, en passant derrière les traverses sur les échafaudages
construits à cet effet. Le terre-plein se trouvant ainsi déblayé, les
feux de la demi-lune et des places-d'armes, balayent le chemin-
couvert et le glacis. C'est en vain que l'ennemi, qui a franchi la
palissade dans laquelle les ricochets ont fait de nombreuses brèches (**), cherche à se maintenir; pris de face et de flanc, fusillé,
mitraillé à bout portant, il fait d'inutiles efforts, et sa perte devient
effrayante; son canon ne le protége plus, car il a du se taire pen-

---

(*) Voyez la *figure* 3.°
(**) Voyez la note 6.°

dant l'attaque, pour éviter les méprises. L'attaquant donne ainsi à l'assiégé trop d'avantages pour n'être pas bientôt contraint à se retirer, en laissant les glacis couverts de ses morts et de ses blessés.

(509.) Les assiégeans découragés ne reprennent qu'avec peine les travaux de la sape et de la mine, dont ils s'étaient déjà dégoutés par le grand nombre d'obstacles qu'ils avaient rencontrés : pendant long-temps encore les attaques font fort peu de progrès. Mais, obligés de ménager leurs munitions pour les dernières défenses, les assiégés ne font jouer qu'un petit nombre de fourneaux, et leur feu se rallentit de nouveau. L'ennemi au contraire redouble ses efforts; il reçoit des secours; il reprend courage; son feu est tous les jours plus terrible, et il devient presque impossible de tenir dans les ouvrages extérieurs. On abandonne alors le chemin-couvert, en ne laissant que quelques hommes dans les réduits de places-d'armes rentrantes, ainsi que dans la demi-lune.

(510.) L'assiégeant fait donc son couronnement de chemin-couvert; il a la précaution de ne point le prolonger au-delà des premières traverses, en sorte que le feu de ses batteries n'est point interrompu, et qu'il est impossible de remettre la moindre pièce en batterie, comme on peut le faire lorsque le couronnement s'étend davantage, et masque les feux des parallèles. L'ennemi arme ses batteries de brèche, et pendant qu'elles jouent, il travaille à la descente du fossé : sous peu il donnera l'assaut à la demi-lune.

Mais, deux fourneaux sont préparés; on y met le feu au moment où les colonnes d'attaque se présentent sur la rampe; des charges, faites à propos dans les fossés, augmentent le désordre de l'ennemi et le forcent à la retraite.

La brèche, ainsi nétoyée et rendue impraticable, laisse la liberté de retirer tout ce qu'on a sur la demi-lune; et lorsque l'assiégeant se présente de nouveau sur la brèche qu'il a aggrandie et rendue plus commode, il ne trouve plus que des monceaux de terre, sur lesquels il se hâte de construire un nid de pie pour se garantir des coups du réduit. Mais un nouveau fourneau fait sauter encore ce logement et retarde un peu la prise définitive des dehors.

(511.) Le moment critique s'approche : la brèche au corps de place est déjà faite, quand une explosion ouvre le réduit de la demi-lune et en donne l'entrée aux assiégeans. Dès-lors ils sont maîtres de toute la contrescarpe ; ils s'apprêtent à passer le grand fossé, après avoir longé celui de la demi-lune en s'avançant en zig-zag ; on ne peut plus les arrêter que par une pièce ou deux placées sur la courtine, et tirant dans des embrasures biaises, par dessus la tenaille ; celles des flancs sont retirées et ne reparaîtront qu'au moment de l'assaut. Les grenades jetées à la main sont une dernière ressource qu'il ne faut pas négliger ; elles forceront peut-être l'assiégeant à blinder son passage de fossé.

Le gouverneur, dès ce moment, n'abandonne plus le rempart ; il fait dresser sa tente dans le voisinage des attaques ; on voit sur sa table le même pain qu'aux bivouacs ; il s'impose toutes les privations qu'il exige des soldats ; il partage leurs fatigues et leurs dangers ; il encourage les canonniers ; souvent il pointe lui-même les pièces ; il anime, il vivifie tout par son ardeur et son activité.

(512.) Dès que l'assiégeant entame le passage du grand fossé, on fait quelques sorties qui, débouchant de la tenaille, se précipitent sur les travailleurs et détruisent les épaulemens. Quand elles se retirent, le canon des courtines tire de nouveau, et achève la destruction. Mais ces moyens sont bien peu de chose, en comparaison de ceux que fournissent les manœuvres d'eau, dans les places qui en sont susceptibles : on ouvre à la fois les écluses de chasse et les écluses de fuite ; le fascinage, construit avec peine, est emporté ; le pied de la brèche est nétoyé. Quand on a porté ce coup à l'assiégeant, on referme les écluses ; les eaux accumulées de nouveau, sont prêtes à détruire encore l'ouvrage de l'assiégeant, s'il ne lui donne pas plus de solidité. Celui-ci est donc obligé, après avoir rélargi la brèche et rétabli sa rampe, au moyen de nouvelles batteries, de se livrer à de nouveaux travaux lents et périlleux; il plante des pieux dans le fond du fossé; il arc-boute sa digue, qu'il fait plus large et plus haute; il la charge de lourds matériaux; il ne néglige rien pour la rendre capable de soutenir le choc et le poids des eaux. Les courans n'ont alors plus d'effet, mais l'assiégé a gagné du temps, et les pertes de l'ennemi se sont multipliées.

(513.) Cependant les soldats ne voient pas sans quelque crainte ce pont menaçant que l'eau ne peut renverser, et qui, joignant la brèche, présente une route large à un adversaire, que l'espoir d'être bientôt maître de la place rend plus redoutable. Il faut toute la tranquillité d'un chef intrépide pour les rassurer, d'un chef qui, loin de s'affliger des progrès de l'assiégeant, se réjouit plutôt de ce que nul obstacle ne le sépare plus de son adversaire, et qui, à l'exemple de Chamilly, brûle de le voir à la longueur de son épée pour lui porter des coups plus sûrs. Il fait sentir à ses soldats tout l'avantage de leur position pour la défense de la brèche, et toutes les difficultés qui attendent encore l'assiégeant; il leur peint ces difficultés comme insurmontables, et leur montre les retranchemens intérieurs encore intacts; il réchauffe leur courage en rappelant leurs premiers exploits; il exalte les sentimens généreux par ces allocations soudaines qu'inspirent les dangers de la patrie.

(514.) Le gouverneur, comptant sur son dernier réduit, se dispose à défendre avec vigueur la brèche du corps de place. Il arme les flancs des bastions latéraux de quelques pièces que couvre une bonne traverse; il a eu soin de répaissir intérieurement le parapet, de manière que la chute de l'escarpe ne l'a point complètement entraîné. Il fait allumer sur le haut de la brèche un feu que l'on tient continuellement en activité; il ordonne de charger et d'apporter les plus grosses bombes, pour les rouler sur l'assiégeant, lorsqu'il se présentera à rangs serrés. Il dispose enfin sa troupe en trois corps, sur chaque brèche : le premier, composé des hommes les plus vigoureux, couverts, s'il se peut, d'armes à l'épreuve, est destiné à défendre le haut de l'éboulement, avec de longues piques et des faulx emmanchées, aussi bien qu'avec le mousquet; les deux autres, appuyés de deux petits détachemens de cavalerie, ont pour unique tâche de charger l'ennemi en flanc, s'il parvient jusque dans le bastion. Une réserve doit se porter sur l'une ou sur l'autre brèche, suivant le besoin. Le reste des troupes est dans le retranchement intérieur pour donner appui à celles qui combattent. Tant que le feu de l'ennemi dure tous ces corps se tiennent cachés du mieux qu'ils peuvent; ils ne se rendent à leurs postes qu'au moment où l'assiégeant met fin au bombardement pour donner l'assaut; jusque là, on ne laisse pour garder la brèche, que le nombre d'hommes strictement nécessaire.

(515.) Le premier assaut est repoussé; l'ennemi ne peut pas même atteindre le haut de la brèche; il est arrêté par la fournaise, et, pendant qu'il s'efforce de disperser les tisons, il est fusillé par le haut et mitraillé par le flanc. Effrayé de ses pertes, il se retire et fait jouer son canon pour détruire le bûcher.

Le lendemain l'attaque est renouvelée; mais les flancs des bastions, armés de canons et garnis de fusillers, moissonnent des rangs entiers, et couvrent la digue de cadavres. Toutefois les assaillans s'encouragent; ils arrivent déjà au haut de la brèche. Leur colonne, toujours plus serrée, ne semble point s'affaiblir par les pertes qu'elle éprouve; les derniers poussant les premiers, la tête gagne insensiblement du terrain. C'est en ce moment qu'une pluie de grenades, partant de l'intérieur du bastion, vient jeter le désordre dans la colonne attaquante; que les bombes roulent, éclatent et foudroyent; les défenseurs profitant du moment, s'élancent sur la pente de la brèche, renversent les premiers rangs sur les derniers, et forcent l'assiégeant à la retraite.

(516.) Alors, les batteries ennemies recommencent à tirer, pour élargir les brèches, et pour détruire entièrement les flancs des bastions qui n'ont cessé de faire feu, pendant la dernière attaque. Les flancs s'écroulent; mais l'assiégé refait un parapet en arrière, qu'il

arme de gros mousquets, à défaut d'artillerie; et ces mousquets
font merveille, quand l'ennemi se présente au troisième assaut. Trois
ou quatre bons tireurs, qui se placent, tantôt sur un point, tantôt
sur l'autre, pour éluder les coups que leur adressent les contre-
batteries, font un feu continuel avec les mousquets qu'on leur fait
passer tout chargés; ils n'ont d'autre soin que de bien ajuster; l'ennemi en éprouve beaucoup de mal.

Pour cette fois, les mines qu'on avait ménagées jouent sous les pas
de l'assiégeant, l'ensevelissent sous les décombres, et forcent ceux
qui ont échappé à se retirer précipitamment, pour recommencer
encore à battre les murailles.

(517.) Cependant, le gouverneur qui croit pouvoir repousser un
quatrième assaut, en mettant à profit le peu de ressources qui lui
restent, employe ses dernières poudres à charger quelques fougasses.
Il fait planter pendant la nuit une palissade sur le haut de la brèche,
si l'ennemi n'a pas l'attention de la battre continuellement avec son
artillerie; des hérissons (*), faits avec tous les vieux bois qu'on a pu
trouver, présentent, derrière cette première barrière, une double
rangée de pointes menaçantes. L'assiégeant employera toute une
journée à renverser ces obstacles avec le canon. Mais les débris seront encore capables de l'arrêter.

(518.) Tout se dispose de part et d'autre pour le quatrième assaut, lorsque le général qui a reçu l'ordre de ne point prolonger davantage la défense, arbore un drapeau blanc, et envoye un parlementaire pour entrer en négociation. L'ennemi, trop heureux d'es-
quiver une dernière attaque, accorde ce qu'on lui demande : la
garnison sort avec les honneurs de la guerre.

Ainsi se termine glorieusement une lutte qui s'est prolongée pendant des mois entiers, et qui a exigé de la part de l'assiégeant des sacrifices immenses. Vingt fois il s'est vu sur le point de perdre le fruit

____

(*) Voyez la figure. 5.°

de ses travaux : sans les secours qu'il recevait de l'armée, il n'aurait pu venir à bout d'une entreprise où les difficultés se succédaient, et qui exigeait, de la part des soldats, une constance à l'épreuve.

(519.) Mettez dans une place de guerre, un homme dont les qualités militaires n'inspirent pas la plus grande confiance, qui soit dépourvu de cette activité, de cette ardeur électrique qui se propage du chef au moindre soldat, et rien de ce que je viens de dire n'arrivera. Vous le verrez toujours timide et dans la crainte de se compromettre ; s'en tenant à une défensive absolue ; cédant le terrain à mesure què l'ennemi s'avance ; n'essayant jamais de le reconquérir ; et croyant avoir assez fait pour la gloire de ses armes, lorsqu'il a brûlé beaucoup de poudre : il battra la chamade dès que la brèche sera faite au corps de place ; il capitulera, quand un autre ne songerait qu'à combattre. N'attendez pas de lui une défense extérieure ; dès que l'ennemi se montre il lui abandonne les faubourgs ; il ne compte que sur ses canons ; il ne voit de salut que dans ses remparts ; il ne sait pas que, pour bien se défendre, il faut attaquer, et qu'un siége ne doit être qu'une bataille de plusieurs mois de durée.

§. 4. *Sommations , Bombardement.*

(520.) Avant de commencer le siége, l'ennemi cherche quelquefois à intimider le gouverneur par une *sommation*, dans laquelle il lui fait un effrayant tableau de tous les maux auxquels la ville va s'exposer par une inutile résistance.

On ne reçoit point ces sommations prématurées ; on méprise des menaces qui, le plus souvent, décèlent la faiblesse, et, pour toute réponse, on se prépare au combat.

Quelquefois aussi, quand une brèche est faite, vous recevez un parlementaire, pour vous annoncer que la garnison sera *passée au*

fil de l'épée, si elle fait la moindre résistance, dans un ouvrage in-
ténable. C'est là une simple formule d'usage qui ne peut intimider
personne. L'assiégeant se garderait bien de commettre une pareille
barbarie, qui le couvrirait d'opprobre aux yeux des nations. A peine
agit-on ainsi contre des brigands pris les armes à la main, et qui
refusent obstinément de les poser. Une convention tacite met, en
tous lieux, les vaincus sous la sauve-garde des vainqueurs. On ne
massacre plus impitoyablement un ennemi désarmé, et, jusque dans
les combats, il existe, même chez les hommes les plus durs, une
certaine pudeur qu'ils n'osent braver, et qui met un frein à leur
férocité. C'est une conquête de notre âge sur l'antiquité.

(521.) Ainsi le gouverneur n'écoute que son devoir; il défend la
brèche à outrance; il ne capitule qu'après avoir épuisé toutes ses
munitions, et lorsqu'il ne lui reste plus de lieu où se retirer. Il sait
qu'un jour de plus peut le sauver; que l'armée peut arriver d'un moment à l'autre pour ravitailler la place, ou pour la débloquer. Il
sait enfin que les élémens et le hazard combattent souvent pour
celui qui persévère. De grandes pluies, des maladies, la mort d'un
chef, mille accidens imprévus peuvent faire lever le siége.

Quels que soient les évènemens du dehors; que l'armée manœuvre dans le voisinage, ou qu'elle soit chassée au loin, le gouverneur ne doit songer qu'à se bien défendre; toutes ses spéculations
se bornent à cela; c'est le seul moyen de conserver quelque chance
d'être délivré; c'est aussi le seul de se concilier l'estime du vainqueur.

(522.) Le *bombardement* est un moyen de s'emparer des forteresses, qui ne peut réussir que dans le cas où les habitans et la garnison étant divisés d'intérêt, celle-ci se trouve hors d'état de résister,
à la fois, à l'ennemi du dehors, et de contenir celui du dedans. C'est
au reste un moyen que réprouve l'humanité; il ne fait aucun honneur à celui qui l'employe, même lorsqu'il est couronné du succès;
et l'incendie, quand il a son plein effet, n'aboutit qu'à remplir de

ruines et de désolation, une ville dont on va s'emparer. De deux
choses l'une, ou les habitans sont vos amis, ou ils sont vos ennemis : s'ils sont vos amis, pourquoi écraser, incendier leurs maisons ;
est-ce à coups de canons que vous leur rendez l'attachement qu'ils
vous portent ; et suffit-il, pour qu'une pareille conduite soit légi-
timée, qu'elle ait hâté une capitulation ? Si les habitans sont contre
vous, votre barbarie peut les pousser au désespoir, et tout le mal
que vous aurez fait retombera sur vous. En vain, vous ferez pleuvoir sur la ville les bombes et les obus ; en vain, vous vous épuise-
rez en efforts superflus ; le parti en est pris, les citoyens font le sacrifice de leurs demeures ; ils se sont armés pour repousser vos attaques ; ils se rient de votre impuissance.

(523.) Ainsi donc un bombardement, long-temps prolongé, dé-
note à la fois, la cruauté et l'impéritie de celui qui l'ordonne (*).
Qu'en arrivant devant une petite place, faiblement pourvue, où la
population l'emporte de beaucoup sur la garnison, on essaye d'en
faire ouvrir les portes en y jetant quelques obus, ou quelques fusées
incendiaires, cela peut se faire. Mais il y a de la démence à persis-
ter et à organiser un bombardement dans les formes, lorsqu'après
quelques heures de tentatives infructueuses, les magistrats n'ont

---

(*) Darçon cite à cet égard deux exemples bien remarquables : «Les places de Willems-
« tadt et de Bréda étaient attaquées en même temps par deux généraux d'opinions différentes
« sur les moyens de résoudre les siéges ; l'un voulait tout brûler en arrivant ; l'autre voulait
« tout ménager, excepté les fortifications et le moral des défenseurs. Le premier crut jeter
« l'épouvante, en débutant par tout incendier ; cela fait, il ne lui restait plus rien à faire.
« tout le désastre possible était consommé, et les défenseurs, ne pouvant plus être affectés du
« grand mal de la peur, s'aperçurent que leurs fortifications étaint entières ; dès ce moment, ils
« méprisèrent des feux qui, ultérieurement, ne pouvaient plus être qu'impuissans.... Le second
« fit valoir en menaces le peu de moyens qu'il avait, et surtout ceux qu'il n'avait pas ; il
« supposa que les fantômes de la peur, l'imagination frappée de terreur, sur des désastres
« seulement annoncés, étaient infiniment plus puissans sur des têtes faibles que n'eussent été
« les désastres eux-mêmes, à quelqu'excès que l'on fût en état de les porter.... Enfin le pre-
« mier, qui avait tout saccagé de loin, fut obligé de lâcher prise ; et le second, qui avait
« ménagé les habitans, réussit. »

point apporté les clefs de la ville; car on va directement, à fin
contraire du but qu'on se propose. Les bourgeois, bientôt remis des
premières terreurs, secondent la garnison de tous leurs efforts; ils
prennent eux-mêmes des mesures pour arrêter les progrès de l'incendie; ils se familiarisent avec le sifflement des fusées et le vacarme des
bombes; ils apprennent à éviter leurs éclats; bientôt ils méprisent un
ennemi qui fait la guerre aux toits, de peur d'aborder les remparts, et
qui n'ose compromettre sa réputation dans des combats plus glorieux.
C'est ainsi que dans le siége de Lille en 1792, les habitans et les
enfans eux-mêmes, loin de se laisser intimider par le bombardement, s'y accoutumaient si bien, qu'ils arrêtaient l'incendie partout où il se manifestait; et qu'ils se faisaient un jeu de courir
après les boulets rouges (*). En vain le duc de Saxe-Teschen fit
pleuvoir sur la ville plus de 6,000 bombes et de 50,000 boulets
rouges; les braves Lillois résistèrent à cet orage, et forcèrent le
général ennemi à opérer honteusement sa retraite.

(524.) Si les peuples, résolus de repousser une injuste agression,
trouvent dans l'insuffisance même du bombardement, et dans ce
qu'il a d'odieux pour celui qui l'employe, quelques raisons de se
tranquilliser; ils en verront aussi dans l'exacte appréciation des résultats d'un pareil moyen, qui ne sont pas toujours ce qu'on se
figure ordinairement; et qui, en dernière analyse, se réduisent à peu
de chose, si l'on sait prendre à temps les précautions nécessaires
pour paralyser les effets des projectiles incendiaires.

Au reste, quels que soient les désastres occasionnés par le bombardement, les indemnités nationales viennent après le siége réparer tous les maux, et au bout de quelques années il ne s'y connaît plus.
Les citoyens, loin de se plaindre de ce qu'ils ont souffert pour la
cause commune, s'énorgueillissent, à juste titre, des dangers qu'ils
ont courus, et des maux qu'ils ont supportés.

(*) Voyez la note 7.e

(525.) Vauban, aussi grand par son humanité que par ses talens militaires, a eu la gloire de faire comprendre le premier, que
ce sont les remparts et non les maisons qu'il faut renverser, pour
s'emparer à coup sûr des forteresses; qu'on finit toujours par franchir
une brèche, tandis qu'on peut épuiser inutilement les munitions
et échouer, si les assiégés ne se laissent point épouvanter par le
bombardement. Heureusement, dit Bousmard, pour un succès que
quelquefois elle arrache, cette affreuse méthode du bombardement
recueille cent échecs et s'en prépare mille.

Un général prudent y pense donc à deux fois, avant d'employer un moyen barbare qui, s'il ne réussit point, imprime à sa
réputation une tache ineffaçable. Mais il est de ces *brûleurs*, qui
ne ménagent rien, et qui se font une gloire de tout réduire en
cendres; peu inquiets de savoir s'ils ne font pas par leur cruauté, plus
de tort à la cause qu'ils défendent, qu'ils ne la servent par leurs
succès. Il faut donc connaître les mesures qu'on doit prendre pour
diminuer les effets d'un bombardement.

§. 5. *Précautions contre le Bombardement.*

(526.) Ce n'est point à un incendie, déjà développé, qu'on peut
prétendre s'opposer; il serait difficile de réussir, dans un moment
où l'attention est nécessairement partagée entre la garde des remparts, la conservation des magasins d'approvisionnemens, et la sûreté
individuelle. C'est à prévenir le mal qu'il faut mettre ses soins, et
à étouffer le feu à l'instant de sa naissance, partout où il se manifeste.

Il faut d'abord que les objets les plus précieux soient répartis dans
les bâtimens blindés, ainsi que dans les caves des particuliers.

De tous les approvisionnemens, ce sont ceux de paille et de foin,
auxquels les projectiles incendiaires mettent plus facilement le feu,

et dans lesquels il est plus difficile de l'éteindre. On doit donc distribuer ces approvisionnemens en un grand nombre d'endroits, et
de préférence, sur les points les moins menacés, ou les plus voisins
de l'eau; on peut même les boteler et les tenir en plein air, par petits
tas séparés, de telle sorte, que si le feu prend à l'un, il ne se communique pas aux autres.

(527.) Les pompiers seront toujours prêts à se porter partout où
leurs secours seront nécessaires. Les dépôts d'instrumens de tou e
espèce, de seaux, d'échelles, seront multipliés dans tous les quai-
tiers, pour se trouver sous la main. Les pompes, constamment
pleines d'eau, et pourvues de tous leurs agrès, seront en permanence dans tous les quartiers qui ont le plus à souffrir. Les hommes
les moins propres au service militaire, les femmes, et même les
enfans, donneront aide aux pompiers, dans leurs diverses opérations.

On entretiendra, dans tous les appartemens, des cuves remplies
d'eau; et les maisons ne seront jamais totalement abandonnées. Des
védettes, placées dans les clochers, donneront l'alarme, et, par des
signaux convenus, indiqueront la direction du feu. C'est surtout
pour la nuit que cette dernière précaution est nécessaire, car un
instant de négligence, de la part des habitans, peut être la cause de
grands malheurs.

La surveillance étant ainsi générale, et partout également active,
il sera bien difficile à l'assiégeant d'allumer un incendie assez considérable, pour qu'il puisse être la raison valable d'une capitulation.

(528.) Aux précautions précédentes, il faut ajouter celle de dé-
paver les rues, pour que l'explosion des bombes qui s'enfoncent en
terre soit moins meurtrière. Quelques traverses, élevées sur les places
publiques, fourniront des abris contre les éclats des projectiles creux.
Il n'est pas nécessaire qu'elles soient ni bien fortes, ni bien hautes,
pour remplir cet objet; un simple bourrelet, derrière lequel on puisse

momentanément se cacher, est suffisant. Rien de plus facile que de multiplier ces sortes d'abris, partout où ils sont nécessaires.

(529.) Parmi les différentes manières de se préserver de la bombe, celle d'étançonner et de blinder en masse, les bâtimens qui en sont susceptibles, est la meilleure. Il vaut mieux préserver ainsi deux ou trois gros bâtimens, que de construire en plusieurs endroits découverts, de petits blindages pyramidaux, dont toutes les pièces s'arc-boutent, et même des blindages inclinés et appuyés contre les murailles. A dépense égale, les premiers sont capables de garantir de beaucoup plus grands espaces. Il va donc sans dire, qu'on ne construira les abris inclinés, dans les fossés de la place, qu'autant qu'il restera des bois, après avoir blindé tous les bâtimens susceptibles de l'être.

Les soldats de service se logent, du mieux qu'ils peuvent, dans les réduits, dans les poternes, dans la galerie de contrescarpe, derrière les traverses, dans les corps de garde, partout en un mot où il y a le plus de repos à espérer.

(530.) Quant aux particuliers, ils feront ce que j'ai déjà dit N.º (493); ils disposeront leurs caves, ou les étages inférieurs de leurs maisons, de manière à les garantir des bombes déjà amorties par le toit et les planchers supérieurs qu'elles ont à traverser, avant d'arriver à l'obstacle qu'on leur oppose. Pour faire ce blindage, on soutient les poutres du plancher, *figure* 5.ᵉ, par trois forts sommiers, un contre chaque muraille, et l'autre au milieu; ces sommiers reposent eux-mêmes sur des colonnes faites avec le plus gros bois qu'on puisse trouver, et dont le pied descend jusqu'au terrain solide. Le plancher, ainsi consolidé est recouvert de deux ou trois couches de fascines bien serrées, par dessus les quelles on met encore de la terre ou du fumier, en épaisseur suffisante pour arrêter la bombe, c'est-à-dire, environ un mètre.

Les fenêtres seront fortement étançonnées; et les portes, du côté où la bombe peut arriver, seront masquées par un blindage incliné, fait en poutres jointives, recouvert, s'il se peut, d'un demi-mètre de gazons, ou de fumier.

Mais la grande difficulté est de se procurer les bois nécessaires à ces diverses constructions; et, peut-être, se verra-t-on forcé de démolir les mansardes pour se les procurer. Si la maison est très-exposée, il n'y a pas à balancer, car il vaut mieux sacrifier le haut pour conserver le bas, que de tout perdre, et de n'avoir plus d'asile.

Je m'arrête ici : il me suffit d'avoir indiqué le jeu des principales pièces de la machine que nous avons étudiée. Je renvoye, pour de plus amples détails, aux excellens traités que nous avons sur la défense des places fortes.

FIN.

NOTES.

NOTE PREMIÈRE.

Sur le Cavalier au saillant de la demi-lune.

Il est facile de démontrer *à posteriori* qu'avec la hauteur de 8,^{m}oo au-dessus du parapet, ou de 10,^{m}5o au-dessus du terre-plein, la Tour ou grande bonnette, élevée sur le saillant de la demi-lune, garantit complètement du ricochet, sur une longueur de 90 mètres.

L'équation de la trajectoire dans un milieu résistant est

$$y = x \, tang \, \theta - \frac{x^2}{4} \cdot \frac{1}{h \, \cos^2 \theta} - \frac{x^3}{3 \cdot 4} \cdot \frac{A}{h \, \cos^5 \theta}, \; etc.$$

dans laquelle θ est l'angle de projection, h la hauteur due à la vitesse initiale du boulet, et A un coefficient constant dépendant de la nature du milieu. Mais dans le cas du ricochet où l'angle θ est assez petit, et pour lequel la vitesse initiale n'est pas considérable, la trajectoire diffère peu de la parabole, et son équation se réduit à

$$y = x \, tang \, \theta - \frac{x^2}{4} \cdot \frac{1}{h. \, \cos^2 \theta}$$

Supposons que les coups partent d'une distance moyenne de 4oo mètres, et que le terre-plein de la demi-lune n'ait que 2,^{m}oo de hauteur au-dessus de la campagne, quoiqu'il en ait ordinairement davantage. Il faut trouver la valeur de h telle que le projectile, lancé avec une vitesse due à cette hauteur, s'élève au-dessus du point P de 12,^{m}5o, (voyez la *figure 1.re*, *Planche XXXIV*.) l'angle de projection étant supposé au maximum pour le ricochet, c'est-à-dire de 8.°

On a pour cette détermination, après avoir introduit le rayon des tables R, dans l'équation de la parabole, et mis au lieu de x et de y, les coordonnées du point M, savoir :

$AP = x = 400$, $PM = y = 12,50$. On a , dis-je,

$$12,50 = 400 \cdot \frac{tang\, 8°}{R} - \frac{16\,00\,00}{4 \cdot h} \cdot \frac{R^2}{cos^2 8°}$$

Les tables donnent $\frac{tang\, 8°}{R} = 0,14$ et $\frac{R^2}{cos^2 8°} = 1,02$; faisant les substitutions on trouve

$$h = 938,^m 00.$$

La vitesse initiale, relative à cette hauteur, se tire de l'équation $u = \sqrt{2\,g\,h}$, dans laquelle $g = 9,^m 809$ pour la seconde sexagésimale ; elle est de $135,^m 60$.

Mettons dans l'équation de la parabole , la valeur trouvée pour h, et nous aurons

$$y = 0,14 \cdot x - \frac{x^2}{4 \cdot 938} \cdot 1,02 \qquad \text{ou en réduisant}$$

$$y = 0,14 \cdot x - 0,00027 \cdot x^2$$

Cherchons maintenant la valeur de QN en mettant 490 au lieu de x dans cette équation, et prenant la valeur de y ; on trouve $QN = 5,^m 77$.

Or, à la distance de quatre-vingt dix mètres du saillant, le terre-plein de la demi-lune ne s'élève que d'un mètre au-dessus de l'horizontale AX ; donc en ce point, le boulet passe à $2,^m 77$ au-dessus du terre-plein , donc on s'y trouve parfaitement garanti.

Si l'on m'objecte que la courbe n'est pas une parabole, comme je l'ai supposé ; je répondrai qu'elle en diffère peu , et qu'avec la quantité $2,^m 77$ trouvée ci-dessus, j'ai de la marge, de manière à ne pas craindre que le boulet , dans le cas unique où il rase précisément la crête du cavalier, s'abaisse d'un mètre de plus que je n'ai calculé ; car il restera encore $1,^m 77$ entre la route qu'il parcourrait ainsi et le terre-plein, quantité suffisante pour qu'un homme de taille ordinaire , ne soit pas atteint.

NOTE SECONDE.

Sur la Sinusoïde de Bélidor.

Soient $\begin{cases} 2\,P & \text{le poids du tablier} \\ Q & \text{celui du contre-poids.} \end{cases}$ (*Figure* 2.e)

On aura pour déterminer le poids Q capable de tenir le tablier en équilibre, la proportion $\qquad Q : 2\,P = AB : AD$

d'où $\qquad Q = \dfrac{2\,P}{\sqrt{2}}$

Mais lorsque le tablier prend une position A C′ différente de A C , l'équilibre est rompu , parce que le bras de levier de la puissance devient AB′ plus petit que A B , tandis qu'au contraire A D′, levier du contre-poids , devient plus grand que A D.

Si l'on veut conserver l'équilibre dans la nouvelle position , la première idée qui se présente est de chercher l'angle *u* que fait le plan incliné VX avec l'horizontale XN, plan dirigé sous un angle tel que le poids Q , reposant sur lui , fasse équilibre au poids du tablier. On a pour cette détermination

$$Q.\ sin\ u = P.\ sin\ \tfrac{1}{2}\ y$$

Pour une autre position du tablier , le contre-poids devrait rouler sur un autre plan incliné V′X , qu'on déterminerait de la même manière. Ensorte que pour avoir l'équilibre, dans toutes les positions du tablier, il faudrait que le plan incliné, tournant autour de la charnière X , prit toutes les positions, depuis la verticale YX jusqu'a l'horizontale XN.

La difficulté d'exécuter un pareil mouvement, a fait chercher un autre moyen d'établir un équilibre permanent. Bélidor s'est appuyé sur le principe de mécanique suivant : « Deux poids en équilibre , au moyen d'un levier , y restent » constamment , si, le levier venant à se mouvoir , les espaces verticaux qu'ils » parcourent leur sont réciproquement proportionnels. »

Mais la hauteur dont le centre de gravité du tablier s'est élevé est O B′, on déterminera donc la quantité XY dont le poids Q doit descendre , pour qu'il y ait encore équilibre, par la proportion.

$$Q : 2P = OB' : XY$$

et si l'on fait $AC = 2\,a$, on aura $OB' = a \cdot sin\ \alpha$, et par conséquent

$$XY = a \sqrt{2} \cdot sin\ \alpha.$$

Ayant ainsi le point Y , on élève la perpendiculaire YV à la verticale YX : et du point X comme centre , avec la quantité dont la chaîne XC s'est raccourcie, on décrit un arc de cercle dont l'intersection V , avec la ligne VY, donne la position convenable du contre-poids.

En répétant cette opération un certain nombre de fois , on décrira la *Sinusoïde* XVU , qui doit son nom à l'expression $a\sqrt{2} \cdot sin\ \alpha$.

Lorsqu'on en vient à l'application , il y a quelque chose à rabattre de la précision mathématique , et on doit faire la part des frottemens qui sont assez considérables. J'ai cependant vu la sinusoïde exécutée, et remplissant assez bien son objet.

NOTE TROISIÈME.

Sur la détermination de l'épaisseur des Revétemens qui supportent des parapets.

Soit BN (*fig.* 3.°) la ligne suivant laquelle se fait la rupture des terres, quand la muraille se rompt par le pied et glisse sur sa base, comme cela arrive quelquefois. La ligne BN ne doit pas être confondue avec celle qui indique le talus naturel des terres, laquelle est représentée par BR dans la figure. Les terres ne prennent cette dernière pente, qu'après le renversement de la muraille. La ligne BN, qu'on appelle *ligne de plus grande poussée*, est telle, que le solide qu'elle sépare a la plus grande action contre la muraille, en ayant égard au frottement, qui est plus considérable sur le plan BR que sur un autre BN de plus grande inclinaison. C'est en vertu de cette augmentation du frottement qu'il y a lieu à maximum.

Au solide irrégulier que forme le parapet, je substitue le prisme qui a pour base le triangle BMN, à peu près équivalent à la portion du profil que retranche la ligne BN. Le triangle est rectangle en M; le côté MN est horizontal, et passe par la banquette; l'autre côté MB est vertical, et passe par l'angle intérieur C du profil de la muraille.

Tous les solides qu'on a à considérer étant prismatiques et de même hauteur, sont entr'eux comme leurs bases, ou, ce qui est la même chose, comme les profils contenus dans la figure. On peut donc faire abstraction de la troisième dimension, pour ne s'occuper que des profils, ce qui revient, au reste, à donner aux solides une épaisseur égale à l'unité de longueur.

Quand les terres se rompent pour renverser la muraille qui les soutient, elles n'ont plus d'adhésion, ainsi on ne doit considérer que leur pesanteur et le frottement qu'elles éprouvent sur le plan de rupture. Il n'en est pas de même pour les maçonneries, la cohésion s'unit à la pesanteur pour résister; mais la force de cohésion est très-difficile à apprécier; elle augmente avec le temps; en sorte que si une muraille résiste quand elle est nouvellement faite, on peut compter sur sa solidité.

Pour ne pas trop accorder à cette cause de résistance, nous supposerons que, dans tous les cas, elle n'agisse que sur une largeur de surface égale à la largeur cherchée mC du profil, dans sa partie supérieure. La ligne de rupture est toujours plus grande que mC ; mais d'un autre côté il reste ordinairement, après le renversement, quelques parties de la muraille sur les fondemens, lesquelles ne devraient par conséquent pas entrer pour leur poids dans les moyens de résistance. Cependant nous calculerons le poids de la muraille d'après son profil tout entier, soit pour faciliter la recherche, soit par l'impossibilité de déterminer la portion des maçonneries qui restera sur pied. Nous établissons ainsi une espèce de compensation, et, dans ces sortes de choses, il est bien difficile d'arriver à une exactitude plus rigoureuse.

Appelons x la ligne cherchée mC.

$$\text{soient} \begin{cases} \text{BC} = h \\ \text{BM} = h' \\ \text{CD} = y \end{cases} \text{on aura} \begin{cases} \text{MN} = \dfrac{h'}{h}\, y \\ \text{BD} = \sqrt{h^2 + y^2} \end{cases}$$

soient encore π la pesanteur spécifique des terres.

Π la pesanteur spécifique des maçonneries.

γ l'adhésion des maçonneries sur l'unité de surface.

f le frottement dans les terres, mesuré par la tangente de l'angle RBE qui est l'angle naturel des terres.

La surface du *triangle de poussée* BMN est $\dfrac{h'^2\,y}{2\,h}$; son poids est $\dfrac{\pi\,h'^2\,y}{2\,h}$. C'est là, la puissance qui tend à renverser la muraille, et qui agit à la hauteur $\dfrac{h'}{3}$, nous la nommerons Q, et nous apppellerons P la force de résistance. En décomposant alors ces deux forces, chacune en deux autres, l'une parallèle et l'autre perpendiculaire à BD, on aura :

$$\text{Composantes de P} \begin{cases} \dfrac{\text{P}\,h}{\sqrt{h^2 + y^2}} \text{ perpendiculaire.} \\[2mm] \dfrac{\text{P}\,y}{\sqrt{h^2 + y^2}} \text{ parallèle.} \end{cases}$$

$$\text{Composantes de Q} \begin{cases} \dfrac{\text{Q}\,v}{\sqrt{h^2 + y^2}} \text{ perpendiculaire.} \\[2mm] \dfrac{\text{Q}\,h}{\sqrt{h^2 + y^2}} \text{ parallèle.} \end{cases}$$

42

La force de résistance due à la cohésion de la maçonnerie, sera d'après ce que nous avons dit γx ; et à la hauteur $\frac{h'}{3}$ elle se réduit à $\frac{3 \gamma x}{h'}$. C'est une force horizontale qui aura aussi ses deux composantes, savoir:

$$\text{Composantes de } \frac{3 \gamma x}{h'}\begin{cases} \dfrac{3 \gamma x \cdot h}{h' \sqrt{h^2 + y^2}} \text{ perpendiculaire à BD.} \\[2ex] \dfrac{3 \gamma x \cdot y}{h' \sqrt{h^2 + y^2}} \text{ parallèle.} \end{cases}$$

La condition d'équilibre entre ces différentes forces et le frottement est

$$Q h - P \gamma - \frac{3 \gamma x y}{h'} - f \left(Q y + P h + \frac{3 \gamma x h}{h'} \right) = 0$$

d'où l'on tire

$$P = \frac{\frac{\pi}{2} \cdot \frac{h'^2}{h} \cdot y \left(h - f y \right)}{y + f h} - \frac{3 \gamma x}{h'}$$

Pour trouver la valeur de y qui rend P un maximum, il faut différentier et égaler à zéro le coefficient différentiel $\frac{d P}{d y}$; ce qui donne

$$y = h \left(-f + \sqrt{1 + f^2} \right)$$

Mais $y = h \, tang \; \varphi$, en appelant φ l'angle CBD, donc $tang \; \varphi = - f + \sqrt{1 + f^2}$; et d'un autre côté, si l'on désigne par α l'angle CBR, que le talus naturel des terres fait avec la verticale, on a $f = cot \, \alpha$, ou $f = \frac{1}{tang \, \alpha}$, car on sait que f est la tangente de l'angle RBE. Ainsi on a

$$tang \; \varphi = - \frac{1}{tang \, \alpha} + \sqrt{1 + \frac{1}{tang^2 \, \alpha}}$$

$$tang \; \varphi = tang \; \frac{\alpha}{2}$$

Donc la ligne de plus grande poussée partage toujours en deux parties égales l'angle que fait la verticale avec le talus naturel des terres. Cette propriété a été démontrée pour la première fois par M. Prony.

Actuellement, en faisant $tang \; \varphi = t$ on aura pour la valeur cherchée de γ, $y = h t$, et par conséquent

$$P = \frac{\pi}{2} \cdot \frac{h'^2}{h^2} \cdot h^2 t \left(\frac{1 - f t}{t + f} \right) - \frac{3 \gamma x}{h'}$$

Mais encore $t \left(\frac{1 - f t}{t + f} \right) = t^2$, quand on met pour f sa valeur $\frac{1}{tang \, 2 \varphi} = \frac{1 - t^2}{2 t}$;

donc enfin
$$P = \frac{\pi}{2} \cdot h'^2 \, t^2 - \frac{3\,\gamma\,x}{h'}$$

Telle est l'expression de la force avec laquelle le solide de plus grande poussée agit horizontalement contre la muraille, pour la renverser. Or, si l'on mène par le centre de gravité O de ce solide, une parallèle à BR, elle passera par le tiers de la hauteur BM. Ainsi le moment de la force qui tend à renverser la muraille, ou $P\frac{h'}{3}$, est

$$\frac{\pi}{6} \cdot h'^3 \, t^2 - \gamma\,x \qquad (1)$$

Soit actuellement n' le nombre qui exprime le rapport de la base à la hauteur du talus intérieur; on aura $n'\,h$ pour la base de ce talus; et la surface du trapèze $n\,C\,m\,p$, profil de la muraille, sera $\frac{h}{2}(2\,x + n'\,h)$; sa force de résistance sera $\frac{\Pi}{2}\,h\,(2\,x + n'\,h)$. Le bras de levier de cette force est très-approximativement égal à $\frac{x}{2} + \frac{n'\,h}{4}$, ou $\frac{2\,x + n'\,h}{4}$, son moment est donc

$$\frac{\Pi}{2}\,h\left(\frac{2\,x + n'\,h}{2}\right)^2 \qquad (2)$$

Egalant le moment (1) de la poussée, à celui (2) de la stabilité de la muraille, on aura pour déterminer x l'équation suivante

$$\frac{\Pi\,h}{2}\left(x + \frac{n'\,h}{2}\right)^2 = \frac{\pi}{6}\,h'^3\,t^2 - \gamma\,x$$

d'où l'on tire

$$x = -\left(\frac{n'\,h}{2} + \frac{\gamma}{\Pi\,h}\right) + h'\sqrt{\frac{\pi}{3\,\Pi}\cdot\frac{h'}{h}\,t^2 + \frac{\gamma}{\Pi\,h'^2}\left(n' + \frac{\gamma}{\Pi\,h^2}\right)}$$

ou, en négligeant sous le radical la très-petite fraction

$$\frac{\gamma}{\Pi\,h'^2}\left(n' + \frac{\gamma}{\Pi\,h^2}\right)$$

$$x = h\left[-\left(\frac{n'}{2} + \frac{\gamma}{\Pi\,h^2}\right) + t\,\frac{h'}{h}\sqrt{\frac{\pi}{3\,\Pi}\cdot\frac{h'}{h}}\right]$$

Mais l'expérience a démontré que, dans des maçonneries de six mois de date, la force d'adhésion γ, est environ double du poids Π; on peut donc faire $\gamma = 2\,\Pi$, et l'on aura définitivement la formule du texte

$$x = h\left[-\left(\frac{n'}{2} + \frac{2}{h^2}\right) + t\,\frac{h'}{h}\sqrt{\frac{\pi}{3\,\Pi}\cdot\frac{h'}{h}}\right]$$

On voit ainsi qu'il est bien important de laisser asseoir les maçonneries et durcir les mortiers , avant que de charger de terre les revètemens.

Contreforts.

On emploie les contreforts tout à la fois pour rompre la poussée des terres, et pour donner à la muraille une plus grande solidité : on les met assez près les uns des autres pour que la muraille ne puisse pas céder entre deux. Ensorte que pour renverser la muraille il faut , ou vaincre son adhésion avec les contreforts, ou soulever ces mêmes contreforts avec la masse de terre qui repose dessus. Il s'agit donc de savoir laquelle des deux forces , ou de la cohésion qui lie le contrefort avec la muraille , ou du poids qui tend à l'en séparer , est la plus considérable. Or, si l'on fait le contrefort rectangulaire ; que b soit sa largeur ; c sa longueur , à partir de la crête intérieure de la muraille ; h étant toujours la hauteur du revètement; le poids du contrefort sera $\pi\,bch$; et le moment de la force qui tend à le séparer de la muraille , lorsque celle-ci fait un mouvement pour se renverser en avant, est $\dfrac{\pi\,bc^{2}h}{2}$

Quant à la force de cohésion qui le retient , elle est $bh\gamma$.

Comparant ces deux expressions, on verra que le poids l'emportera toujours sur la cohésion , en supposant, comme ci-dessus , $\gamma = 2\,\pi$, tant qu'on aura aura $c > 2^{\mathrm{m}},00$. Il ne faudra donc avoir égard qu'à la cohésion, dans les calculs qui vont suivre, en supposant aux contreforts une longueur d'au-moins deux mètres.

La conclusion que je viens de tirer, est d'autant plus légitime , malgré ce que le rétrécissement de la queue, et le talus intérieur du revètement, pourraient diminuer au poids du contrefort, que les fondations, dont je n'ai point tenu compte, contribuent puissamment, soit par leur poids , soit par leur adhésion , à donner au contrefort une grande stabilité; et que de plus, il est retenu par le frottement des terres qui le pressent de tous côtés, et par le poids de celles qui reposent dessus.

Cela posé, si a représente l'intervalle entre deux contreforts, d'axe en axe ; $a - b$ sera le vîde qu'ils laissent entr'eux; et le poids Q des terres, évalué dans les calculs précédens, devra être réduit dans le rapport $\dfrac{a-b}{a}$; il deviendra m Q, en représentant par m le rapport $\dfrac{a-b}{a}$.

En faisant sur les forces P, $m\,Q$, $\dfrac{3\,\gamma\,x}{h}$, et la nouvelle force horizontale $m\,b\,h\,\gamma$ qui exprime l'adhésion des contreforts, répartie également sur toute la longueur de la muraille; en faisant, dis-je, sur ces forces, la même décomposition qu'au commencement de cette note, on écrira, que toutes les forces parallèles à la ligne BN sont en équilibre; et l'on trouvera, comme ci-dessus, que dans le cas du maximum de poussée on a $\quad P = m\,\dfrac{\pi}{2}\,h'^2\,t^2 - \dfrac{3\,\gamma\,x}{h'} - m\,b\,h\,\gamma$ et que le moment de cette force est

$$\frac{m\,\pi}{6}\,h'^3\,t^2 - \gamma\,x - \frac{m\,b\,h\,h'}{3}\,\gamma \qquad (3)$$

Le poids de la muraille, sans les contreforts, est comme précédemment $\dfrac{\Pi\,h}{2}\,(2\,x + n'\,h)$; et son moment de stabilité est

$$\frac{\Pi\,h}{2}\,(2\,x + n'\,h)^2 \qquad (4)$$

Egalant donc les momens (3) et (4) on en tire

$$x = -\left(\frac{n'\,h}{2} + \frac{\gamma}{\Pi\,h}\right) + h'\,\sqrt{\frac{m\,\pi}{3\,\Pi}\,\frac{h'}{h}\,t^2 + \frac{\gamma}{\Pi\,h'^2}\left(n' + \frac{\gamma}{\Pi\,h^3} - \frac{2\,m\,b\,h'}{3}\right)}$$

ou, en négligeant sous le radical le terme fractionnaire, on a

$$x = h\left[-\left(\frac{n'}{2} + \frac{\gamma}{\Pi\,h^2}\right) + t\,\frac{h'}{h}\,\sqrt{\frac{m\,\pi}{3\,\Pi}\cdot\frac{h'}{h}}\,\right]$$

et, en mettant pour γ sa valeur $2\,\Pi$

$$x = h\left[-\left(\frac{n'}{2} + \frac{2}{h^2}\right) + t\,\frac{h'}{h}\,\sqrt{\frac{\pi\,m}{3\,\Pi}\cdot\frac{h'}{h}}\,\right]$$

formule du texte.

NOTE QUATRIÈME

Détermination de l'épaisseur des piédroits pour les voûtes.

La méthode empirique de calculer l'épaisseur des piédroits, consiste à supposer d'avance, pour chaque espèce de voûte, que la rupture, dans le cas où il n'y a pas équilibre, doit se faire à un endroit déterminé BE (*figure 4.*) suivant une direction connue: par exemple, pour les voûtes en plein-cintre, on admet que la rupture se fasse suivant la ligne BC, inclinée à 45.° Dans les voûtes surbaissées, on prend la ligne de rupture toujours perpendiculaire à la courbure de la voûte, mais on la rapproche davantge de la naissance, de manière à suivre, autant que possible, les données de l'expérience. Pour des voûtes surbaissées jusqu'au quart, comme le sont ordinairement les arches des ponts en anses de panier, on prend la ligne de rupture au tiers de la demi-voûte.

Quand le joint de rupture est déterminé, on suppose que la portion BEFD de la voûte soit entièrement séparée du reste, et agisse par son poids contre les plans de rupture pour renverser les parties qui résistent.

Cette hypothèse est assez admissible quand on remarque que le moment de résistance dû à la cohésion, est à son minimum pour le plan de séparation AH, et que, par conséquent, c'est là que se fera la rupture.

Il suffit de s'occuper dans cette recherche de l'action de la moitié BRSE du grand voussoir agissant BDFE, contre la portion BEHA; parce que l'action totale se partage de droite et de gauche contre les deux piédroits, et chacun d'eux ne doit résister qu'à la moitié de la poussée.

Cela posé, on cherche le centre de gravité O de la partie BESR de la voûte, et le centre de gravité P de la partie résistante BEAH; on abaisse du point O une perpendiculaire sur la ligne BC, et du point P une perpendiculaire sur AH. La portion AQ représente alors le bras de levier suivant lequel agit la masse résistante, et AG celui de la masse agissante.

Soit $\varphi(x)$ le premier bras de levier, et $\psi(x)$ la surface BEAH, x étant la largeur cherchée AH. Soit S la surface BESR, et $\xi(x)$ le bras de levier AG. Soit enfin $\frac{1}{m}$ le rapport du poids du voussoir agissant suivant OG, à ce même poids agissant verticalement: on aura pour l'équation de l'équilibre

$$\varphi(x) . \psi(x) = \frac{S}{m} . \xi(x)$$

d'où l'on tirera la valeur de x.

On voit par là qu'on n'a aucun égard à l'adhésion dans les mortiers, ni au frottement sur la surface BE; ce sont cependant des causes qui doivent agir d'une manière sensible en faveur de la résistance. Toutefois il n'y a pas grand mal à les négliger, parce que cette omission donne à la voûte un excédent de stabilité, bien nécessaire dans les ouvrages militaires, exposés au choc des bombes et aux commotions de l'artillerie.

Dans les calculs précédens, on se donne l'épaisseur de la voûte. L'expérience a démontré qu'elle doit être d'un mètre, pour que la voûte, recouverte d'environ un mètre et demi de terre, soit à l'épreuve de la bombe.

Un moyen de simplifier la recherche est de prendre pour AH une valeur déterminée, et de vérifier ensuite si, avec cette largeur du piédroit, les conditions de l'équilibre sont satisfaites; on augmente ensuite cette valeur, ou on la diminue, suivant que la résistance pèche par défaut, ou par excès.

Pour accroître encore la solidité de la voûte, et empêcher qu'elle ne glisse sur ses coussinets, on remplit de maçonnerie le petit triangle $x\,y\,z$; et quelquefois on construit en dehors, des contreforts qui appuyent les piédroits et s'opposent énergiquement à la poussée. C'est pour ne pas donner trop d'épaisseur aux piédroits, et pour augmenter en même temps le bras de levier de la résistance, qu'on emploie les contreforts. Il faut alors rapprocher assez les points d'appui, pour être sûr que la maçonnerie ne crèvera pas entre-deux.

Puisque tous les points d'appui qui soutiennent la poussée d'une voûte se rencontrent sous la queue des contreforts, on voit, qu'en construisant les fondations, on ne saurait les faire trop solides en ces endroits. Il faudra donc donner aux contreforts un large empâtement, et y employer les plus gros matériaux.

On trouve dans la nouvelle édition de la Science des Ingénieurs, une note de Mr. Navier, dans laquelle l'auteur, en s'appuyant sur les recherches les plus récentes faites au sujet de la poussée des voûtes, donne l'analyse complète du problème qui, ainsi qu'on va le voir, pour le cas actuel, est bien loin de ne rien laisser à désirer, et qui n'est, à proprement parler, qu'une méthode de tâtonnement fondée sur ce qui se passe quand une voûte se rompt.

A l'instant où la voûte commence à prendre un mouvement, (*figure* 5°.) la rupture se fait appercevoir en un point b de l'extrados, correspondant au plan de rupture; mais intérieurement la partie agissante s'appuie toujours par le point B, contre celle qui résiste. Vers la clef de la voûte, c'est le contraire; le point d'appui est à la partie supérieure, en D, et la lézarde se manifeste en d sous l'intrados. L'action se communique suivant la ligne DB, et non point perpendiculairement au plan de rupture, comme le suppose Bélidor.

Joignant donc le point B avec le point A par une droite, on pourra considérer la ligne AB comme un levier mobile autour du point A, et sollicité à son extrémité B par deux forces, l'une qui tend à le rapprocher du centre C de la voûte, et l'autre qui tend à l'en écarter: la première due au poids de la partie résistante, et la seconde résultant de l'action des voussoirs supérieurs au plan de rupture. C'est de l'équilibre de ces deux forces que dépend la stabilité de la voûte.

Or les forces qui doivent se faire équilibre sont variables, avec la position du plan de rupture Bb .C'est donc premièrement ce plan qu'il s'agit de déterminer, d'une manière suffisamment exacte pour la pratique, sans le fixer définitivement au milieu de la demi-voûte, comme le faisait Bélidor. Mais cette détermination, dépendant de ce qu'on cherche, c'est-à-dire, de la valeur de AH, est loin d'être facile. On trouve préférable de faire une hypothèse sur la position du point B, et de calculer d'après cela les effets qui doivent en résulter; puis de répéter les calculs dans une autre hypothèse, et de prendre pour bonne, celle de ces supppositions qui donne à AH la plus grande valeur. Voici la marche d'un de ces calculs :

Soit P le poids inconnu de la partie résistante AHBb; soit p celui du voussoir BdDb, et p' celui du la clef.

Soient x et y les coordonnées du point B, prises par rapport au point A et à l'axe AX; la première AE étant inconnue, parce qu'on n'a pas la position du point A; et la seconde BE étant connue, vu qu'on a pris à volonté le point B.

Soient également x' et y', les coordonnées du point D, prises par rapport au point B; et a la distance BD $= \sqrt{x'^2 + y'^2}$, quantités toutes connues.

Le poids p se répartit en B et D. Il se réduit à $p\,\frac{Dn}{DB}$ au point B, et à $p\,\frac{Bn}{DB}$ au point D. Si donc nous appelons a', la distance horizontale du point n où la verticale qui passe par le centre de gravité O du voussoir agissant, coupe le levier BD.; si dis-je, on appelle a' cette distance connue, on aura pour la valeur du poids que porte le point B.

$$p\left(\frac{x'-a'}{x'}\right)$$

et pour celle du poids que porte le point D

$$p\,\frac{a'}{x'} + \frac{p'}{2} = Q$$

Cette dernière force a pour composante suivant DB, une force exprimée par $Q\frac{y'}{a}$, qu'on peut décomposer elle-même au point B, en deux autres, l'une horizontale dont l'expression sera $\qquad Q\cdot\frac{x'y'}{a^2}$

et l'autre verticale $\qquad Q\cdot\frac{y'^2}{a^2}$

D'un autre côté, si l'on représente par $\varphi(x)$ la distance horizontale du point m, où la verticale qui passe par le centre de gravité O' de la partie résistante, rencontre le levier AB; on aura pour la partie du poids $P = \psi(x)$, portée par l'extrémité B du levier,

$$P \cdot \frac{A\,m}{A\,B} = \frac{\psi(x) \cdot \varphi(x)}{x}$$

Ainsi cette extrémité du levier se trouve soumise à deux forces, l'une verticale $\frac{\psi(x) \cdot \varphi(x)}{x} + Q \frac{y'^2}{a^2}$ qui tend à l'affermir dans sa position, et l'autre horizontale $Q \frac{x'y'}{a^2}$, qui tend à la renverser.

Le moment de la première force, par rapport au point A, est

$$\psi(x) \cdot \varphi(x) + Q\, x \cdot \frac{y'^2}{a^2}$$

Celui de la seconde, par rapport au même point, est $Q\,y \cdot \frac{x'y'}{a^2}$, composé de quantités toutes connues.

En égalant ces deux momens on a l'équation d'équilibre

$$\psi(x) \cdot \varphi(x) + Q\, x \cdot \frac{y'^2}{a^2} = Q\,y \cdot \frac{x'y'}{a^2}$$

qui montera au second degré, et d'où l'on tirera la valeur de x.

Il faut se rappeler que, dans cette équation, x ne représente pas immédiatement la valeur cherchée de AH, mais bien la distance AE de laquelle la première ne diffère que d'une quantité connue HE. Au reste, en appelant b la distance HE, on pourra transformer l'équation précédente en une autre dans laquelle x représentera l'épaisseur cherchée du piédroit; il n'y a pour cela qu'à mettre $x + b$ au lieu de x, et remplacer les deux fonctions $\psi(x)$ et $\varphi(x)$ par deux autres $\Psi(x)$ et $\Phi(x)$, qui exprimeront toujours les valeurs de la surface $AHBb$, et la distance horizontale du point m au point A; mais les exprimeront par le moyen de x qui est maintenant AH

$$\Psi(x) \cdot \Phi(x) + Q\, x \cdot \frac{y'^2}{a^2} = Q\,y' \left(\frac{x'y - by'}{a^2} \right) \qquad (A)$$

La valeur de AH étant trouvée par cette équation il faut, comme on l'a dit, répéter le calcul plusieurs fois, en donnant au point B des positions différentes; et admettre pour bonne celle de ces valeurs, qui est la plus grande.

L'équation précédente n'offre de difficulté, que la détermination des deux fonctions $\Psi(x)$ et $\Phi(x)$. La première est une surface composée d'un rectangle $x\,h$, en représentant par h la hauteur HD du piédroit (*figure* 6°), et d'une portion de cercle FBDE, comprise entre deux arcs concentriques et deux rayons. Or, en appelant π le rapport de la circonférence au diamètre, m l'épaisseur DE de la voûte, et n le nombre de degrés que comprend l'arc EF; on aura pour la surface FBDE $\quad \frac{n\,\pi}{180}\cdot m\left(\frac{R+r}{2}\right)$ R et r désignant les rayons CE et CD. Ainsi donc

$$\Psi(x) = x\,h + \frac{n\,\pi}{180}\cdot m\left(\frac{R+r}{2}\right)$$

Quant à la seconde fonction $\Phi(x)$, toute la difficulté de sa détermination dépend uniquement de celle du centre de gravité O, de l'espace circulaire. (*figure* 7°) Or, en supposant la surface ADBE partagée en une infinité de petits trapèzes, par des droites allant au centre C, les centres de gravité de tous ces élémens égaux, se trouveront sur un arc IK, décrit avec un rayon CI, que je représente par R', et qu'on sait être égal à

$$r + \frac{m}{3}\left(\frac{2r+R}{r+R}\right)$$

Le centre de gravité général O, sera le même que celui de l'arc IK, c'est-à-dire, qu'il se trouvera sur la ligne CF qui partage cet arc en deux parties égales, et à *une distance* C O, *égale à une quatrième proportionnelle à l'arc IK, au rayon C I, et à la corde IK.* Donc, en représentant par l la longueur de la corde IK, mesurée avec la même unité que le rayon CI, on a

$$l = \frac{2\,R'\,sin\frac{n}{2}}{\rho}\,,\ \rho \text{ étant le rayon des tables, et }\quad CO = \frac{180}{n\,\pi}\cdot\frac{R'\,2\,sin\frac{n}{2}}{\rho}$$

Ainsi on a $\qquad CP = \dfrac{CO\,.\,cos\frac{n}{2}}{\rho} = \dfrac{180.}{n\,\pi}\cdot\dfrac{R'}{\rho}\cdot\dfrac{2\,sin\frac{n}{2}\,.\,cos\frac{n}{2}}{\rho}$

Mais $\qquad \dfrac{2\,sin\frac{n}{2}\,.\,cos\frac{n}{2}}{\rho} = sin\,n$. Donc enfin

$$CP = \frac{180}{n\,\pi}\cdot\frac{R'}{\rho}\cdot sin\,n$$

Actuellement, la distance du centre de la voûte au point de rotation du piédroit étant $x + r$, la distance horizontale du centre de gravité O au même point, sera $x + r - CP$, ou

$$x + r - \frac{180}{n\,\pi}\cdot\frac{R'}{\rho}\,sin\,n = \delta\,.$$

Le moment de la portion circulaire $ADEB$, par rapport au point de rotation, sera

$$\frac{n\,\pi}{180}\, m\, \mathcal{S}\left(\frac{R+r}{2}\right) = m\, .\, \frac{R+r}{2}\left[\frac{n\,\pi}{180}\left(x+r\right) - \frac{R'}{\rho}\, sin\, n\right]$$

Le moment du piédroit est d'ailleurs $\frac{x^2\, h}{2}$

On a donc

$$\Phi\left(x\right) = \frac{\dfrac{x^2\, h}{2} + m\, .\, \dfrac{R+r}{2}\left[\dfrac{n\,\pi}{180}\left(x+r\right) - \dfrac{R'}{\rho}\, sin\, n\right]}{x\, h + m\, .\, \dfrac{n\,\pi}{180}\left(\dfrac{R+r}{2}\right)}$$

Les deux fonctions $\Psi\left(x\right)$ et $\Phi\left(x\right)$, ainsi déterminées, sont du premier degré ; leur produit se réduit au numérateur de la fraction précédente ; ensorte que l'équation (A) est, comme nous l'avons avancé, du second degré.

Pour des voûtes surbaissées la détermination des fonctions de x, serait plus difficile ; mais elle se ferait de la même manière. On pourra la simplifier en construisant la coupe de la voûte sur une grande échelle, et en prenant au compas les valeurs numériques des lignes. Quand les constructions sont précises, les valeurs que l'on trouve ainsi pour les lignes cherchées sont bien suffisamment exactes dans la pratique.

La position du plan de rupture est quelquefois donnée par la forme de la voûte, et alors le tâtonnement cesse, et le problème est bien déterminé. Par exemple dans la voûte en arc de cercle B d E (*fig.* 8.*), le joint de rupture est placé en Bb, à la naissance de l'arc. Il en est de même dans les voûtes en plate-bande.

L'angle DBA étant, dans ces sortes de voûtes, moins obtus que dans les voûtes en plein-cintre, on voit pourquoi elles ont une plus grande poussée. On voit encore qu'il y a de l'avantage à faire la clef aussi épaisse que possible, parce qu'en rapprochant le point D du point b, l'angle DBA s'ouvre progressivement, et l'action contre BA a moins d'effet.

Plus la voûte a d'épaisseur, plus cet angle s'ouvre encore, et moins il y a de poussée ; mais aussi, plus la partie agissante de la voûte a de poids. On conçoit donc qu'il doit y avoir une certaine épaisseur de voûte, pour laquelle la poussée soit un minimum ; et si rien ne détermine d'avance l'épaisseur de la voûte, il convient de lui donner celle qui répond au minimum. Mais cette question, tout intéressante qu'elle est, se trouvant étrangère à notre sujet, ne peut être traitée dans cette note.

NOTE CINQUIÈME.

Estimation de la force des garnisons.

Si l'on renonce à tenir la campagne pour se renfermer dans la place, et si l'on se borne uniquement à en disputer les ouvrages; on peut calculer, pour ainsi dire mathématiquement, le nombre d'hommes nécessaire pour faire une défense honorable. Supposant, en effet, que l'ennemi fasse deux attaques simultanées ; on suit sa marche présumée; on lui oppose toujours autant de défenseurs que les ouvrages en comportent, ou que les moyens d'attaque permettent d'y laisser, sans jamais dégarnir entièrement les fronts qui ne sont point menacés ; et une supputation bien simple fait connaître quelle est l'époque du siége où la défense exige le plus grand nombre d'hommes. C'est ce nombre triplé qui donne la force de la garnison, dont un tiers sera de garde sur les ouvrages, un second tiers fournira les gardes de l'intérieur, et bivouaquera dans le voisinage des fronts d'attaque, prêt à donner main-forte; et dont le troisième tiers se reposera dans les casernes, loin des feux de l'attaquant.

Supposons qu'il s'agisse d'un octogone dont les demi-lunes soient assez saillantes pour forcer l'ennemi à attaquer chaque front par un seul bastion, en embrassant les deux demi-lunes collatérales.

Nous mettrons, dans les ouvrages des fronts d'attaque, des troupes suffisantes pour les bien garder, mais cependant assez peu nombreuses pour pouvoir s'abriter derrière les traverses, et ne pas trop donner de prise aux projectiles de l'assiégeant.

Ainsi, nous mettrons 40 hommes seulement dans chaque place-d'armes saillante, et 60 dans chaque branche du chemin-couvert de la la demi-lune, lesquels, après avoir fait leur décharge contre l'ennemi qui, débouchant de sa troisième parallèle entreprendrait l'attaque de vive force contre le chemin-couvert, se retireraient dans les ouvrages en arrière, pour en augmenter le feu. L'attaque est-elle très-sérieuse? des renforts arrivent de la place, et l'on essaye de débusquer l'ennemi, soit à la bayonnette, soit en redoublant les feux, pendant que les logemens sont encore imparfaits. Les places-d'armes rentrantes doivent être assez bien pourvues, parce qu'elles sont l'âme de toute la défense du chemin-couvert; on y mettra 100 hommes. Il semble suffisant de mettre 60 hommes dans chaque demi-lune attaquée, et 40 dans le bastion pour le service de l'artillerie. Il faut, enfin, une vingtaine d'hommes de renfort, dans chaque place-d'armes rentrante, adjacente au front d'attaque.

La répartition sur le front d'attaque se fait donc comme suit :

Dans les deux places-d'armes saillantes	80 hommes.
Dans les deux branches du chemin-couvert. . . ' ' ' . . .	120
Dans les deux places-d'armes rentrantes	100
Dans les deux demi-lunes attaquées	120
Dans le bastion où la brèche sera ouverte.	40
Renforts dans les places-d'armes collatérales.	40
Total,	500.

Il faut donc 1000 hommes pour les deux fronts d'attaque.

Il reste à pourvoir à la garde de quatre demi-lunes et de six bastions : un détachement de 40 hommes est suffisant pour chaque demi-lune, avec sa place-d'armes saillante ; et un autre de 60 hommes pour chaque bastion avec les deux places-d'armes rentrantes qui sont en avant. Cela fait donc 160 hommes pour les quatre demi-lunes, et 360 pour les six bastions ; soit 520 hommes, qui, joints aux 1000, déjà trouvés, donnent 1520 hommes, pour la garde journalière de l'octogone. C'est ce nombre triplé qui fera connaître la garnison de la place, suffisante pour les besoins d'une défense ordinaire : elle est de 4560 hommes.

On abrége cette estimation, en comptant, comme Vauban, 500 hommes par bastion, et ajoutant un dixième pour les troupes de l'artillerie et du génie ; on trouve ainsi 4400 hommes pour le cas actuel.

Carnot fait l'estimation d'une manière moins exclusive, et par conséquent préférable ; il compte, comme Vauban, 200 hommes par bastion pour la garde ordinaire de la place, mais il ajoute un supplément pour chaque front d'attaque.

Ce supplément varie suivant le but qu'on se propose, la durée probable de la défense, et le plus ou le moins d'importance de la place. Il n'est que de 1000 à 1500 hommes si la place est petite, et si la garnison doit, par ce seul fait, être réduite à une défensive absolue et de peu de durée. Mais si la forteresse a de la capacité, et si elle est susceptible d'une bonne résistance, on doit doubler le nombre précédent, et même le porter à 4000 ; on y ajoute de plus $\frac{1}{10}$.° pour la cavalerie, et $\frac{1}{15}$.° pour les armes réunies de l'artillerie et du génie.

Par exemple, pour une place de douze bastions, susceptible d'être attaquée par deux fronts à la fois, on aura :

Pour la garde ordinaire. . . . . 2,400.

Supplément pour deux fronts. . . . . 8,000.

Cavalerie. . . . . 1,000.

Artillerie et génie. . . . . 1,000.

Total,   12,400.

Alors la garnison peut opérer de vigoureuses sorties, pendant toute la durée du siége; elle peut même disputer long-temps le terrain environnant, avant de se renfermer dans la place. Le général Monnier, avec des forces bien moins considérables, a disputé plusieurs mois les environs d'Ancône, lorsqu'il se trouva bloqué, en 1799, par des forces tellement supérieures, qu'on craindrait, en les énumérant, d'être taxé d'exagération.

On voit par la manière dont l'estimation doit se faire; que la force des garnisons n'est pas proportionnelle à la grandeur des places, ou au nombre de leurs bastions, comme cela aurait lieu, suivant la méthode de Vauban. Elle est plus grande, proportion gardée, pour les petites places que pour les grandes. Il n'y a que la garde habituelle, qui soit en rapport avec le nombre des bastions, puisqu'on l'estime à raison de 200 hommes par front. La disproportion serait bien plus grande, si l'on demandait, ainsi que quelques-uns le veulent, un même supplément pour chaque attaque, dans les grandes et dans les petites places.

Nous venons de calculer le nombre d'hommes nécessaire pour faire une bonne défense dans telle place donnée; mais ce n'est point à dire que la place ne puisse point tenir, quand la garnison n'est pas complétée : tant qu'elle est suffisante pour empêcher la prise de vive force, l'ennemi sera contraint à des travaux de siége; il n'y aura pas, il est vrai, d'actions bien vives à l'extérieur, mais il ne suffira pas à l'ennemi de se présenter pour se rendre maître du poste; les formalités d'une attaque, plus ou moins régulière devront s'accomplir.

Deux mille hommes bien déterminés, sous les ordres d'un chef habile, suffiront toujours pour conserver quelque temps une place de moyenne grandeur, quels que soient les moyens de l'ennemi pour s'en emparer.

NOTE SIXIÈME.

Emploi des Palissades dans les places de guerre.

Le général Darçon disait que les palissades sont, tout au plus, capables d'arrêter des enfans nuds. Il ne pouvait pas s'exprimer plus clairement, sur le peu de cas qu'il faisait de ce moyen de défense, si peu efficace, et cependant si généralement employé, malgré la dépense considérable qu'il exige.

A l'époque où les attaques se faisaient sans beaucoup d'art, et où l'on ne connaissait pas encore le tir à ricochet, des palissades, convenablement placées, restaient intactes jusqu'au couronnement du chemin-couvert, et pouvaient rassurer contre une attaque de vive force.

Chamilly, à la défense de Grâve, avait fait planter une seconde palissade à deux mètres de la première; de laquelle, des hommes, armés de longues piques, soutenaient les fusiliers placés entre les deux palissades, et empêchaient les ennemis de les assommer à coups de crosse. Des portes, placées de 5o en 5o pas, donnaient un moyen de retraite à ceux des défenseurs qui étaient placés entre les deux palissades : ce moyen de défense fit merveille, parce que l'ennemi attaqua tout de front, et ne fit point usage du tir d'enfilade.

Mais quand Vauban eût introduit l'usage de prendre le prolongement des faces, pour les labourer par des coups tirés à petites charges, on vit dans tous les siéges, les palissades détruites dès les premiers jours; et à moins que d'être continuellement réparées, avec infiniment de peine, ne plus servir à rien au moment du besoin. Cependant, tant l'habitude a de force, on a continué à en faire usage dans les grandes places, qui ne peuvent être prises que pied à pied, aussi bien que dans celles qui, par leur petitesse, sont susceptibles d'être enlevées d'un coup de main. Je ne sais si un commandant de place pourrait prendre sur lui de supprimer les palissades, dans la place qui lui serait confiée; et s'il ne courrait pas le risque qu'on attribuât à sa négligence une mesure bien réfléchie, mais qui, aux yeux de bien des gens, paraîtrait téméraire et décourageante. Ce n'est pas à lui de combattre le préjugé, parce que son premier soin doit être de se concilier la confiance, et de fortifier le moral de ses soldats; mais c'est à ceux desquels émanent les ordres supérieurs de décider si les avantages d'un palissadement font plus que compenser les inconvéniens.

' Ces inconvéniens sont nombreux. Les palissades empêchent de sortir des chemins-couverts, autrement que par des défilés très-étroits ; elles obstruent les terre-pleins ou les banquettes ; elles ne tiennent pas contre le ricochet, ou du moins, elles sont tellement endommagées quand l'ennemi arrive sur le glacis, qu'elles ne peuvent plus l'arrêter ; elles marquent le dégât que fait l'assiégeant, et attestent sa supériorité ; leurs ruines intimident le soldat, et les éclats que les boulets en détachent, tuent ou estropient ceux qui en sont atteints. Enfin, les palissades exigent pour leur placement et leurs réparations des travaux qui, joints à tous les autres, fatiguent et rebutent les soldats ; elles exigent une dépense qui effraye, quand on sait que, pour un simple hexagone, il faut plus de trente mille palissades, qui portent la dépense à 60,000 francs au moins ; et les deux tiers de ces palissades sont entièrement inutiles, puisqu'on n'attaque que par deux fronts.

Dans mon opinion, les palissades ne sont bonnes que pour les petites places qui sont menacées d'être emportées d'un coup de main, et qui ne méritent pas les honneurs d'une attaque bien régulière. Je crois qu'on peut s'épargner les frais de leur établissement dans les grandes places ; ou que du moins, il ne faut en mettre que dans les parties saillantes et insultables. Et là, au lieu de les planter sur la banquette, où elles gênent plus qu'ailleurs, et où elles sont plus exposées au ricochet, on les placera au milieu du terre-plein, de manière à former une espèce de retranchement intérieur qui, à la rigueur, pourrait remplacer le tambour de la place-d'armes. (*Voyez la figure* 9.ᵉ) Ce petit retranchement n'existerait que dans la place-d'armes saillante, et entre les deux premières traverses. Plusieurs barrières, établies sur sa longueur, permettraient de passer promptement derrière, quand on serait serré de trop près par l'ennemi ; des échafaudages, placés à la gorge des traverses, donneraient un moyen de retraite ; et une bonnette, construite sur le saillant, garantirait de l'enfilade et du ricochet.

Je sais que l'arrangement que je propose n'empêchera pas l'ennemi de monter sur les traverses, et de tourner le retranchement ; mais ce chemin n'est pas celui qu'il choisit de préférence, parce qu'il s'y trouve trop exposé aux feux de la place. Notre but n'est pas de lui disputer long-temps le terrain, nous ne voulons que l'arrêter un peu pour avoir le temps d'opérer la retraite. Au surplus, il n'est pas difficile de planter au pied du talus des traverses, en dehors de la palissade, quelques pieux garnis de cloux à crochets, qui suffiront bien pour arrêter l'ennemi, et l'empêcher momentanément de monter sur les traverses. Les défilés des deux premières traverses seront alors, comme de coutume, fermés de barrières pour interrompre la communication. On les placera de telle sorte que les crochets des défilés les garantissent, le mieux possible, du ricochet.

NOTE SEPTIÈME.

Sur l'emploi des fusées à la Congrève dans les siéges, et sur leur influence dans la fortification.

Les perfectionnemens, apportés par les Anglais à leurs fusées incendiaires, rendent ce moyen de destruction bien puissant dans la main de l'attaquant, et supérieur à ce qu'on peut faire avec des bombes et des obus quand on n'a pour but que de brûler une ville; c'est certainement là ce que les habitans ont le plus à craindre. Ces nouveaux projectiles, en se fixant dans les charpentes, vomissent de toutes parts un feu dévorant, en même temps que les grenades et la mitraille qui en partent, empêchent les secours.

Les fusées portent, dit-on, à plus de 4000 mètres de distance. Il en résulte que l'assiégeant peut, sans craindre le canon de la place, sans même élever le moindre épaulement, s'approcher à bonne portée des fusées, et incendier à son aise la ville qu'il veut prendre. Cependant, on ne fait de cette manière la guerre qu'aux maisons : toutes les défenses restent intactes, ainsi que les bâtimens, je ne dirai pas à l'épreuve de la bombe, mais seulement recouverts d'une légère voûte.

Les fusées incendiaires ne peuvent donc être regardées, que comme un accessoire, dans la guerre des siéges. Tant qu'elles n'auront pas la vitesse de nos boulets, et le poids de nos bombes, on ne pourra se passer de canons et de mortiers, pour renverser les murailles et écraser les bâtimens militaires, opérations nécessaires pour s'emparer des places. Les fusées sont un moyen de plus d'épouvanter les timides, et de s'emparer d'une bicoque, sans déployer l'appareil d'un siége; mais elles ne peuvent hâter la reddition d'une véritable forteresse, défendue par un homme ferme et pénétré de son devoir.

Ainsi donc, il ne nous semble pas que l'invention moderne des fusées à la Congrève doive apporter aucun changement notable à la guerre des siéges, ni au mode actuel de fortifier les places. C'est une erreur de croire très-prochaine une révolution semblable à celle que fit au quatorzième siécle la découverte de la poudre. Ceux qui croyent à cette révolution, n'ont pas assez réfléchi sur la nécessité où se trouve l'assiégeant de faire brèche, pour prendre une place bien défendue, et au peu de succès de l'incendie en pareilles circonstances.

Quand une place sera pourvue de forts extérieurs qui éloignent l'assiégeant, quand une garnison courageuse en défendra les approches, on ne craindra pas plus les fusées que les bombes de l'assiégeant. C'est à donner aux places des moyens extérieurs de résistance que doivent tendre tous les efforts de l'Ingénieur. Mais ces moyens de défense extérieure, nous les avons reconnus indispensables, dans le cours de cet ouvrage; ils ne sont, en aucune manière, étrangers à la fortification moderne; et ce ne sont pas les fusées anglaises qui nous ont forcé d'y recourir. Certes, à mes yeux, une place qui n'aurait qu'une enceinte bastionnée toute simple, avec un chemin-couvert continu, mais qui serait en même temps protégée par des forts avancés, serait préférable à la place la mieux pourvue de demi-lunes et de retranchemens, mais réduite à ses propres ressources, et sans appuis extérieurs. On en viendra peut-être un jour à ne considérer l'enceinte ordinaire d'une forteresse que comme un dernier réduit, et en conséquence on pourra la simplifier pour donner plus de soins aux ouvrages avancés. Mais ce ne serait point là changer la fortication moderne, ce serait seulement en modifier l'usage. Les forts extérieurs, bien conditionnés, et se prêtant un mutuel appui, seraient seuls chargés de la défense; la place, proprement dite, ne servirait à la garnison, que pour obtenir une capitulation. Par cette disposition, dont on trouve en quelque sorte un exemple dans ce que les Français ont fait à Alexandrie, quand ils étaient maîtres de cette forteresse, la garnison supporterait seule les dangers du siége; les habitans auraient peu à souffrir. L'idée mérite d'être approfondie; mais, je le répète, ce ne sont pas les fusées anglaises qui l'ont suggérée; on ne doit pas leur en attribuer l'honneur.

Si l'usage des fusées peut hâter la reddition de quelques places, ce ne peut être que de celles qui se laissent approcher, qui n'ont pas dans leur intérieur des bâtimens militaires à l'abri de l'incendie, et où une bourgeoisie mal disposée prédomine. Mais il est reconnu par l'expérience des dernières guerres, que ces mêmes places sont insuffisantes pour leur objet. Il faut autant que possible en réduire le nombre, et enceindre de forts extérieurs celles qui seront conservées. Voilà les seuls changemens nécessaires; le système des guerres en grandes masses les réclament depuis long-temps, et tous les bons esprits les reconnaissent indispensables.

NOTE HUITIÈME.

Sur l'effet des Mines, au-dessous du plan horizontal de leurs fourneaux.

Il est bien constaté que l'effet des fourneaux surchargés pour détruire des galeries en maçonnerie, peut s'étendre à une fois et demie la ligne de moindre résistance, au-dessous du plan de leurs fourneaux; mais il ne l'est pas autant que, pour les fourneaux ordinaires, cet effet puisse aller jusqu'à une fois et quart cette même ligne. Il est en effet difficile de trouver des terrains homogènes, comme le suppose la théorie; les couches inférieures ont ordinairement plus de consistance que les couches supérieures; d'où il doit résulter un applatissement, dans la partie inférieure de l'ellipsoïde de rupture, et une diminution proportionnée dans son action en contre-bas. Pour des fourneaux surchargés, quelques différences dans les densités des couches successives du terrain, ne peuvent pas avoir beaucoup d'influence sur la forme du sphéroïde de rupture, parce que la violence du coup est capable de rompre tous les obstacles, et de pulvériser le terrain, quelle que soit sa nature. Pour les fourneaux ordinaires chargés de trois ou quatre cents livres seulement, on conçoit qu'une résistance plus ou moins forte de la part des couches inférieures, puisse apporter une altération sensible dans la forme de l'ellipsoïde, et qu'il faille réduire les dimensions que la théorie lui assigne dans sa partie inférieure. Je citerai une expérience qui pourra jeter quelque jour sur cette matière.

Il existe à Genève des galeries de mines construites depuis un siècle, en excellente maçonnerie de briques que le temps n'a fait que consolider. J'en ai choisi une dont le sol est à 10^m,40 au-dessous du terrain; sa hauteur sous clef est de 1^m,90, par conséquent le haut de la voûte est à 8^m,50 du terrain; sa largeur est d'un mètre. J'ai construit un fourneau à la profondeur de 4^m.47, c'est-à-dire, que son centre était de 4^m,03 plus haut que la clef de la voûte, et au lieu de le faire correspondre à l'aplomb de la galerie, je l'ai éloigné de 3^m,30; de telle sorte que la plus courte distance entre le centre des poudres, et les reins de la voûte était de 0^m,57 plus grande que la ligne de moindre résistance. Le fourneau se trouvait établi dans un gros sable, et dans un terrain rapporté, probablement plus léger que le terrain inférieur, dans lequel la galerie a été construite. Je n'ai, toutefois, chargé la mine que de 280 livres, tandis que les formules du mémorial donnent pour un terrain de sable 320 livres : quelques éboulemens survenus dans la construction du rameau ont occasionné quelques vides qui ont du amortir un peu l'effet de la mine. L'explosion a démontré que la charge était faible; les terres n'ont pas été soulevées à plus de quatre ou cinq mètres, et sont retombées en presque totalité dans l'entonnoir. Malgré cela, la galerie, sans être enfoncée, a été lézardée en quatre endroits sur une longueur de douze mètres; et il est indubitable qu'elle eût été renversée si la charge eût été complette. La lézarde la plus prononcée était à la naissance de la voûte; les autres, moins fortes, lui étaient parallèles, l'une aux reins de la voûte, la seconde au milieu du piédroit, et la dernière au bas de ce piédroit; ces lézardes longitudinales étaient, vers le milieu de leur longueur, recroisées de fissures verticales, ce qui indiquait que la maçonnerie était sur le point de céder à l'effort : à coup sûr une galerie de bois n'y eût pas résisté.

Il me semble ainsi démontré que, si pour les fourneaux ordinaires, convenablement chargés, suivant la nature du terrain, l'ellipsoïde de rupture s'applatit dans sa partie inférieure, et perd de sa régularité en raison d'une plus grande résistance de la part des couches inférieures, ordinairement plus compactes, son action destructrice en dessous du plan horizontal du fourneau, s'étend néanmoins jusqu'à une distance à peu près égale à la ligne de moindre résistance.

Quant à l'action dans le sens horizontal, elle a été confirmée par la même expérience. Le mur de soutennement du glacis, éloigné du fourneau de $7^m,50$ a été renversé sur une longueur de 14^m; parce que son parement intérieur se trouvait par son pied dans l'ellipsoïde de rupture, en supposant que l'axe horizontal de cet ellipsoïde fut réellement égal à $1,7$ de la ligne de moindre résistance. La théorie de Dobenheim le fixe à $1,732$.

Des expériences répétées pourront déterminer d'une manière plus positive encore, ce qu'on doit attendre des fourneaux ordinaires pour la défense des parties basses du terrain. Toujours est-il que leur action, dans ce sens, est réelle, et qu'on doit l'utiliser, et en profiter pour ne pas s'enfoncer outre mesure. C'est cette considération qui, jointe à la puissante raison d'économie, me fait préférer un système de contre-mines, établi à une profondeur modérée telle à peu près que je l'ai fixée : on conçoit que cette profondeur doit être variable, suivant les localités, et qu'on ne peut pas l'arrêter d'une manière absolue. Il nous suffit d'établir le principe, libre à chacun de l'appliquer ensuite conformément à ce qu'il juge convenable.

FIN.

TABLE DES MATIÈRES.

CHAPITRE VI.

CHAPITRE VII.

354

CHAPITRE VIII.

CHAPITRE IX.

CHAPITRE X.

FAUTES ESSENTIELLES A CORRIGER.

Page 70, dernière *lig,* trente, *lisez* dix-huit.
—— 119, *lig.* 9, 30000, *lisez* 30000 hommes.
—— 153, —— 5, mielle, *lisez* mille.
—— *idem,*—— id. C, C', C', C''', *lisez* C, C', C''.
—— 166, —— 25, de celle double, *lisez* double de celle.
—— 208, —— 17, point O', *lisez* point O.
—— 209, —— 1, sur laquelle, *lisez* sous laquelle.
—— 213, —— 27, I1, I2, I3, etc., *lisez* R1, R2, R3, etc.
—— 218, —— 14, intérieure, *lisez* extérieure.